A Playful Production Process

游戏制作之旅

[美] Richard Lemarchand◎著

金潮◎译

腾讯游戏 刘子建 单晖 江希明◎审校

电子工业出版社·
Publishing House of Electronics Industry
北京·BEIJING

内 容 简 介

《妙趣横生的游戏制作之旅》由传奇游戏设计师 Richard Lemarchand 撰写，别出心裁地将游戏设计的创意方面与有效项目管理的成熟技术联系起来，旨在向游戏设计师、有抱负的游戏开发人员和游戏设计专业的学生传授如何从头至尾完成一个数字游戏项目，从概念化和设计到构建、游戏测试和迭代，以及如何避免游戏制作过程中常见的棘手问题和不受控制的过度行为。

本书简体中文专有翻译出版权由博达著作权代理有限公司 Bardon Chinese Media Agency 代理 The MIT Press 授权电子工业出版社，专有出版权受法律保护。

版权贸易合同登记号　图字：01-2022-3799

图书在版编目（CIP）数据

妙趣横生的游戏制作之旅 /（美）理查德·雷马卡德（Richard Lemarchand）著；金潮译. —北京：电子工业出版社，2022.9
书名原文：A Playful Production Process
ISBN 978-7-121-44095-3

Ⅰ. ①妙… Ⅱ. ①理… ②金… Ⅲ. ①游戏程序—程序设计 Ⅳ. ①TP317.6

中国版本图书馆 CIP 数据核字（2022）第 143416 号

责任编辑：张春雨
印　　刷：北京天宇星印刷厂
装　　订：北京天宇星印刷厂
出版发行：电子工业出版社
　　　　　北京市海淀区万寿路 173 信箱　　邮编 100036
开　　本：787×980　　1/16　　印张：23.5　　字数：504 千字
版　　次：2022 年 9 月第 1 版
印　　次：2025 年 1 月第 7 次印刷
定　　价：128.00 元

凡所购买电子工业出版社图书有缺损问题，请向购买书店调换。若书店售缺，请与本社发行部联系，联系及邮购电话：（010）88254888，88258888。
质量投诉请发邮件至 zlts@phei.com.cn，盗版侵权举报请发邮件至 dbqq@phei.com.cn。
本书咨询联系方式：（010）51260888-819，faq@phei.com.cn。

推荐序

  2018 年 8 月 16 日凌晨 4 点，路上几乎没车，成都的炎夏换了张面孔，车窗外灌进来的是凉爽的风。两周前 Richard 千里迢迢而来，转眼就到了分别的时候。我们有一搭没一搭地聊着，他高大瘦削的身子略显委屈地蜷在座位里，写满疲惫的脸上，两只眼睛躲在镜片后倦怠地注视着前方，像一个刚跑完所有支线副本精疲力尽的魔法师，疑惑地等待着黑暗中还没递上的那一杯火焰威士忌。Richard 刚到时，我们原本还天真地计划过，在结束全部的分享和交流之后，找一个安静、舒服的地方喝两杯，回顾一下这段时光的见闻和发现。直到昨晚终于完成所有工作，Richard 用那种英国人特有的并非是要商量的口吻商量说："要不晚上我们还是不去了吧？我在南加大（USC）一学期的工作强度都没有超过这两周的，我真的有点儿脱力了！"

  事实上，Richard 谦虚、幽默的个人魅力，再加上系统、丰富的专业知识，激发了他在中国期间所有活动参与者巨大的学习热情，加上他不善拒绝的善良天性，让本就密集的日程又额外增加了很多临时的安排，地道成都饮食的麻辣鲜香对他的肠胃也是一种考验，整个过程确实非常辛苦。很快就到了航站楼，我们并没有太多依依惜别的感伤，只是简单拥抱了一下就挥手告别，因为我们都确信不久就会再见。两天后，Richard 在大洋彼岸发来信息，寒暄两句后我们便又开始讨论成都之行可优化的细节与下次合作的内容。当时的我全然未知，这将是未来四年里我们最后一次见面。待我终于拿到这本书时，其中的字字句句仿佛一篇熟悉又美妙的乐章，将那位博学睿智、充满活力的老朋友又带回了面前。

  游戏行业如今已是一个庞大且成熟的产业，然而遗憾的是，游戏开发因涉及的知识和经验还非常缺乏梳理和规范，而不太能被视为一门成熟的学科。同游戏行业蓬勃发展的活力、规模庞大的体量、成熟细致的分工不太相称的现状是，无论是对刚刚萌生兴趣的爱好者，还是对志在投身游戏行业的有心人，游戏开发相关的优质图书都非常匮乏。对于这个年轻的学科，最有资格来梳理和规范相关知识和经验，最有能力编写实用可靠、充满养分的图书，最适合教新兵怎么打仗的将领们，绝大多数都还在战场上。

这正是 Richard 与众不同之处。作为《神秘海域》系列游戏元老级的核心人物，Richard 自 2004 年加入顽皮狗工作室之后不久，就开始在南加州大学兼职讲课，面向游戏专业的学生们教授游戏开发。初识 Richard 时问过他："顽皮狗作为久负盛名、屡创佳作的王牌工作室，是行业中无数人心驰神往的梦想之地，为什么正值当打之年的你要走下战场，选择做全职教授，全身心投入到教育事业呢？"当时 Richard 眼里闪着光说："离开自己打拼多年的系列作品和一班好友，告别那片自己深爱着的奋斗了二十多年的战场，当然不是一个容易的选择。但当我在授课时看到有那么多对游戏行业充满热情和期待的学生，看到他们对真正来自实战的知识和经验的渴望，就越来越能感受到培养和启发年轻人带给自己的快乐，这种快乐甚至大于做具体产品的。"随着对 Richard 了解的加深，我也愈发理解 Richard 的决定。这位拥有牛津大学哲学和物理双学位的高材生，既是实战经验丰富的资深游戏人，又非常有学者和园丁的特质：他总在深入地思考、广泛地学习，并且慷慨友善又乐于助人。如何为游戏行业为更多人带来更有价值的帮助？您现在读到的这本书，是 Richard 对这个问题倾其所有的又一次回答。

本书主要讲游戏的 Production Process，制作流程。虽然 Richard 在开篇就阐明这不是一本主要面向完全零基础的初学者的书，但正如原著副标题 to designer and everyone 所说，他还是期待本书可以为尽量广泛的读者带来收获。也许正因为如此，虽然旨在讨论制作流程这个专业话题，Richard 还是特意在 Production Process 前加了一个 Playful 的限定词，希望将这个专业话题论述得趣味十足、深入浅出。但因为专业知识的严肃性，书中不可避免会有大量的术语、概念、方法论、数据、图表，以及丰富多彩的旁征博引。基于对本书内容粗浅的理解，希望我能为各位读者提供一些帮助。

如 Richard 期望的，我相信不同类型的读者，都将从这本书中汲取到丰富的营养。如果你是有兴趣学习游戏开发的非专业人士，本书将游戏开发切分成四个阶段组成的框架，可以帮助你建立一幅游戏开发的完整图景，形成积累知识的基础结构，以构建探索未知的导航地图。与此同时，Richard 还详细分享了许多游戏开发的基本功，比如怎么沟通、怎么做原型、怎么做用研、怎么面向用户体验做设计，以及怎么以 MDA 等各类框架结构，理解不同类型的设计工作之间的协作关系，等等。基本功里包含的是正确的观念，一开始就认识和理解了这些正确的观念，将给你日后的学习和实践带来非常大的帮助。

如果你是专业的游戏人，那么作为一名设计师（如书中强调的，程序员、美术师、策划、音频制作人员，所有的创作者都是设计师），你可以把这本书当作工作手册来使用。游戏开发综合了技术和设计、创意和生产，以及妙手偶得的灵感一击和严丝合缝的缜密逻辑，也难免有一些至关重要的问题需要可靠的解决方案，而设计正是面向问题的解决方案。宏观上，创意和生产的协调是本书要讨论的重点问题。生产汽车可以基于成熟的工艺、标准化的交付件、瀑布式的生产过程，以及在生产线上非常精确地面向人或事做规划和管理，但游戏设计不能。一个好的游戏团队在一起工作，特别是在游戏量产之前，就如同演奏即兴爵士乐，并不会有一份清晰、精确的乐谱和一位权威的指挥。而当游戏的开发成本和规模随着产品品质不断提升时，沉没成本随之变得越来越大，工业化的内容管线能力、成熟的项目管理，也就变得愈发重要。创意工作侧重于做出让用户惊艳的内容和体验，生产工作侧重于降低风险、提升效率。资源总是有限的，这两个略有对抗又互为支撑的核心工作，在成熟的游戏开发团队中，最终是以 Creative Director 为核心的创意团队和以 Producer 为核心的生产团队来呈现。所有人基于互相的尊重、信任和认同，在良性的角力中形成良好的协作，从而让创意和生产融为一体。在书中，你会看到同心开发、原型开发和敏捷开发等来自不同创意领域和软件工程领域的方法论，还会找到 Marco Design、垂直切片、美丽一角等具体的工具，可用来在游戏开发的四个主要阶段中，有效地做好创意和生产的协调。微观上，对一些常见又关键的问题，比如怎么完成一次有效的头脑风暴、一次有效的创意评审、一次有效的测试（书中举了《神秘海域 3》跳跃系统的经典案例），Richard 都给出可靠、实用的方法和工具。

又或者你是一位非常资深的游戏人，你会惊喜地发现这本书就像一座图书馆，而 Richard 就是那个熟悉而亲切的管理员，面带微笑地坐在里面。在本书对很多关键点的论述中，Richard 除了基于自己的经验给出生动的示例，还大量引用重要作品和资料的信息。Mark Cerny 和 Clinton Keith 等最早关注和创建游戏开发基础流程和方法论的行业先驱，Steve Swink、Tracy Fullerton、Jesse Schell、Ernest Adams、Michael Sellers 等经典游戏专业图书的作者，以及 Chaim Gingold、Liz England、Eric Zimmerman 和 Ian Schreiber 这些常年活跃在 GDC 和游戏开发社区的杰出游戏设计师和分享者，无一不在书中出场。Richard 数十年如一日地不断刷新和完善自己的知识库，关切游戏行业如何获得更科学更健康的发展。你甚至能在书中看到对杰作综合征（masterpiece syndrome）和项目后忧郁症（post-project blues）的探讨。毫不夸张地说，过去几十年游戏行业输出的一些最重要的，也是历经时间考验的智慧和经验，都被 Richard 穿针引线地编织到书里。他的写作风格颇有一些博尔赫斯的味道。

在书的结尾，Richard 郑重写道："制作游戏不存在唯一正确的方法。"不是我注六经，而是六经注我，游戏开发是一门在未知中寻找确定、在混乱中建立秩序的手艺，我们必须在实践中探索出适合自己和团队的方法和经验。本书并不是要给出某种能背诵牢记、闭眼盲从的原理，而是给出关于这门手艺的许多基础常识。常识并不因基础而简单，更难于轻易被正确理解和灵活应用。常识通常才是最困难的部分。而且常识经得起推敲和验证，因为它们是从很多成功经验和更多失败教训中提炼出来的真正合理和准确的认知。常识层面的提升，会重构我们个体设计和群体协作的质量，为开发流程和团队管理的成熟度带来极大帮助，进而最终提高游戏产品的完成度和品质。夯实基础，掌握常识，正是当年邀请 Richard 来给团队分享的主要目的。也希望这本毫无保留的书，让更多读者把 Richard 的宝贵财富化为己用，在战场上去探索、实践和成长。游戏，不就是玩儿吗？开始去创作自己的游戏吧！

再次感谢腾讯游戏，特别是腾讯游戏学堂院长夏琳，让我有机会与 Richard 相识。也希望这位出类拔萃的学者，循循善诱的老师，坦诚幽默的好朋友，能够继续把他闪闪发光的智慧，源源不断地传递给更多人。

李旻

腾讯天美 L2 工作室总经理、《王者荣耀》制作人

序

我可以很幸运地说，Richard 是我合作最长久的同事，是我最亲爱的朋友。

我们第一次见面是在 1995 年，当时我刚加入晶体动力（crystal dynamics）工作室的设计部门。我承认，当时我从职业角度立刻对他产生了某种迷恋。他拥有牛津大学物理学和哲学学位，他具有无限的创造力和幽默感，他身上还有一些傻傻的但是又很严肃的东西，这些，让我立即喜欢上了他。我知道我很想和他一起工作，但未曾想到，我们的第一次相遇会带来一场历经十五年、七个游戏的创造性合作，以及一段跨越了二十五年的友谊。

那时候，我们都是初出茅庐的游戏开发者，我们的工作经验还不到五年，还在寻找着自己的立足之地。当时的游戏行业也很年轻，游戏设计在很大程度上仍然是未知的学科领域。一路上我们犯了很多错误，但正如 Richard 所说，我们学会了"对失败无所畏惧"。我担任创意总监时，Richard 担任首席设计师，我们完成了一个又一个项目。在这些项目中，我们采用并开发了本书中描述的许多理念、实践和方法。我们一起学会了如何成为一名游戏设计师和互动叙事者。

Richard 富有趣味的"What if（假如……）"思维模式，帮助我摆脱了在选择大方向时某些难以承担的责任；他的脚踏实地、务实、有组织性、负责任的天性，让我在即使有一千个任务需要跟踪、有艰难的决定需要做出时，仍然可以保持镇定。

Richard 有二十年的游戏开发实战经验，还有十年的游戏开发教学经验，资质深厚，能力全面，是编写这本书的不二人选。通过阅读本书各章节，你会发现一个宝库，它包含了很多有用的技术和实用的建议，覆盖了从凭空构思到完成最终产品的整个游戏开发过程的方方面面。

我认为，更重要的是如下 Richard 描述的协作和沟通的"软技能"，这些技能是通过经验培养的。

好奇心——被好奇心驱使的冲动：想要深入研究，想要深入探索将不同来源（音乐、艺术、文学、漫画、电影、历史）的灵感融合到游戏设计中所需的能力。

灵活性——理解游戏开发处在受控的混乱状态下，是一种自始至终的、持续的、互相信任的行为，需要我们成为适应性强、协作性好的整体思考者。

慷慨——意识到：当每个人都参与并为设计做出贡献时，我们才能做出最好的作品；我们的工作本来就是即兴创作；当我们对彼此说"是，而且"时，我们就"加上"了想法。即使最后的结果可能会有点不尽如人意，但至少让每个人都留下了印迹。

谦逊——要知道轻抓缰绳才是最有力量的。领导力不是要控制，而是要放弃控制，并赋予他人权力。权威的披风无法人为地被授予，而必须每天到团队中去赢得。

尊重——承认任何协作型工作都是熔炼合理冲突和有效争论的熔炉，需要坦诚和信任的氛围。

这就是 Richard 在他的职业生涯中发展和磨练出来的精神，是他每天在同事、学生和朋友面前展示的品质。

我希望读者会享受阅读 Richard 写在本书中的章节，就像我多年来一直享受和他一起工作的时光，并且就像我和他一起工作时那样有收获。Richard 的智慧和性格——他的热情、体贴、善良，以及他作为领导者和老师的耐心——都渗透在每一页的文字中。

Amy Hennig

Skydance Media 新媒体事业部总裁

中文版审校团队

刘子建，1997 年进入游戏行业，历任游戏程序员、专案经理，负责过多款单机游戏、联网游戏的研发。2003 年加入腾讯，历任程序员、项目经理、主策划、制作人、执行制作人，负责《QQ 幻想》《QQ 仙侠传》的研发和运营。现任腾讯游戏学堂专家讲师，专注于游戏人才培养。

单晖，现任职于腾讯游戏天美 T1 工作室。从事游戏行业时间较长，从端游时代一路游历过来，参与的项目品类从轻到重，玩法类和内容类都有涉猎。他深深感叹市场和用户变化之快，认为只有很少数天赋型制作人可以仅仅凭产品直觉就能得到足够深刻的洞察来坚定不移地指引团队打造爆款，绝大部分的我们还是得依赖一些外部的东西，或切片原型，或工具模型，或调研迭代，来持续调优产品，脚踏实地走向胜利。

江希明，2014 年开始在南加州大学就读于计算机与游戏设计专业，在校期间有幸在 Richard 教授和其他南加大教职员的指导下参与孵化了获奖独立游戏 *One Hand Clapping*。2019 年作为策划加入腾讯游戏光子工作室群《和平精英》项目组，现在在天美 G1 工作室进行 3A 新项目的策划和合研工作。作为游戏行业的晚辈，他保持一颗加入腾讯的初心，努力在工作中将东西方游戏业的方法论结合，期待为行业做出属于自己的一份贡献。

中文版协调团队

夏琳、刘雅、陈若毅、李俊皖，来自腾讯游戏学堂，负责本原著书版权引进、翻译和中文版审校的相关协调工作，也曾负责《腾讯游戏开发精粹》《腾讯游戏开发精粹 II》图书的相关工作，致力于为广大从业者和对游戏行业感兴趣的读者提供优质的学习资料。

前言

我们必须收集自己的想法，因为意想不到的事情总是发生在我们身上。

——Charles Baxter,《爱的盛宴》

制作游戏很难。我们面临的问题，无论是创造性的还是技术性的，看起来经常无法解决。游戏开发中的所有内容，所花费的时间都比你想象的要长得多。然后，当你以为掌握了自己的游戏时，就会出现一些新的东西来破坏你的计划。如果你任由它发展，游戏开发会变得一团糟，让你筋疲力尽。

创意人士通常在他们还是孩子的时候，就开始学习如何制作东西。他们通常凭借着来自孩童时期还未被稀释的想象力和好奇心，反复地进行试验并犯错。随着年龄的增长，我们可能会学到一些艺术技巧——比如如何为图画着色，如何吹单簧管，或者如何在车床上车削木材的同时握住凿子。但很可能没有人教过我们创作过程的核心组成：如何管理我们的时间和如何计划我们的项目。

在青少年时期，我们许多人采用了一种自然的方式来努力使工作变得出色：就是把更多的时间投入其中。我们在交作业前熬夜，甚至彻夜不眠。我们邋里邋遢、精疲力竭地去上课，虽然完成的作业给我们增添了些许信心，却也使我们累得无法清醒地回答有关作业的问题。当我们长大成人时，这些部分成功但功能失调的工作方式，已经成为我们根深蒂固的习惯。一不小心，我们就会把它们带到我们所做的每一件事中。如果我们成为游戏开发者，我们会将它们带入游戏开发中。很长一段时间以来，我一直认为通往出色游戏的道路，必然意味着要在项目的最后几个月中不断熬夜，饮用大量咖啡，并将生活中除工作之外的一切都搁置一旁。

好消息是，这些都不是真的。你可以忘掉那些坏习惯。在我的职业生涯中，我学会了如何确保在不浪费时间的情况下完成高质量的工作，并且无须熬夜。

我的名字是 Richard Lemarchand，我是一名游戏设计师。我在电子游戏的主赛道上工作了二十多年。我在英国的 MicroProse 开始了游戏行业的第一份工作，在那里，我成为该公司主机游戏部门的初创人员之一。

在 1990 年代中期，我搬到了美国加利福尼亚州，在晶体动力工作室工作。在那里，我参与了《杰克龙蜥蜴》（Gex）、《混乱大冒险！》（Pandemonium!）和《勾魂使者》（Soul Reaver）等游戏系列的创作。此刻的我，仍然对我在 MicroProse 和晶体动力的导师、同事和朋友教给我的一切充满感激。2004 年至 2012 年间，我在圣莫尼卡的顽皮狗（naughty dog）团队担任游戏设计师。在成为《杰克 X：战斗赛车》（Jak X: Combat Racing）的首席游戏设计师之前，我帮助完成了《杰克和达斯特 3》（Jak 3）。然后，我单独及参与领导了《神秘海域》（Uncharted）系列中所有三款 PlayStation3 游戏的设计。《神秘海域 2：纵横四海》（Uncharted 2: Among Thieves）成为顽皮狗的巨大成功之作，赢得了十项 AIAS 互动成就奖、五项游戏开发者选择奖、四项 BAFTA，以及超过二百项年度最佳游戏奖。团队在顽皮狗共同完成的工作，证明了我们的智慧、勇气和灵性。

2005 年，我开始在南加州大学（University of Southern California，USC）讲课和指导游戏专业的学生。我的这些经历，加上独立游戏大潮的到来，促使我思考如何花更多的时间，通过艺术和文化、研究和批评、影响和教育的视角来审视游戏。2012 年，我获得了南加州大学电影艺术学院的职位，离开顽皮狗团队并进入了南加州大学工作。从那时起，我一直在南加州大学游戏设计专业从事教育工作，并与学院里才华横溢的教职员工、学生们一起制作游戏。

这本书植根于我在整个行业职业生涯中学到的东西，并且基于我几乎每个学期都会教授的中级游戏设计和开发课程。我的课程旨在帮助那些在游戏设计实践中不再是初学者但仍不够专业的学生。这门课程同时涉及游戏设计和游戏制作，我认为这两件事不可避免地需要交织在一起。游戏设计是为游戏提出创意，然后使其融入游戏玩法的过程；游戏制作可被视为"项目管理"，可用来确保在游戏构建过程中一切顺利。设计和制作是同一枚硬币的两个面——这两个面是不同的，但你不能只有一个面，而没有另一个面。为什么不尝试将这两个学科更紧密地结合在一起呢？毕竟，它们有着相同的目标：制作一款出色的游戏。

当我进入游戏行业时，我们所有的实践和流程都还处于起步阶段。我们尽了最大努力来组织我们的工作，但还是犯了很多错误。随着时间的推移，我们分阶段地学习，首先弄清楚了预制作（preproduction）的重要性以及它与全面制作（full production）阶段的区别，然后意识到了后制作（postproduction）的重要性。最后，我们意识到遗漏了第一步：我们需要借鉴游戏学术界和其他成熟设计学科，学习它们用来产生创意的构思过程。这四个项目阶段——**构思**、**预制作**、**全面制作**、**后制作**——将为我们提供从灵光乍现到游戏完成的整个旅程所需的路标。你可以在图 0.1 中看到它们。

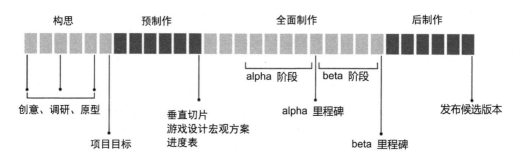

图 0.1　趣味游戏制作流程的四个阶段、里程碑和交付物。

图片来源：Gabriela Purri R. Gomes、Mattie Rosen 和 Richard Lemarchand。

想象力和设计是紧密相连的。我们在晚上和白天做的梦，可能变成艺术、文学、科技、工业和娱乐方面最伟大的成就。但在我们做出决定并采取行动之前，我们不是在设计，只是在推测。此外，游戏设计和交互设计在一些重要方面与其他媒体设计和创作过程有着根本的不同。我们制作的东西是一个有交互性的动态系统。这会将大量的未知数、变量、挑战和问题引入创作过程中。我们如何才能保持对设计过程的控制，确保我们在有限的时间内做出正确的决定？这本书将告诉你。

游戏行业一直受到"超长加班"问题的困扰，不受控制的过度工作会危害个人、社区、组织和游戏本身。本书将帮助你解决或避免这个问题。需要明确的是：我喜欢努力工作，并且我相信创造卓越的作品通常在某些时候需要付出一些额外的努力。但是，努力工作和超长加班工作是有区别的。如果你以一种可控的方式去努力工作，让自己在额外的努力之余仍有时间去充电，那这样的努力工作就是可持续的。超长加班是不可持续的。它让人们筋疲力尽，让人们错过家人和朋友生活中发生的重要事件。而且对于很大一部分受其影响的游戏开发者来说，超长加班会导致他们离开游戏行业，随着他们一起离开的，还有他们来之不易的所有智慧和经验。

当被要求组织和改善他们的创造性方法时，有些人会以创造的混乱本质为借口来躲避管理他们的创作过程这个难题。很多创造确实是混乱的。虽然这种混乱必须得到尊重，但我们也可以使用正确的工具来驾驭和组织它，从而为我们的项目创造良好的工作习惯和最佳结果。我们大多数人都会在整个创造过程中与坏习惯和各种障碍做斗争，这很正常。如果你对现状感到满意，请立即合上这本书。如果你想为自己解锁更多的游戏制作能力，请继续阅读。真正的学习几乎总是伴随着挣扎，所以要为一些成长的痛苦做好准备。请你用对自己有意义的方式使用这本书，摆脱那些对你不利的旧习惯，并养成新的习惯，让它帮助你成为你想成为的那种创意人士。

本书将帮助你获得有关游戏设计、制作和实现的新技能。这些技能将帮助你以更高的效率、更强的创造力和更少的痛苦来孕育和创造未来的项目。它将帮助你找到制作出色游戏和互动媒体的新方法，同时保护你和同事们的身心健康。我希望它对更多专业和岗位的人（交互设计师、体验设计师、当代艺术家，以及主题公园、VR 和剧院的沉浸式设计师）也有用。所有这些从业者都面临着与游戏设计师相同的挑战——使用他们自己发明的设计模式和工具，设计完全原创或者具有创新性的参与式体验。事实上，本书中的技能和技术几乎可以应用于任何领域的复杂设计过程。

设计和制作是创作过程的两个方面，在这里客观事实、分析和理性遇见了体验、艺术和受众的主观判断。当我们努力创造伟大的事物时，我们必须承认创造性愿景、价值观和目标对项目的推动作用。同时，创意人士对卓越和创新的渴望，时间和金钱的实际限制，这二者需要我们来协调。

我们还需要协作和沟通的"软技能"。如果你的同事或合作者仅仅擅长设计和制作游戏，但是对项目、对彼此或对你感到不满意，那么他们是很难完成工作的。这可能是任何协作性创意实践中最具挑战性的部分，本书将为你提供一些有关如何进行良好沟通和协作的实用建议。

我是从自己特殊的创作背景的角度来写这本书的，我致力于制作叙事背景的角色动作游戏。我们在游戏设计、互动媒体设计及在所有相近艺术形式中看到的流派和风格的多样性，令人难以置信，但我尝试使用一种语言来涵盖。在这样做的过程中，我希望以一种对每个人、每个学科和每个团队都有用的方式，将设计与制作的艺术和实践结合在一起。我的目标是帮助你在工作中达到比以前更高的卓越标准，并且不会精疲力竭。如果我干得不错，你就能用更少的努力取得更多的成果，就能更聪明地工作，而不是更努力地工作。

在这本书中，你将使用 USC 游戏设计专业课程使用的以玩法为核心（playcentric）的流程来设计和制作游戏，Tracy Fullerton 在她的书《游戏设计梦工厂》（Game Design Workshop: A

Playcentric Approach to Creating Innovative Games）[1] 中对此进行了描述。你将在决策、实施、试玩测试和设计修订的开发循环中进行迭代。你将了解在完成一个项目的过程中，设想和完善一系列项目目标（project goals）到底意味着什么。

你将学习顽皮狗和 Insomniac 等游戏工作室用来设计和制作游戏的"塞尔尼方法（method）"，该方法还融合了敏捷开发（agile development）的思维和元素。你将通过奇思妙想（blue sky thinking）[2]和调研方法（research）来捕捉自己的想法。你将遇到需要交付垂直切片（vertical slice）、游戏设计宏观方案（game design macro）和进度表（schedule）的里程碑。你将了解如何以及何时来制定项目范围（scope），以确保最终获得高质量的成果。你将带你的项目走过 alpha 阶段（alpha phase）和 beta 阶段（beta phase），并在每个阶段制作可交付的成果。最终，你将了解完成游戏或任何类型的交互式项目的真正所需。

在这本书中，你会了解被我视为健康游戏开发实践的三个核心概念和相关案例：尊重、信任和认同。尊重（respect）是对他人的想法、感受、愿望和权利的认识和关心，重视他们的生活经历、他们的能动性和他们的自主权。尊重我们的同事很重要，尊重玩我们游戏的人也很重要。当我们得知别人尊重我们时，信任（trust）自然而然地随之而来。团队成员以及同行之间的信任，可以使我们一起完成困难的工作。我们可以分享工作，依靠彼此，努力帮助和支持每个人。信任对于游戏开发者与玩家之间的关系来说也很重要。认同（consent）在游戏开发的每个阶段都至关重要。我们必须确保与我们合作的人是自愿的。有人自愿在我们的团队中工作一段时间，而我们的玩家自愿来看我们的游戏呈现给他们的内容。尊重、信任和认同是社区的基础，而社区是制作游戏和玩游戏的基础。

料想你在第一次阅读这本书时，不会事事顺利，这没有关系。我们都很容易忽略重要的事情，重新回到旧的习惯，以及碰到坏运气。重要的是去尝试一些新的流程、工具和框架，探索新的工作方式，为你的创造力和生活创造积极而持久的改变。我在这里描述的方法，是过去几十年游戏设计领域最佳实践的汇总。我相信未来几年会有更好的科技出现，也许你会成为这种进化的一部分。

如果你在游戏行业工作过一段时间，可能会发现我在本书中所说的内容对于真实的游戏开发过程来说有一点理想化。我对此欣然同意。游戏开发是杂乱的，就像生活一样。我曾陷入过

---

[1] Fullerton, Game Design Workshop, 4th ed., 12.
[2] 译者注：指没有边界的头脑风暴。

理想与现实世界不停碰撞的循环。但一次又一次，我也发现社区里的人们能够实现别人认为不切实际的理想。通过这样做，他们能够创造出人们以前认为不可能出现的美妙新事物。理想主义很有价值：它是我们让世界变得更美好的一部分。在理想主义与经验相遇的地方，智慧就诞生了。

目录

第 1 阶段

构思——制造想法

1. 如何开始

在游戏行业的整个从业过程中，我始终能感知到存在一个特殊的阶段，它出现在项目开始时，也就是预制作之前，我们在这个阶段才开始弄清楚我们要制作什么样的游戏。当我加入 USC 游戏设计专业班时，从 Tracy Fullerton 教授那里得知了这个阶段的名称：它被称为构思阶段，是在平面设计和工业设计等领域的设计过程中长期存在的一部分。

Tracy 在《游戏设计梦工厂》一书中，建议我们通过决定"玩家体验目标"来开始我们的设计过程。她说：

> 玩家体验目标就像字面上的意义一样，指玩家能够在由设计师创建的游戏中体验到的可以带来不同感受的目标。这些目标并不是在讲游戏里面的实际内容，而是在形容希望玩家在游戏中可以发掘到的有趣且独特的体验。[①]

在构思阶段，我们将弄清楚要为玩家设定什么样的体验目标，以及关于游戏的其他一些事情。总之，我们将这些称为我们的项目目标。

我参与的有些项目是续作，这种情况下我们已经大致知道要制作什么样的游戏。但如果我们是从头开始呢？我们要如何克服著名的"白纸"问题？我们会不会因为过多的选择而被麻痹？因为我们可以做任何事情，所以我们无法决定做任何事情？

解决"白纸"问题的正确方法是停止考虑大局。把完成项目的想法从你的脑海中抹去——它太大了，无法解决——并从以下三种构思活动中选一种开始：

- 奇思妙想（想出点子）

- 调研（从书籍和互联网中挖掘想法）

[①] 出自 Fullerton 的《游戏设计梦工厂》（第 4 版）。

● 原型设计（制作简单的东西来试玩和评估）

我们将在接下来的几章中详细介绍这些活动。一旦你开始处理项目的一小部分，你就会发现自己在大局方面也会取得快速进展。

在构思阶段，我们将定义一件、两件或三件事情，使我们的游戏与众不同。在流程的下一阶段如果有一些创造性的方向作为指导，我们就可以通过设定好项目目标，来标志构思阶段的结束。项目目标应该是具体的，好让我们有方向。它们也应该是开放式的，以便我们在前进时有回旋的余地。我们将在第 7 章中仔细研究这一点。

我们还将在第 6 章花一些时间研究如何将沟通作为一种游戏设计的技能。沟通是为我们的团队创造尊重、信任和认同环境的基石，并帮助我们成为更好的合作者和创意领导者。

你会注意到整本书中经常有对其他章节的引用，包括本书后面你还尚未阅读的章节。别担心——你不需要跳到后面的内容来理解你当前正在阅读的部分。这样的设计结构只是为了有条不紊地介绍事物。如果你对特定主题感兴趣，或者如果你想了解流程的不同部分如何组合在一起，那么这些引用可以帮你快速跳转阅读。

你可以在一张白纸上随便涂鸦，让它不再是白的。然后你就可以把这个涂鸦变成一幅优秀的图画。让我们开始吧。

2. 奇思妙想

"奇思妙想（blue sky thinking）"指的是一系列我们可以用来找到新点子的活动，似乎从无到有，没有任何限制。奇思妙想可以涉及自发和即兴的想法或发言——写下或说出现在你脑海中的第一件事，或者它也可以有一定的组织和条理。无论在哪种情况下，它的关键都在于摆脱已知和熟悉的事物，进入一个全新的、有创新想法的领域。

在本章中，我将向你快速地介绍我最喜欢的奇思妙想活动：头脑风暴、思维导图和无意识行为。这些活动可以帮助我们在白纸上做标记，为我们的游戏设计提供一个起点。

头脑风暴

头脑风暴（brainstorming）是一项团体活动或个人活动。在这个活动中，我们自发地提出想法并写下来。它可以帮助团队快速整理出一长串的想法列表，还可以帮助团队成员相互了解和理解对方。

当我们严格遵循一个简短的规则列表时，头脑风暴才最有效。你可以在网上找到这些规则的各种版本，但这是我最喜欢的一种：

- **设定一个时间限制**。新手头脑风暴者经常忽略这一关键规则。有简短时效限制的头脑风暴效果最好。二十分钟的限制会迫使每个人都必须快起来，三十分钟是一个合适的时间上限。如果效果很好，那你可以把时间延长一些。头脑风暴中的时间压力会以多种方式给你回报，包括帮助你专注于下一个最重要的规则。

- **注重数量而不是质量**。在头脑风暴中，你并不是想要提出对的想法或者最好的想法，你只是想捕捉所有的想法。稍后你会挑选出其中最好的。要鼓励每个人说出他们想到的第一个事物。如果你的团队喜欢竞争，设定一个目标——让团队提出比以往任何时候都要多的想法。然而，这也有可能会陷入混乱，如果你不——

- **委任一名协调员。** 这一角色可以让小组中的一名成员担任。其任务是推进活动，同时贡献初始想法以启动头脑风暴，并确保——

- **一次只有一个人说话。** 这让会议充满活力，而且不会变得混乱。让团队成员有机会表现出对彼此的尊重，并建立信任。同时，协调员还应该确保——

- **每个人都有发言的机会。** 团队中的每个人都可以贡献好的想法，但有些人可能不愿意说出来。一个好的协调员会注意到是否有人想要贡献但无法加入对话，并且会为他们创造说话的机会。协调员或团队中的某个人还应该负责——

- **把一切都写下来。** 要捕捉所有的想法。可以选择在每个人都可以看到的白板上写下想法，或者写在一个共享的在线文档或笔记本上。每一个想法都值得记录，无论它看起来多么显而易见或者奇怪。

- **欢迎不寻常的想法——越奇怪的越好。** 这条规则是对于"注重数量而不是质量"的补充。在头脑风暴中，我们试图摆脱熟悉的领域，进入一个全新的世界。一个看似不可思议的奇怪想法，后来可能被证明是卓越的原创性和创新想法的来源。协调员应该定期提醒每个人这条规则，以帮助我们打破社交阻力，进而不得不说出一些看起来很傻或者很奇怪的话。

- **多说"是的，而且"——结合并改进想法。** 这是让事情得以继续推进的好方法，尤其是当你的大脑一片空白的时候。使用来自即兴喜剧和剧场表演中的"是的，而且"技巧，把它用在一个早期的想法上，然后对其进行添加或修改。

- **不要在头脑风暴期间讨论这些想法。** 对于像游戏设计师这样爱好分析的人来说，这条规则通常很难遵循。我们都会一听到想法就想开始剖析它们，讨论它们是否是好点子。请不要在头脑风暴期间这样做。之后会有讨论的时间。此刻，请记住时间限制，并专注于产生尽可能多的新想法。

评估头脑风暴结果

在头脑风暴之后，请留出一些时间来整理你们捕捉到的想法，并通过热烈的讨论和辩论来评估它们。我的切身体会是，人们热衷于头脑风暴，事后却再也不看结果。这样做的结果是，他们只会陷入记忆中随机出现的任何想法。将头脑风暴变成强有力的项目创意就像淘金一样——需要时间和注意力。

和你的同事们讨论这些想法，用适合你和所在团队的任何标准来审视每一个想法。你可能特别热衷于寻找新的游戏风格或者游戏叙事设计的新主题。你可能对自己的项目所产生的影响力有特定的预期，或者你有一系列在技术选型时需要考虑的因素。继续去寻找那些看似毫无关联的想法之间所产生的新鲜和有趣的组合。

有些人发现，为他们的想法指定优先次序是很有用的。将这些想法复制到一个电子表格中，每一行一个想法。在想法旁边的一列中，给每个想法指定一个高、中、低的优先级。你可以以任何适合你们团队的方式设定优先级；在构思之初，它可能只是你对每个想法的兴奋程度。

你可以继续这个过程，增设额外的列数据，展示每个想法的有趣程度、兴奋程度、实用程度，或者其他你能想出来的任何评价方式。你可以为不同的团队成员设置不同的列，以显示谁喜欢哪个想法。这对发现共同的兴趣和在同事之间建立共识很有价值。当游戏的中心思想开始浮现时，你可以根据这些想法与新兴方向的契合程度来确定其优先次序。

对我们的想法进行优先排序，有助于我们开始做出一些设计决策，并在此过程中确定一个创新的方向。在构思阶段，我们希望继续广泛探索，但也希望开始引导我们的想法向一个特定的方向发展。做一些简单的事情，比如对我们的想法进行优先级排序，以一种不具威胁性的方式开始决策过程，因为我们还没有排除任何可能性。这就好比为一艘船调整船帆，以迎接来自某个方向的风。这将确保，即使我们可能驶向广阔的地平线上的任何地方，我们也不会因之而在原地兜圈子。

如果团队中的每个人都对相同的想法感到兴奋，那很好。如果不同的人对不同的事情感到兴奋，无法达成一致，那么处于领导地位的人可以帮助决定一个方向。Tracy Fullerton 认为，游戏团队领导力的一个重要方面是，找到将不同想法连接起来的方法，从而实现一个让整个团队都感到兴奋的综合方案。[①]

———————

① 来自 2020 年 5 月 25 日的私下交流。

关于头脑风暴的价值，在创意界有一些争论，有时它被过分强调为好主意的唯一来源。我个人认为，简短的头脑风暴是一个很好的起点。头脑风暴可以让我们迅速将大量想法摆到桌面上，并且对于强化团队对集体利益和工作热情的理解很有价值。

思维导图

思维导图（mind mapping）是头脑风暴的一个更有条理的版本，当你已经得出一个核心概念，想要更深入地探索时，思维导图就会很有效。这个技巧非常简单：在一块白板、屏幕或纸张中间写下核心想法，然后开始进行头脑风暴，并遵循上述所有相同的规则。每个新想法都应该与核心想法相联结，或者与已经写在思维导图上的另一个想法相联结。你可以在图 2.1 中看到一个正在进行中的思维导图的例子。

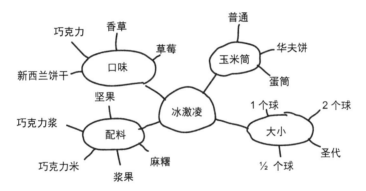

图 2.1　一个正在进行中的、以"冰激凌"为中心的思维导图。

在各个想法之间画线，清楚地显示它们之间的关系。你很快就会得到一个放射状的图案，它是一个能呈现"母子"内在层次的想法集群。有时，一个"子"想法会成为一个新的主要群组的中心——这没关系！让你的思维导图变得散乱，并跟随它的指引。思维导图的空间结构将有助于你注意到自己所忽视的可能性。如果你在互联网上搜索，可以找到许多很棒的数字工具来帮助你绘制思维导图。

自动主义

二十世纪初，一群被称为超现实主义者的艺术家，对无意识思维的新理念十分着迷，在追寻知识、摆脱社会习俗束缚和开拓新艺术形式的过程中不断进行探索。他们为此开发了一些技术，其中许多被他们称为游戏。如果你对这种类型的创造性探索感兴趣，我强烈推荐 Alastair Brotchie 和 Mel Gooding 的《超现实主义游戏之书》（A Book of Surrealist Games）。

超现实主义者喜欢的一种技术理念被称为自动主义（automatism），这个词来自自动（automatic）一词，意思是"自发地完成"。要实践自动主义，只需坐下来，拿出一张纸和一支铅笔，或者坐在电脑前，设置一个四分钟到一小时不等的计时器。启动你的计时器，然后一直写（或者画画，如果你愿意的话），直到你的计时器跑完为止。不要停顿或犹豫，强迫自己记录下头脑中出现的任何东西。跟着你的意识流走。如果你对自己的想法诚实，这会很容易。不要回顾或分析你所写下或画下的东西。

你最后得到的很多东西有可能纯属胡扯或十分平庸。那也没关系。你写的或画的一些东西将是非常个人化的，可能会让你感到惊讶甚至震惊。但重要的是，每个人都应该有权利保留自动主义的结果。你写下的一些东西有可能是有趣的、不寻常的、令人感动的，或者有力量的。这就是你一直在淘的金。你可以把它作为头脑风暴或思维导图的一个起点。

其他奇思妙想的技巧

上面介绍的只是一小部分的奇思妙想行为。还有很多其他的活动形式，比如 Tracy Fullerton 在《游戏设计梦工厂》第 6 章中描述的"剪贴法"。你也可以使用日记本、故事板、维基百科随机页面（wikipedia:random），或你最喜欢的占卜技术。在整个项目过程中要有一个笔记本；它将保存你的想法、计划、草图和图表，它也是一个可以涂鸦和自由联想的地方。如果你在网上搜索"构思技巧（ideation technique）"，会发现更多关于奇思妙想的方法提示。

设计师、电子表格和列表的力量

游戏设计师在工作过程中总会做出大量的列表：原始想法的列表，游戏机制和关卡列表，特性和内容列表，待办事项列表和任务列表。尽管并不是所有人都很容易接受这一点，但成为一个好的列表制作者是一种可学习的技能，也是游戏设计师取得进步的好方法。

我在顽皮狗工作期间，使用的大多数设计文件都是电子表格。我第一次看到电子表格时，感到相当害怕！它看起来就像是一个会计师的狂热之梦，我根本不明白该如何使用。现在，我太爱电子表格软件了——它们是游戏设计师的工具包中最强大的工具之一，也是快速、轻松组织信息的最佳方式。

电子表格让你可以使用一个方框网格（称为单元格）轻松地访问你的页面的垂直维度和水平维度。是的，游戏设计师花了很多时间做列表，但事实上，我们更经常做的是表格，里面有一排排交叉引用的信息。例如，一旦你列出了游戏中人物的名字，你就需要跟踪他们使用的是什么样的动画、他们的移动速度，等等。做表格是电子表格软件所擅长的。将一列数字相加的公式很容易就能学会。对单元格中的信息，通过条件格式进行颜色标记也可以让你快速而直观地看到什么是重要的。建议观看一下关于如何使用电子表格软件的在线教学视频，很快你也会爱上电子表格软件。

在对项目管理感兴趣的人中，"列表有力量"这句话很流行。列表有力量，因为信息就是力量。我们经常看的列表，可以帮助我们保留所有呈现在我们脑海中的想法。能够编辑一份与你的游戏有关的最新列表（如所有不同角色的列表，或游戏中所有可收集的物品列表等），就拥有了使游戏的这一部分变得优秀的力量，拥有了以一种有效的方式来完成它的力量。在一个健康的团队中，权力必须是共享的，所以一定要把你的列表放在一个公共的地方，并告诉你的同事们在哪里。做一个定期更新列表的人，这表明你是一个负责任的设计师。在整个项目过程中，日复一日地维护一份列表，比在突然需要它的信息时被动更新要有效得多。

列表帮助我们避免犯错。从航空公司员工到外科医生都在使用检查表（checklist），以防止危及生命的事故和错误，并使初级员工在发现有问题时能够大声说出来。成为一个更好的列表管理者是一个简单而有效的方法，可以让我们的游戏做得更好。

人们有时认为创造是一个神秘的过程，只有天生聪明的创作者才能实践。我相信顿悟时刻（eureka moment）的存在，在那些灵感闪现的时刻，我们仿佛突然抓住了一些新的很伟大的东西。但我也同样相信托马斯·爱迪生所说的，天才是"百分之一的灵感和百分之九十九的汗水"。这就是为什么我们必须快速大量地进行头脑风暴，推敲九十九个一般的想法，找到我们正在寻找的那个完美的想法。

在我们的生活中，创造力无处不在；甚至在我们最平凡的行为中，也是如此。每个关心创造的人，都可以获得创造力。创造力需要激情来加以推动才能完成创造性行为，所以请留意你会为哪些事情感到兴奋。

　　最后，如果你想在游戏设计方面进行创新，那么，请不要因为创意不适合你已经熟悉的游戏机制而排除它们。相反地，你可以考虑采用一个既简单又复杂的想法（比如像"音乐品味""嫉妒""新年决心"这些看上去简单说起来一言难尽的话题），并使用我们在接下来的第 3 章中将要讨论的构思策略来加以探索。

3. 调研

调研（research）是我在构思阶段最喜欢的环节之一，它对每款《神秘海域》游戏的创作都很重要。我们希望将我们的故事根植于真实的历史和地点，因为我们知道，以这种方式"扎根"将有助于打消我们的玩家对游戏的质疑。我们想分享《神秘海域》制作人 Amy Hennig 所说的"谷歌测试"方法——如果你在网上搜索一些游戏中的历史事件或地点，你会发现一系列真实的线索将你引向现实世界。我们认为这可能会激起人们的好奇心，甚至可能使我们的游戏具有巧妙的教育意义。

我认为几乎每款游戏都可以从一些调研中受益，因为只有这样才能把游戏的基础建立在真实世界之上。幻想世界和科幻世界的创造者必须特别努力地使他们的创作看起来有根有据并且可信，而这样做所需的细节都将来自现实。

在互联网上调研

在互联网时代之前，我们必须去图书馆或购买大量书籍来调研游戏。现在我们拥有 Wikipedia、谷歌和 3.66 亿个已注册的互联网域名，只需点击几下，我们就拥有了难以置信的丰富信息。

我喜欢探索 Wikipedia、Reddit 和谷歌图片。通过这种探索，我既可以获取可靠的知识和信息，也可以验证看似虚假、错误或荒谬的事物。如果你想要准确的事实，请务必仔细检查你的消息来源。你可以通过调研更深入地发展你在头脑风暴中发现的主题，并为你的思维导图提供更多分支。

通过图片调研

除了基于文本的调研，我还是图片搜索的忠实粉丝。我喜欢将图片保存到硬盘上的一个本地文件夹中，然后用它们来促进团队之间的对话。图片通常可以比文本更快地传达信息，并且会给不同的人不同的想法，当你在尝试广泛探索时这很有用。

一旦收集了一批好的图片，可以将它们组合成一个情绪板（mood board），即围绕某个想法或主题排列的一页或一屏图片。将两张看似毫无关联的图片并排放置会引发全新的想法和感受，就像著名的库里肖夫效应一样。电影制作、营销和电子游戏设计等创意产业会使用情绪板快速有效地传达概念，并就未来方向展开讨论。使用 Microsoft Paint、Adobe Illustrator 或 Pinterest 等在线服务开始构建自己的情绪板或图片蒙太奇，这几乎永远不嫌早。

不要忽视图书馆

通过互联网调研很棒，但具有讽刺意味的是，看似开放的互联网很容易让你进入先入为主的无形之墙。因此，作为调研过程的一部分，请务必前往当地图书馆。熟练的图书管理员和大量的图书可以引导你找到你不曾发现的想法、事实和艺术品。

实地考察

一些最好的调研发生在你的工作室、家庭或办公室之外。皮克斯电影工作室以其对不寻常的偏远目的地的实地考察（field trip）而闻名——在他们 2009 年的电影《飞屋环游记》（Up）中出现的由天堂瀑布构成的神秘世界，是在访问了委内瑞拉卡奈依马国家公园的特普伊台地之后，受启发而创作的。

但是不必用很高的预算来为你的游戏进行出色的实地考察调研。也许你可以在当地的某个地方找到灵感和知识，这些灵感和知识可以为你的设计提供信息，并使你的游戏成为现实。

记下你在周围世界中看到的流程和系统。日常生活的哪些方面可以成为游戏机制、环境和叙事的有趣部分？花时间观察别人（people-watching）是任何实地考察调研的重要组成部分。带上你的笔记本，把所有的东西都写下来。在不侵犯任何人隐私的情况下拍摄照片。必要时征求许可。让自己去发现那些你每天都看到但从未详细观察的部分。沉浸在自己居住的小镇中，用新鲜的眼光看待那些熟悉的事物。

访谈

进行访谈是寻找想法和激发创造力的绝佳方式。在本书的后面部分，我们将探讨使用试玩测试和其他技术将玩家置于设计过程中心的重要性。这就是 Tracy Fullerton 所说的以玩法为核心的游戏设计，它的历史可以追溯到人文主义设计传统的一部分[①]。设计中的人文主义可以在 19 世纪及之后的工艺美术运动中看到，略举几个例子来说，比如 20 世纪建筑师 Friedensreich Hundertwasser 的作品、荒川修作（Arakawa）和 Madeline Gins 等建筑设计团队的作品、硅谷创意机构 IDEO 在以人为本的设计理念下做出的创新作品。

你甚至可以在对游戏产生想法之前就开始与人们讨论你的游戏设计。许多伟大的设计项目都是从采访人们的生活、想法和感受开始的。选择你想为之设计游戏的人，向他们询问有关他们的日常活动、休闲生活、兴趣爱好，甚至是他们的希望、需求和恐惧。写下他们的回答或为访谈录制音频或视频。你将获得大量令人惊讶、有趣的想法——其中一个可能会成为激发你下一个游戏项目的起源。

影子观察法

有时，仅仅通过与人们交谈很难获得关于他们的有效信息——每个人都有偏见，这些偏见会扭曲人们的想法和言论，而且人们经常忽略设计师可能会感兴趣的细节。

影子观察法（shadowing）让我们能够更深入地了解人们的生活、兴趣和偏好。它是一种调研技术，起源于 1950 年代的管理研究，并作为设计和咨询公司 IDEO 以人为本设计实践的一部分而发展起来。影子观察法指的是在征得某人允许的情况下和他们共度一天。我们观察正在跟随的人并做好笔记，制作音频和视频记录，收集数据，例如他们在哪里或者什么样的活动中花费了多少时间等。通过观察人们的生活，谨慎而不干扰地观察他们，我们可以更深入地了解他们的行为、观点和动机。

影子观察法还可以帮助我们了解个人、朋友和家人如何利用他们的闲暇时间来玩游戏——他们在玩游戏时如何相互联系和互动，无论他们是一起玩还是一个人玩而其他人在旁边观看。合作和竞争类游戏的新想法有可能以这种方式出现。影子观察法在"健康游戏"的设计中很有

---

① 出自 Fullerton 的《游戏设计梦工厂》（第 4 版）。

用，这些游戏旨在为玩家的健康创造积极的结果，在"严肃游戏""功能游戏"和教育游戏的设计中也很有用。它也可能有助于实验性游戏设计师和艺术游戏制作者极度创新的工作。

调研笔记

确保以调研笔记的形式来记录你的发现。在互联网上进行调研，很容易进入点击恍惚（click-trance）状态，除了多出的浏览器历史记录，你一无所获。花点时间将文本、图像和链接复制粘贴到调研笔记文档中，让你自己和团队在整个项目过程中有一些可以参考的东西，当你自己遇到困难并需要一些灵感时，你也可以找来参考。一个在早期似乎并不相关的想法可能会在以后被证明是有用的，甚至是变革性的。

&❧   ❀   &❧

调研应该是你构思阶段的一个丰富的组成部分，你可以在 IDEO 方法卡（IDEO method cards）卡组中发现更多奇思妙想技巧和其他调研技术。这个来自设计机构 IDEO 的高度创新工具很有用，也很有启发性，它拥有 51 种技术来"让人们成为你工作的中心"。Situation Lab 屡获殊荣的"想象力游戏"《未来之物》（The Thing from the Future），由我已故的 USC 游戏设计专业的同事 Jeff Watson 和卡内基梅隆大学设计教授 Stuart Candy 一起设计。这是另一款出色的卡组工具，专为设计师和其他希望就未来进行游戏性和思考性对话的人而打造。Mary Flanagan 和 Helen Nissenbaum 的 Grow-a-Game 卡组可以帮助设计师更加专注于将人类价值观整合到基于游戏的系统中。

对于我们中的一些人来说，调研是如此令人愉快，以至于它很容易耗尽我们所有的构思时间。限制你花在调研上的时间，这样你就不会在你发现的"兔子洞"里花太长时间。尝试在自由形式的探索和对特定主题的更结构化的调查之间找到良好的平衡。要经常回顾你最初调研的概念，并努力保持在正轨上。

并非所有时间都必须以目标为导向，无拘无束的思想具有极限的美感和价值。只是要小心不要"绕圈游泳"。向外、向上、向内或向下探索，而且要定期检查，看看你是否充分利用了时间。如果你的调研做得好，你将基于我们共同的现实创造出美妙的新体验。世界是一位伟大的老师，让它告诉你一些关于你的游戏的事情。

4. 游戏原型：概述

头脑风暴和研究固然好，但构思的命脉其实不是思考，而是制作。

一点点思考就能带来无穷的发散，但是，通过创造人们可以玩的东西，我们能获得新的发现，我们能学习到设计经验，这些发现和经验是无可替代的。因此，在构思过程中最重要的活动就是原型设计。

我怎么强调这一点都不为过：你应该从少量的奇思妙想开始，也许是一次头脑风暴，也许是做一点研究，只需二十分钟左右。之后，你应该立即开始制作你的第一个原型。如果你的构思正确，这个原型将是众多原型中的第一个。正如 Autodesk 研究员和技术先驱 Tom Wujec 在他的 TED 演讲《建造塔楼，组建团队》（Build a Tower, Build a Team）中指出的那样，"设计是一项接触性运动。"在我们开始制作之前，我们无法发现可能损害或帮助我们的项目的隐藏假设。

我注意到，当人们坐下来为一个游戏做一些原型设计时，他们经常尝试立即开始制作一个完整的游戏。对于这样做的人来说，事情很少进展顺利。他们将精力倾注到有先入之见的工作中，这些工作并不能真正帮助指导他们的设计，他们甚至在真正开始之前就感觉到筋疲力尽。

因此，在我开始讲解为你提供游戏原型的策略之前，我想非常清楚地强调这件事情：

你的游戏原型不是游戏的演示。

在之后我们讨论制作垂直切片（vertical slice）的过程中，我将指导你如何制作游戏的演示 Demo（Demonstration）。制作演示将来会成为设计游戏的重要组成部分。但是现在：

你制作的每个原型都会为你的游戏探索一个或多个想法。

一个真正的原型仅测试很少的东西——也许只有一件事。如果你能发现一项有趣的、好玩的、令人动情的，或者有其他引人入胜之处的玩家行为，那么你的原型就达到了它的目的，并将作为未来设计工作的基础（稍后将详细介绍更多玩家活动。）如果你没有发现任何好的东西，你可以从头开始制作一个新的原型。

在构思期间，你的目标应该是尽可能多地制作不同的原型。如果你快速且专注，每个原型可能只需要两三个小时来制作、测试和迭代。如果你的速度比较慢，那也没关系，但记得保持你的原型简单明了。

游戏机制、动词和玩家活动

游戏机制是构成游戏功能和互动性的规则和流程，能控制玩家可以做什么以及游戏如何开始、展开和最终结束。游戏设计师通常把游戏中玩家可以做什么的"行动词汇"称为游戏动词。例如，你的玩家角色可能会移动、行动、说话或者购买。游戏机制使得游戏动词成为可能。

一些游戏动词更"原子"化——按下按钮使角色跳跃是某些类型游戏中的基本动词原子。其他游戏动词可能更"分子"化，由一组动词原子组成。例如，"探索"是一个游戏动词，它可能由动词原子"行走""跳跃""攀爬""爬行"和"移动游戏镜头"组成。当然，就像原子由亚原子组成一样，游戏动词原子可以进一步分解。攀爬可能由游戏动词亚原子"左伸手臂""右伸手臂""顺势下移""动态跳跃"等组成。

玩家活动是我们用来描述玩家如何使用特定动词的术语。玩家活动可能是在一个第一人称游戏中通过使用 WASD 键、鼠标和 Shift 键四处跑动寻找出口；可能是在三消游戏的网格中试图通过点击触摸屏使得三个相同的物品排成一列；也可能是在基于 Twine[①] 的游戏中第二次浏览一个故事，并试图通过点击链接来找到一个不同的结局。玩家活动是游戏机制、游戏动词、游戏叙事以及玩家的感知、想法、行动和意图相结合的结果。

像许多游戏设计师一样，我倾向于交替使用这些术语，但我认为，在制作原型时将机制和动词当作玩家活动来讨论能够提醒我们，玩家的行为和体验是我们讨论中最重要的。玩家活动通常被做成序列循环，我们将在第 10 章中更多地了解游戏的"核心循环"。当我们对游戏进行更深入的分析时，我们可能会讨论玩家活动的模式，我们会看到不同的玩家群体使用相同的机制和动词来表达大不相同的游戏玩法。最著名的玩家活动模式的定义是 Richard Bartle 著名的杀手、成就者、社交者和探索者的玩家分类。

---

① 译者注：一款文本游戏开发软件。

对于你制作的每个原型，问问自己：

✓ 我在这里为什么样的玩家活动制作原型？

✓ 我在研究哪些游戏动词？

✓ 这个玩家活动产生了怎样的体验？

✓ 玩家活动有什么基调或情绪？

✓ 我现在可以用这个玩家活动做什么有趣的游戏玩法和故事？

✓ 如果我有时间设计不同的情况和场景来使用这个玩家活动，我可以用它做多少事情？

✓ 我想用这个原型回答什么问题？

最后一点非常重要。设计师 Chaim Gingold 以他的作品《孢子》（Spore）和《地球入门学》（Earth Primer）而闻名，他对制作原型有很多很好的建议。他为 Tracy Fullerton 的书《游戏设计梦工厂》写了一篇名为《灾难性原型设计和其他故事》（Catastrophic Prototyping and Other Stories）的文章，你可以在网上找到它。Chaim 建议我们针对问题进行原型设计，用每一个游戏原型来回答我们提出的一个问题："例如，你可能正在思考为一个钓鱼学校设计一个游戏，这个游戏有着基于鼠标的控制方案。你的问题是——我如何用鼠标控制这些鱼？"Chaim 指出了原型设计的其他好处，比如使用原型来说服同事，告诉同事一个想法如何会奏效。他还建议如何快速、经济地工作，不要一次尝试做太多事情，并善用我们的时间。Chaim 的文章非常好——现在就去读吧。

三种类型的游戏原型设计

受限于你的背景，你可能对原型设计有强烈的成见。我想给你提供三种不同类型的原型设计方法，来改变一下你的成见。这三种原型设计方法是：趣味原型设计、实物原型设计和数字原型设计。

趣味原型设计

游戏原型是一种将想法变为现实的方式。这就是一个蹒跚学步的孩子在拿起玩具动物、摇晃它并发出咆哮声时所做的事情。构思过程就是为你的设计航行之旅借一点东风。根据我的经验，没有比拿起玩具或其他物体，然后说"让我们想象一下……"更好的开始方法了。

例如，我可能会使用一个可动人偶和一些盒子来弄明白游戏角色应该如何爬上一堆坍塌的岩石。我可能会用两辆玩具车来展示一个赛车游戏的工作原理，或者我可能会用勺子和叉子来扮演两个非玩家角色在争论时的肢体语言。

随着蹒跚学步的孩子长大，他们开始玩"过家家"的游戏，扮演角色并进行情景表演。这也可以是趣味原型设计的一部分。在顽皮狗和晶体动力，我和我的同事经常使用表演作为一种明确我们的设计理念并解决问题的方式。

在无数次的设计会议中，我会站起来并开始表演一个可能由我们游戏中的角色执行的活动：从钥匙孔中窥视，在狭窄的空间中爬行，拉着一串链条等。在这样做的过程中，我是在说明想法并鼓励讨论。Tracy Fullerton 告诉我，Walt Disney 以表演角色的姿势和动作而闻名——比如拿着毒苹果的女巫，而他的同事们则疯狂地画画来捕捉他的表情和姿势。

一旦我们看到（或加上一些想象）面前的事物在运动，就会开始在设计灵感方面有更多发现。钥匙孔是不是太低？爬行空间是否太窄？链条是否太重而无法抬起？我不必在这里多说趣味原型设计；它是如此开放，以至于你可以发现自己的方法。这可能不会是你唯一使用的原型设计策略，但它可能会是你最爱的策略之一。

实物原型设计

Tracy Fullerton 在她的《游戏设计梦工厂》一书中描述了以玩法为核心的游戏设计流程，其中最伟大的创新之一就是使用实物原型。实物原型制作涉及制作桌面游戏、纸牌游戏和其他类型的非数字游戏活动，如运动或游乐场游戏。当然，这可以用来引导设计优秀的桌面游戏、纸牌游戏和体育运动，但它也是设计数字游戏的有效方式。例如，泡泡熊游戏公司（BumbleBear Games）出色的实时战略类横版游戏《杀手皇后》（Killer Queen）的最初原型就是一款实物团队游戏。

Tracy 告诉我，她已经开始使用实物原型来帮助设计师们绕过现有游戏玩法类型中已经解决的问题，并探索创新的游戏设计空间。事实证明，它是如此强大的技术，以至于实物原型制作现在已成为南加州大学游戏设计学院用来教授游戏设计的基石。

如何制作一个实物原型

制作一个实物原型很容易，在制作时你可以使用各种各样的材料。如图 4.1 所示。最常用的基础材料是纸——复印纸就可以——以及钢笔、铅笔或蜡笔。你不一定要画得很好，简笔画就行。如果要制作建筑，你需要胶带或胶水，以及剪刀。索引卡很有用而且用起来很灵活；卡片纸具备一定的硬度，可以像扑克牌一样使用，或者可以作为游戏配件和环境元素的建筑素材来用。一些塑料、木头或玻璃筹码非常适合用作游戏棋子或资源代币。便利贴也经常被使用。

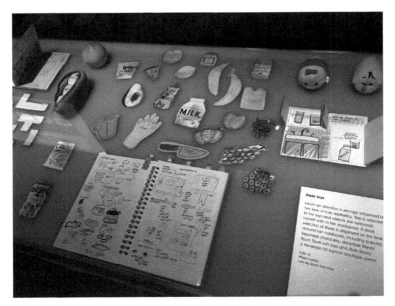

图 4.1　Jenny Jiao Hsia 的"Consume Me"实物原型。

图片来源：伦敦维多利亚和阿尔伯特博物馆的"电子游戏"展览。

考虑一项你想要调查的玩家活动，它可能是用叉子举起一块水果，在沙尘暴中艰难跋涉，或者按颜色给魔法弹珠分类。你想要描述的底层系统是什么？你如何将它们抽象为规则和表现以适用于设计桌面游戏和纸牌游戏？就这样，你从问题出发，使用实物原型制作技术，开始研究游戏动词和游戏机制，开始构筑你的游戏。

你还可以开始对更复杂的玩家活动模式进行实物原型制作。如果你想制作一个角色探索洞穴系统的游戏，你可以制作一个简单的桌面游戏，它有一条可以沿着移动的通道，充满了洞穴、折返线路和水下部分。如果你想制作一个关于国际金融世界的游戏，你可以将索引卡标记为股票、债券和现金，并开始设计一个兼具合法交易和非法活动的系统。

发明在实物原型制作中是司空见惯的。也许你是一位经验丰富的桌面游戏设计师,可以轻松地在实物游戏和数字游戏之中找到玩家活动、游戏动词以及游戏机制的相似之处。如果像我一样,你作为桌面游戏设计师的经验较少,那么你的流程可能会更松散些。如图 4.2 所示。你的实物原型甚至可能感觉更像是趣味原型。正如 Tracy 提醒我的那样:"重要的是要记住,原型设计始终是为了回答问题。所以,如果你没有问题需要用一个实物原型来回答,那就使用另一种方式!"

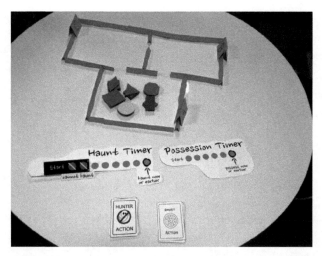

图 4.2　数字游戏《幽灵玩具屋》(Daunting Dollhouse) 的实物原型,由 Chao Chen、Christoph Rosenthal、George Li 和 Julian Ceipek 在 USC Games IMGD MFA 课程中制作。图片来源:George Li。

对实物原型进行试玩测试

一旦你制作完成了实物原型,接下来就该进行本书中最重要的活动了,这个活动我们将一遍又一遍地进行,它就是试玩测试(playtest)!

试玩测试是合理的游戏设计实践的基础。我将在本书后面详细描述我的试玩测试方法,但现在,我希望你可以让其他人尽可能多和尽可能早地来玩你的实物原型。不要太担心你的原型的展示:只要人们能读懂你的文字,理解你使用的语义符号,并能够使用游戏配件,你就可以开始了。

写下游戏规则,以便你的玩家无须与你交谈即可学会,然后进行"规则测试",这是每个游戏设计师早期接受的教育的重要组成部分。这样的做法能促进我们深入理解系统复杂性,深入理解我们在交流游戏设计创意时所面临的挑战，深入理解游戏的各个方面是如何被解释的。你可以使用人机交互学科中的"绿野仙踪"法（Wizard of Oz），你（设计师）代替在后台运行游戏的计算机，代表游戏来提供信息和采取行动。

当你观察你的游戏测试者试玩游戏时，仔细写下你的观察发现。他们对自己在游戏中能做什么和不能做什么有怎样的理解？然后他们会尝试做些什么？哪些东西他们弄不明白？你的游戏测试者对什么感到兴奋，又是什么让他们感到沮丧？是什么让他们大笑，抑或感到悲伤？他们还表现出哪些其他情绪？哪些活动让你的测试者似乎一遍又一遍地想去做？哪些又是他们不愿意去尝试的？

迭代你的实物原型

实物原型设计的一大优点就是速度很快。只需用笔画几下或用剪刀剪几下，你就能对你的设计进行根本性的改变。你不太可能仅仅因为投入了时间来制作它，并且已经对它产生情感依恋，就坚持你的设计中不起作用的部分。这是至关重要的，因为几乎每次试玩测试之后你必须做的就是迭代你的设计。添加、删除和更改内容，同时寻求改进你的设计。什么可以称得上是改进呢？你可以自由决定，但你必须认可试玩测试的结果。

我有时会遇到一些人，他们认为试玩测试很糟糕，因为它会"削弱"游戏的设计。这样的想法再错误不过了。在游戏设计的世界里，没有比玩家和游戏直接接触更真实的了。玩家永远不会"玩错了"，也很少会"只是不明白"。（这些都是人们在他们的设计不起作用时找的借口。）玩家的行为和体验是游戏设计质量的真实表达，是任何游戏设计师都可以拥有的最佳作品呈现。正如我曾经听过游戏设计师和教育家 John Sharp 所说的："游戏设计就像单口喜剧表演：某件事是否奏效，设计师和喜剧演员会立即知道。"

然而，游戏设计师不应该盲目地遵循或回应玩家在试玩测试中所做的或在游戏中想要的东西。有技巧的设计师会根据他们的创作目标来解释游戏测试的结果，你也可以根据游戏测试的结果——基于自己的目标去决定游戏设计的未来方向。

游戏设计师经常被建议在试玩测试中"追随乐趣"。如果你追求的是乐趣，这是一个很好的建议。我喜欢游戏中的乐趣，我喜欢思考是什么让游戏变得有趣，而且我认为几乎每个人都认为乐趣是让他们快乐和幸福的核心。但并不是所有人都以同样的方式获得乐趣，游戏也不需要基于传统意义上的乐趣；也许有的游戏根本不必很有趣。我最喜欢的一些游戏，比如 Liz Ryerson 的《问题阁楼》（Problem Attic），故意拒绝提供我们从其他游戏中可以获得的传统类型的愉悦和乐趣。

在试玩测试中明确你的创意目标很重要，这样你就可以朝着正确的方向迭代。这在我们的流程后期将变得越来越重要。在制作原型时，这是一个很好的考虑因素，但并不是重点。现在，只要你在创作和学习，在原地转圈或者有一点迷路是没有问题的。

为什么这些能够摆在你面前的桌子上的游戏配件如此之好？这就是原因：它能够让你更清楚地看到自己正在探索的世界。你可以更容易地挑选出好的部分，并在此基础上进行构建或修改。

整个开发过程中的实物原型

制作实物原型是在构思阶段开始游戏设计的好方法，可以帮助你在游戏核心机制、叙事和美学方面获得意想不到的发现。不仅如此，实物原型在整个预制作和全面制作过程中也很有价值，无论什么时候，使用实物原型，我们都可以对一个开放式的设计问题进行快速、轻松、廉价或彻底的研究。

在策略游戏中，玩家可以操纵资源系统，在开发的每个阶段都可以很容易地进行实物原型制作。动作游戏的关卡、场景和叙事体验可以用实物原型轻松快速地模拟出来，我们从而能够回答有关玩家在空间、视线和资源可用性方面的详细问题。这使得实物原型在你有了游戏的数字版本后很长一段时间内依然很有用。每当你进行游戏的"微设计"（micro design）时，你都可以使用实物原型。（第 18 章会对此进行更多讨论）。

我相信几乎所有类型的游戏都可以从实物原型的创造性使用中受益。你必须自己决定实物原型在多大程度上对你的项目有用，以及什么时候有用。

数字原型设计

如果你的目标是制作一款数字游戏，那么数字原型便能够帮助你在构思过程中加速迈出下一步，并将引导你直接设计和构建你的游戏。

一般来说，数字原型制作是指使用软件制作能够在计算机上运行的游戏原型的过程。也许你的数字原型运行在个人电脑、手机、平板电脑或游戏机上，可能带有屏幕和音频输出。它可能使用键盘、鼠标或游戏控制器作为连接，或采用某种其他类型的输入：语音识别、视线追踪或特殊的替代控制器；或者它会在其他类型的计算平台上运行，比如智能手表，甚至是医疗植入设备。也许你用来构建原型的软件很容易使用，带有拖放界面，或者它更复杂，需要使用者有一些编程知识。

在所有这些情况下，我们将使用与制作趣味原型和实物原型相同的指导方针：我们将首先只关注一种玩家活动，尝试找到一些可行的、我们想要保留的东西。

要制作数字原型，你需要预先具备一定的数字游戏开发能力。也许能力不是很强，但要有一些。为你提供这种能力超出了本书的范围，但我可以为你提供一些关于如何开始学习数字游戏开发的建议，我将在第 5 章中对其进行介绍。

每个游戏开发者都是游戏设计师

在这一章的结尾，我想直接向你介绍一些术语。你可能已经注意到，我从谈论游戏设计（我在本章大部分时间都使用的术语）转向提及游戏开发。它们是一样的吗？它们非常相似，但我认为有必要加以区分。

游戏的设计是将构成游戏的元素以一种能够为玩家带来良好体验的方式组成的抽象模式。游戏设计师关心的是概念化和规划一款游戏的过程，尽管这种规划与游戏的构建紧密相关，很难将规划与构建分开，我们将在本书中看到这一点。

当我们谈到开发一款数字游戏时，指的是这样的过程——使用软件工具、编写代码、制作美术和音频资产、创建动画和视觉效果，并将所有内容整合成玩家可以打开和玩的东西。因此，游戏开发人员可以是画家、动画师、软件工程师、音频设计师、作曲家、游戏设计师、作家、用户体验设计师、制作人、质量保证专业人员，也可以是其他专业人员。大多数游戏开发者会在团队中担任一些主要角色，例如场景设计师或游戏玩法程序员。有些人的工作头衔是游戏设计师，他们的职能通常是产生和收集设计想法，并锁定游戏的设计方向——比如关卡设计和系统设计。

我相信每个游戏开发者——无论他们是画家、音效设计师、动画师还是程序员——也都是游戏设计师，因为他们在工作中每时每刻做出的决定都会对游戏的设计产生根本性的影响。"魔鬼在细节中"或"上帝生活在细节中"，这可能取决于细节给你带来多少麻烦。正如设计师 Ray 和 Charles Eames 曾经说过的："细节不是细节，它们造就产品。"

对于那些"游戏设计师"来说，最重要的是要记住：事实上，团队中的每个开发人员都是游戏设计师。团队中的每个人都为游戏的设计做出了贡献，最优秀的游戏设计师都意识到了这一点，他们会从团队中收集设计想法，并提出自己的想法。游戏设计师的职责是将最好的想法整合成一个连贯的整体。

现在我们已经对游戏原型有了深入的了解，我们将继续下一章，详细论述构建数字游戏原型的过程。

5. 制作数字游戏原型

在本章中，我们将论述制作数字游戏原型的过程，从为我们的游戏选择游戏引擎及硬件平台开始。我们将论述如何构建、测试和迭代数字游戏原型的设计，以及声音设计提供的创造性机会。我们将研究是遵循数字原型引导的方向，还是以其他方式指导我们的方向这个问题。我们还将研究数字游戏原型制作过程产生的交付物。

选择和使用游戏引擎

当我们决定将使用什么游戏引擎来制作游戏原型（以及可能以后用以开发游戏）时，数字游戏原型制作过程便开始了。游戏引擎是一种用于构建游戏的软件。有些易于使用，有些学习起来则更具挑战性。大多数是由大公司开发的，有些则是由志愿者、开发者团体制作的。大多数可以免费使用，有些则需要付费。

目前在游戏行业和游戏学术界使用最广泛的游戏引擎是 Unity 和虚幻引擎（unreal engine）。两者都提供免费下载版本，都附带有实用且不断完善的教程，并且都提供大量功能，让你拥有巨大的游戏制作潜力。通过互联网上的一些研究，我们很容易发现其他游戏引擎。维基百科的"游戏引擎列表"就是一个很好的起点。如果你的编程经验不太多，可以考虑使用 Twine、Bitsy 或 Emotica。请记住，每个游戏引擎都值得被尊重，而好的游戏设计总是与创造力和约束有关。在过去十年里，我最喜欢的一些游戏便是用易于使用的游戏引擎制作的。

如果你想要使用的游戏引擎目前还不可用，那就找一个你现在就可以使用的游戏引擎，然后立即开始构建游戏。作为游戏设计师，我们应该随时准备好使用手头的任何方式进行原型制作。请记住，你现在所知道的方法足以让你探索和表达你的游戏设计理念。

一旦你选择了一个引擎，下一步就是学习如何使用它。如果你能够通过阅读网页和书籍、观看视频和在论坛上发帖来学习如何使用软件，那么你前面的道路就很清楚了。你所需要做的就是留出时间来学习，你会很快取得进步。

如果你觉得单独学习很困难，你可以参加课程或参加研讨会，在你所在的地区找一个独立游戏开发者聚会小组，或者找一个可以教你的朋友。创造一个环境，让你可以定期与那些比你更有技能并愿意分享、交换专业知识的人见面，你的知识和技能很快就会成倍增长。如果你需要更多帮助和灵感，我推荐 Anna Anthropy 的好书《电子游戏记录者成长指南》（Rise of the Videogame Zinesters）。

选择操作系统和硬件平台

这个时候你还需要做另一个选择：你的原型将在什么硬件平台和操作系统上运行？你可以选择为运行 Windows、macOS 或 Linux 操作系统的 PC 或 Mac 制作游戏。你可以为运行 Android 或 iOS 操作系统的手机或平板电脑制作游戏，或者为运行专有操作系统的游戏主机制作游戏。一些游戏引擎可以轻松地将你的游戏导出到多个操作系统和硬件平台。

你可以为虚拟现实、增强现实或混合现实开发游戏。你可以制作一款在健康跟踪器、手表或耳塞上玩的游戏。Ian Bogost 在他的《玩的就是规则》（Play Anything）一书中认为："世界上到处都是游乐场，只要我们能认出它们，我们就能从中获得乐趣。"我鼓励你将你接触到的每一个游戏引擎和硬件平台都视为一个游乐场，它们充满了兴趣、情感、挑战和反思的潜力。

尽早根据你的游戏和团队来选择硬件平台往往很重要。正如游戏设计师兼制作人 Alan Dang 向我指出的那样：如果你正在考虑使用的平台会带来很多限制——比如需要专门的输入或输出方法，那么你就更需要抓紧时间做出选择。

将你的原型构建为玩具，而不是游戏

正如我在前一章中提到的，人们在开始制作原型时经常会犯一个错误：对于第一个数字原型，他们总想构建一个完整的游戏。他们创造了一个玩家角色和一些敌人。他们会添加一个计分器和一种获得积分的方法。他们会设计一套规则和叙事框架，并设置游戏的开始、推进和结束。

我理解这种从一开始就详细计划游戏的冲动。但这样做就本末倒置了。从我作为游戏设计师的经验来看，正确的方法是一步一步，而对我来说，进行数字原型制作通常意味着从制作玩具开始。

玩具是一种能引发玩耍的物体。它可以是从商店购买的玩具，比如玩偶或球，也可以是在孩子的想象中找到的东西，比如水桶或自行车轮胎。就我们目前的话题而言，关于玩具最重要的一点是，它是一个系统，要么有一些机制性的、交互的元素，要么有一些叙事元素，或者两者兼而有之。

例如，一个球被扔到地板上时会弹起，我们可以试着在弹起后接住它——我们可以很容易地把它想象成一个卡通人物，每次弹起时都会说"哎哟"。一个玩偶可以摆姿势，可以站立和倒下，并且有一个特定的叙事角色，这来自于它的视觉设计：它可能看起来像 19 世纪的医生或 30 世纪的太空飞行员。水桶可以当篮子用，也可以当头盔戴。一个空的自行车轮胎可以滚下山坡，或者像飞盘一样被扔出去。

这些与玩具的互动听起来就像我们在上一章中提到的玩家活动，不是吗？你可能不习惯将我们玩玩具时所做的事情视为所玩数字游戏的基本构建模块，但它们具有成为游戏核心玩法的动词原子的潜力。从哲学上讲，摆弄玩偶或扔球与我们在商业电子游戏中进行的奔跑、战斗和收集并没有什么不同。

因此，从构建玩具——小巧、简单、好玩的系统——开始你的数字原型设计。你所寻找的是你将在游戏中使用的最基本的动词和玩家活动。与此同时，要留意那些与你脑海中的叙事理念相吻合的动词和活动。例如，"飞行"是一个动词，与飞行员、宇航员和鸟类的故事会很相配。

也许你会从一些久经考验的东西开始，比如一个可以奔跑和跳跃的角色，一块可以用光标来放置建筑物的土地，或者是一个可以让物体自由滑动的网格，当三个物体排成一排时物体就会消失。你可以在这些熟悉的玩家活动中添加自己的东西，或者在新的游戏设计方向上去创新，制作一种轻轻晃悠时会吐出种子的植物，一个被挥动时会产生肥皂泡的圆环，或者一种被摇晃时会发出奇怪声音的乐器。

试着让你的原型专注于探索玩家活动（a）是否能够创造一种感觉并呈现出有趣的内容，（b）是否能够让玩家轻松理解和使用，以及（c）是否能够在你想要制作的游戏类型中发挥作用。根据你认为合适的方式调整这些优先级，但始终要清楚你想要通过每个原型明白的是什么。

声音对于数字游戏原型的重要性

有些人在制作原型时倾向于忽视声音设计。这是另一个大错误。作为游戏设计师，我们通常只有三种与玩家交流的感觉：视觉、听觉和触觉。[①]虽然不是每个人都能实现振动游戏控制器或移动设备上基于触摸的"触觉"设计，但我们大多数人都可以在我们的数字原型中实现声音，我们应该确保能这样做，原因有很多。

在《游戏感：游戏操控感和体验设计指南》（Game Feel: A Game Designer's Guide to Virtual Sensation）一书中，Steve Swink 强调了声音作为物理属性在塑造我们的虚拟空间体验中所扮演的重要角色。他说，"音效可以完全改变玩家对游戏中物体的感知"，他还举了一个动画的例子：两个圆圈相互靠近，然后又相互远离。在没有任何声音的情况下，这些圆圈看起来就像彼此擦肩而过。在恰到好处的时候加上一个"啵嘤！"的音效，它们顿时就像橡皮球弹开一样。

声音设计可以告诉你一个角色穿着运动鞋还是金属靴子。它可以告诉你你的箭是被石头还是冰弹开的，它当然可以使你的界面选择让人满意或厌烦。声音设计的细微差别不仅能够传达关于物体或事件的信息，还能够传达关于事件发生的空间的信息……Steve Swink 对此这样描述："如果一把巨大的锤子击中地面，产生回声或回响，玩家就会觉得这种冲击发生在一个巨大的仓库或其他巨大、空旷的室内空间中。如果声音效果很沉闷，听起来则更像是撞击外面的地面。"

这还不是声音所能做的全部。获得奥斯卡奖的声音设计师 Randy Thom 在他的优秀文章《为声音设计电影》（Designing a Movie for Sound）中，列举了 13 种声音对电影的贡献。引申开来，声音同样可以对游戏及其数字原型做出类似的贡献。Randy Thom 在文章中是这样描述的：

音乐、对话和音效都可以完成以下任何工作，甚至更多——

● 暗示一种情绪，唤起一种感觉

● 设定节奏

---

① 从事基于位置的游戏设计师也可以使用嗅觉（气味）设计来增强玩家的体验。但除了视觉、听觉、味觉、嗅觉和触觉这五种感觉之外，还有更多的感觉。本体感觉，即我们对身体与自身的关系的感觉，是虚拟现实设计师的一个重要考虑因素，而人类还有大约 20 种其他感觉，游戏设计师可能会在他们的设计中使用这些感觉。我们将在第 7 章继续介绍感觉的相关内容。更多信息请参阅维基百科的"Sense"条目。

- 表示地理位置

- 表示一个历史时期

- 阐明情节

- 定义一个角色

- 连接原本不相关的想法、人物、地点、图像或时刻

- 提高或降低现实主义

- 增加或减少歧义

- 把注意力吸引到一个细节上，或者把注意力从细节上移开

- 指示时间变化

- 平滑镜头或场景之间的变化，以避免突兀

- 强调过渡以获得戏剧效果

- 描述一个声学空间

- 惊吓或安抚

- 夸大行为或调解行为

Steve Swink 在《游戏感：游戏操控感和体验设计指南》中还指出："有趣的是，声音并不像图像那样通常受现实主义的约束。"电影音效设计专业的学生很早就了解到，我们所知道的许多标志性音效并不与现实紧密联系，而是富有想象力的共鸣，并且是依据惯例被采用的。在电影中，每当有人在雪地上行走时，你都能听到雪地发出的清脆的"嘎吱嘎吱"声，实际上，你听到的是有人压碎装玉米淀粉的皮袋的声音，这是很久以前由一位颇具创新性且不为人知的电影拟音声音设计师建立的惯例。正如 Steve Swink 所说：

《块魂》（Katamari Damacy）中宇宙之王（king of all cosmos）类似唱片刮痕般的说话声或《托尼霍克3》（Tony Hawk 3）中角色每完成一个特殊动作时的管弦乐齐奏，证明了将意想不到的音效映射到特定事件中可以产生令人愉快的结果。这些与他们试

图描绘的事物的真实性毫无关系，但他们让人感到满足。就像在动画片中一样，对于如何将声音效果应用于对现实的模拟，你没有必要限制自己的思考。你可以用一种与物体表面真实性大不相同的噪声来传达物体的物质性印象。

所以，这就是我们应该让声音设计成为我们数字原型制作过程一部分的原因之一：它为游戏可能的体验开辟了一个巨大的前景，除了利用听觉，它还让空间、质量、摩擦、动量和其他物理特性进入我们的感知。

在数字原型中加入声音的另一个重要原因与情感有关。在晶体动力工作的早期，我曾听到有人说"眼睛与大脑相连，但耳朵与心脏相连。"我忘了是谁说的，但我从来没有忘记这句话。他们指出，在电影和游戏中，虽然画面和声音都传达了逻辑和情感信息，但画面本身往往较少带有情感色彩，而声音设计在塑造情感体验方面发挥着巨大作用。举个例子，看看 Christopher Rule 的时长一分钟的电影《恐怖的玛丽》（Scary Mary），这是迪士尼 1964 年的电影《欢乐满人间》（Mary Poppins）的一个重新剪辑的预告片，采用了新的音效设计，将儿童故事改编为恐怖惊悚片。在《恐怖的玛丽》中，你会感受到声音设计和音乐在传达信息和创造情感方面所起的重要作用。

Mark Cerny 最近告诉我，他非常推崇 3D 音频技术在游戏中的重要性，以及它所带来的增强的空间感和临场感。3D 音频技术模仿的是声波与环境交互的方式；空间感（locality）是指能够感知到发出声音的物体在空间中的位置，而临场感（presence）是指实际处于某个特定环境中时的心理印象。正如 Mark 所说，"空间感实际上会影响设计（你确切地知道你看不到的敌人在哪里），而临场感则和你与游戏的情感联系有关。"

在 2014 年的 GDC 微讲堂（microtalk）上，作曲家 Austin Wintory 建议，与其像许多游戏开发者那样，因为在项目后期才引入作曲家而后悔，不如在创作过程的一开始就引入。当我们在游戏项目生命周期的早期将作曲家带入游戏项目时，新的创作机会就会出现，因为作曲家的专业知识可以与游戏设计师的专业知识交织在一起。在大多数数字原型中添加音乐和音效是非常容易的，你会从中学到很多东西。

在数字原型上进行试玩测试和迭代

一旦你有了一个可以让玩家做某些事的原型，你就必须对它进行试玩测试。在我还没有运行游戏、抓住路人并让他们玩几分钟之前，我尽量不去花多过一个小时的时间来构建游戏玩法。

游戏设计师非常擅长评估游戏中的有效元素。如果一些东西看起来好玩或有趣，我们就在游戏引擎中构建它，然后尝试一下。也许它很好，我们会喜欢上它。也许我们认为它无聊又愚蠢，或者是行不通的。在这两种情况下，我们都应该对构建的内容进行试玩测试。

原型是我们自己构建的这个事实，从根本上限制了我们理解其优缺点的能力。我们已经考虑了很长时间，并且我们非常了解它是如何工作的。也许我们的原型对我们来说很有趣，因为我们非常了解它，但其他人可能会感到无聊或直接陷入困境。另一方面，也许我们认为我们的原型很无聊，而这同样是因为我们非常了解它；如果让一个完全不了解的人来试玩，他可能会觉得这个原型有趣、令人愉悦和好玩。

我们将在第 12 章中深入探讨如何充分利用试玩测试，但现在，当你进行试玩测试时要注意——

- 不要解释太多。如若可能请不要解释任何事情。

- 完全不要帮助你的游戏测试者或对他们的工作有其他干扰。

- 观察你的游戏测试者如何玩游戏。注意他们会做什么，听听他们会说什么。

- 当他们正在玩的时候，尽可能多地记录你所看到和听到的内容。

- 当你在测试者玩完之后与他们交谈时，不要急于解释任何事情。相反，你应该多问一些问题，吸引他们说出自己刚刚经历过的事情。

在每次试玩测试——包括你在构建原型时进行的非常短的试玩测试——之后，你都需要评估测试结果，然后在设计上进行迭代。

- 什么因为成功应该被充实？

- 什么因为最终可能会起作用需要进行修复？

- 什么因为不起作用并且可能永远不会起作用应该被删除？

这里可能会有一些艰难的决定。作为一名游戏设计师，你成长得越多，你对原型的潜力的判断就会越好。一旦你决定了要保留、更改和删除的内容，就可以对原型进行另一轮操作，然后再次对其进行测试。这种"计划—制作—试玩测试—评估—重复"的迭代循环将伴随你的大部分游戏开发过程。

在专业环境中，你最好每周或尽可能频繁地进行"朋友和家人"式的试玩测试。在课堂环境中，每周进行一次非常短的"抢椅子"式的试玩测试，以获得关于每款游戏或原型的尽可能多的反馈。

我们应该制作多少个数字原型

答案很简单：你应该在分配给构思的时间内尽可能多地制作不同的数字原型。对于想要创立和发现新游戏类型和新游戏玩法的设计师来说尤其应该如此。对于拥有数字游戏制作经验的人来说，创建一个强大的玩家活动原型可能只需要几个小时，甚至只需要二十分钟。如果你专注于非常简单的原型，你可能会在一天内制作出大量的原型。

有时候你会在你的第一个数字原型中立即挖到金子。你会发现一个非常有效的玩家活动，让你知道这就是你想要跟随的方向。有时候制作一个你和你的游戏测试者都喜欢的原型需要一段时间，这没关系。重要的是不要气馁，要不断创造新事物。你所寻找的金矿最终会出现，或者来自天赐良机，或者只是因为这个原型更受你和你的游戏测试者青睐。

何时遵循原型引领的方向

每当你制作了自己喜欢的数字原型时，你都需要做出选择。你应该利用剩余的构思时间继续迭代成功的原型，还是应该探索一些截然不同的方向？在成功的原型上进行迭代可能更安全，但我喜欢在更多探索上犯错，特别是在构思阶段的早期。这种包含不确定性的决定，是创造力既令人恐惧又令人兴奋的部分原因。如何为你的工作风格找到合适的平衡点取决于你自己。

我经常看到人们丢弃运行良好的原型，他们这么做通常出于自我意识。他们不喜欢自己所创造的内容，因为它不符合他们对游戏的预期。也许他们对这款游戏的评价是不够酷或不够创新，但其实只需稍微再做一些工作就能够让游戏具备这两方面的潜力。即使他们的测试者玩得很开心，想继续玩下去，或者已经被正在玩的东西打动，他们还是把它扔掉了。

我们要小心这一点。是的，自我意识对于创意人士来说是必不可少的：它是创造性愿景的源泉。但如果动机不明智，它很容易破坏或阻碍我们的进程。在构思过程中，必须调和愿景与我们对新想法的开放性。这是需要努力的，但培养这种重要的"创造性肌肉"的唯一方法就是努力锻炼它。

构思阶段交付物：原型构建

交付物是项目开发人员在开发过程中向其利益干系人（运作和/或资助项目的人）提供的东西。我们的原型应该是整个趣味制作流程中产生的几个交付物中的第一个。

将原型作为交付物的最佳方式是创建一个可执行文件，这个可执行文件允许我们在文件运行时体验原型。制作可执行文件在软件开发人员中被称为制作一个"构建"（build）。制作构建是整个开发过程的重要组成部分。不同引擎的细节各不相同，你正在使用的游戏引擎将提供有关制作构建的文档（尽管并非每个引擎都可以或需要制作构建）。

无论你是将作品发送给游戏发行商、项目经理、专业同行还是教授，出于多种原因，最好交付构建而不是项目文件夹。构建可以更容易和更方便地被处理——只需点击几下，就可以玩游戏了。就体积而言，构建文件通常也比项目文件夹小得多。

虽然我从不丢弃旧原型的项目文件夹，但我会在它们旁边保留一个原型版本的构建存档。当我以后想看看旧原型以寻找灵感或做研究时，查找和运行一个构建比加载一个项目文件更容易（只要旧版本仍然能运行）。

构建说明

对于我们创建的每个版本，我们都应该撰写构建说明（build note）。不管我们将版本发送给谁，构建说明对他们来说都是很有用的。如果以后要返回去查看构建，构建说明还会让我们自己受益。在专业项目中，构建说明可以长达很多页，并且可能详细描述为创建版本所做的所有工作。对于原型来说，提供以下的内容就足够了。

- 一份关于输入方式的描述对任何尝试玩它的人都很有价值，特别是当原型没有通过游戏玩法告诉玩家如何控制游戏时。

- 为你所使用的任何找来的和第三方的资源保留一份归属列表是值得养成的一个好习惯。你可能不会发布你的原型，并且在个人作品中和在学术界是允许有限地使用受版权保护的资源的。但是你不知道哪些原型可能会变成成功的商业作品，而使用受版权保护的资源到时会成为问题。请记住，找来的资源只有在具有知识共享许可（creative commons license）或开放许可（open license）等适当许可，或者被合理使用的情况下，才能用于商业用途。当你必须在你的项目文件夹中翻找在网络中找到的东西的许可时，你会发现这并不是一件令人愉快的事情。如果在使用过程中已保留这类资源的清单，你将为今后节省出宝贵的时间来。

- 附加说明可能很有用——例如，告诉玩家原型是开放结局式的还是有可以达到的目标。

- 从项目一开始就为游戏保留一份制作人员名单非常重要。除非在特殊情况下，或经过认真协商，否则，一个人即使在项目中只做了少量的工作，也应该被列入制作人员名单。不公平地抹杀某些人对游戏的贡献，游戏行业一直存在着这个大问题，每个负责任的游戏设计师都应该努力加以解决。国际游戏开发者协会（International Game Developers Association，IGDA）发布了一份有用的制作人员名单标准指南，你可以在编写制作人员名单的过程中使用它。

杰作综合征

你可能听说过"杰作综合征"（masterpiece syndrone），即创意人士对他们的下一个项目非常兴奋，以至于他们被责任压得喘不过气来。当一个项目比你以前做过的任何项目都要大，并且可能比你以前做过的任何项目都要好时，杰作综合征就会出现，无论这个项目是你的第一款专业游戏还是大学毕业论文。

杰作综合征类似于我们在第 1 章中提及的白纸问题。人们对看似无穷无尽的选择充满无力感，不知道要制作什么，不知道要怎么制作。你希望这款游戏成为你做过的最好的游戏，成为经典，成为现代杰作（至少对你而言）。但是压力太大可能会使人丧失能力，尤其是当你开始将你正在制作的东西与你所喜爱的游戏设计师制作的杰作进行比较时。

为了免受杰作综合征的影响，人们应该了解这段 Ira Glass 在《美国众生相》（This American Life）中提到的关于"差距"的名言：

> 没有人把这些告诉初学者。我希望有人曾经告诉过我。所有从事创造性工作的人，都是因为有很好的品位才投入其中的。但是有这样一个"落差"：在你工作的头几年，做的东西并不是那么好。你试图将它变得很好，认为它有潜力，但它就是不够好。而你的品位，那个让你进入游戏行业的东西，现在变得致命。品位就是工作让你失望的原因。

很多人从来没有走完这个阶段，因为他们全放弃了。我认识的大多数从事有趣的创造性工作的人，都有许多年这样的经历。我们知道自己的作品中再没有我们想要的那种特殊的东西。我们都有过切肤之痛。如果你刚刚开始或者正处于这个阶段，要知道这是正常的，你能做的最重要的事情就是大量地工作。

给自己设定一个截止日期，争取每周都能完成一个故事。只有通过大量的工作，你才能缩小这个落差，你的工作才会和你的抱负匹配。在想清楚如何做到这一点上，我花的时间比我见过的任何人都长。这需要一段时间。花点时间是正常的。你只是需要找出你自己的方式。

克服杰作综合征的正确方法是少想、多做、拥抱失败。对失败无所畏惧是我的游戏设计理念的核心部分。如果你的一个原型用处不大，那也没关系，去构建下一个东西吧。如果你制作了很多原型，那么在构思阶段结束的那一天，其中一个会脱颖而出，你可以在下一个项目阶段继续制作它或它的变体。

原型试玩测试的情感方面

原型试玩测试通常会有一种美妙的节日气氛，在我的课堂上，我很高兴看到许多有趣的、实验性的、创新的软件出现。然而，原型试玩测试也可能带来一些焦虑。人们带来的是他们在时间压力下完成的工作，并且他们可能正处于某种杰作综合征中。越是做得到位，游戏试玩测试可能会越痛苦。当一个游戏测试者被卡住而你不能去帮助他们时，你会感到非常痛苦，而当别人不喜欢你的游戏时，那种感受则更让人一言难尽。

我会尝试寻找那些对原型试玩测试过程（或整个原型制作过程）产生不良感觉的人，并为他们提供一些支持。我指出那种他们作品中我喜欢的地方，同时提供一些建设性的反馈意见，他们通常会开始放松并感受到自己作品的价值。

我总是鼓励设计师在需要时寻求这种支持。如果像 Tom Wujec 所说的那样，设计是一项接触性运动，那么它就是相当混乱的。当我们经历游戏设计和开发这个复杂的、充满情感的过程时，我们应该对自己和彼此保持友善、富有同情心，应该相互支持和相互尊重。寻求帮助可能很难，但对合作者和领导者来说，容忍这样做带来的不适是一项必不可少的技能。

❧ ❀ ❧

关于原型设计，我能给你的最佳建议就是急切地、快乐地投入其中。不要想太多——做，做，做！享受你所做的一切，不要对你的输出质量有压力。不要害怕原型创作过程中丢失最开始的想法，毕竟制作原型本身的意义就是找到新的方向。留意这个世界放在你面前的东西并不懈探究，就像从迷雾中显现的山脉一样，你的原型系列将帮助你更好地了解你的创意愿景。

正如 Mark Cerny 最近告诉我的："对于《战神》（God of War）来说，目标就是让每一时刻都成为史诗般的时刻。对于《控制》（Control）来说，愿景是融合叙事、环境和游戏机制的官僚超现实主义。"[1]原型制作将帮助你确定你的创意方向，这将体现在构思阶段最重要的交付物中，这个交付物就是：我们游戏的项目目标。

---

① 来自 2020 年 5 月 31 日的私下交流。

6. 沟通是一种游戏设计技能

游戏设计师是沟通者。我们制作的游戏能够将想法和感受传达给我们的玩家群体。游戏是高度概念化的东西，由逻辑、数字、空间和语言构成。这些信息通过图像、声音、触觉和其他的感官形式来传达。游戏通过许多复杂而精妙的方式传达意义，这也是为何游戏设计成为如此迷人的艺术实践的一部分原因。

当然，除了和我们的玩家进行交流，游戏开发者也必须互相交流。如果与我们的玩家交流的过程是复杂而精妙的，那么开发者之间的交流方式也将是复杂而精妙的，这既会带来问题，也会带来机遇。

沟通、协作、领导力和冲突

像大多数游戏开发者一样，我非常重视沟通、协作、领导力和冲突，这些都是游戏开发的核心因素。这些与团队成员相互合作的方式有关的"软技能"，和强大的游戏设计、巧妙的编程或精美的艺术和音频一样，都是创造出色电子游戏的一部分。

沟通很重要，因为制作游戏涉及大量讨论，包括与游戏设计相关的抽象概念，以及与其实现相关的具体事实。不幸的是，我们中的大多数人都不像我们希望的那样善于沟通。即使是最简单的沟通——给人指路或布置任务，也可能会令人困惑和沮丧。我已经看到，当有人徒劳地试图向团队同伴描述一个复杂的游戏设计理念时，这种挫败感会放大一万倍，因为每个人都用自己的成见和偏见混淆了对话。

让事情变得更为复杂的是，沟通，就像我们所有的认知一样，深受情绪的影响。情绪会影响我们说话和聆听的能力。你有没有过这样的经历，不得不推迟告诉别人一些困难的事情，因为你可以感觉到他们并没有心情倾听？或者你是否曾发现一场谈话变得困难，因为你对所说的事情抱有防御心理？令人高兴的是，通过学习本章稍后介绍的实用技能，我们可以提高我们的沟通能力。

协作对于大多数游戏开发者来说都很重要，因为我们中很少有人能够完全靠自己制作游戏。我们中的大多数人都在团队中工作，包括 AAA 级开发人员、独立开发者和学生。即使是公认的游戏制作大师，那些独立工作就能够实现自己独特愿景的人，也需要与其他人合作：与那些开发软件工具和编写人人都在使用的共享代码库的人合作，以及与提供设计反馈和建议的人合作。

与他人一起工作可以是有趣的、丰富的、有启发性的和充满活力的。我们可以一起完成一个人无法完成的事情。它也可能是困难的、令人沮丧的、痛苦的，甚至是可怕的。幸运的是，良好的协作能力也是可以学习的。

协作是南加州大学游戏项目的核心，是游戏制作的一个非常重要的方面。电影剪辑师、导演和声音设计师 Walter Murch 是我在南加州大学电影艺术学院的校友，他在强调合作的重要性时说过一句非常著名的话："工作的一半是做好工作，而另一半是想办法与人相处并让自己适应这种微妙处境。"

对于 Murch 说的"微妙处境"，我有两种解释。首先它指的是一起工作的个体之间关系的微妙之处，其次它也指正在创作的作品中的各种元素的复杂平衡。综合起来，这就是所谓的"处境"：合力创作创造性作品的群体和作品本身。两者是紧密相连的。如果团队成员相处不融洽——总是沟通不畅或互相争斗，那么他们所做的创造性工作可能不会达成正确的目标。

不过，良好的协作不仅仅是相处融洽。以我的经验，最好的情况是，为了确保能够做出最好的设计决策，人们愿意基于相互尊重来挑战对方。但是，建设性的分歧和破坏性的争论是有区别的，我们必须学会区分它们。

领导力是一项关键的游戏开发技能，无论对于负责整个项目设计和开发的游戏总监，还是对于团队中资历最浅的人。领导力不仅仅关乎如何领导，也关乎如何与领导者合作。团队中的每个人，包括游戏总监，都必须能够意识到什么时候该领导，什么时候该跟随。这对于团队中的专业职能负责人（首席美术设计师、首席程序员等）来说尤为重要，他们必须明确什么时候该自己做决定，什么时候该向游戏总监汇报。

良好的游戏开发领导力指的是知道什么时候需要在某件事情上做更多的工作，什么时候应该转向其他事情。它是指及时做出决定，以便其他人可以继续他们的工作。有时候它又是指拒绝做出决定，因为我们仍在思考设计，只有想清楚后一起工作的人才可以继续前进。游戏团队领导力指的是识别开发团队——包含每个个体和每个小组——的情绪状态，并在有需要的地方给他们带来正能量和平衡。它还指帮助发生冲突的团队成员解决他们的分歧。

培养真正的领导力可能需要很长时间，但你会发现，领导力与良好的沟通、协作和冲突相关的管理技能密切相关。

要了解游戏总监的广泛技能，我推荐 Brian Allgeier 的好书 *Directing Video Games: 101 Tips for Creative Leaders*。Clinton Keith 和 Grant Shonkwiler 的 *Creative Agility Tools: 100+ Tools for Creative Innovation and Teamwork* 一书中的"组织改进"和"团队文化"部分为寻求提高游戏开发领导技能的人们提供了很多智慧。Ed Catmull 和 Amy Wallace 的 *Creativity, Inc.: Overcoming the Unseen Forces That Stand in the Way of True Inspiration* 一书提供了关于创造性领导力的很好的建议，并提供了实际的例子和对创造性团队如何工作的真正理解。

游戏开发团队成员之间的冲突是我们所讨论的所有主题的一个重要方面。当然，我们很容易将冲突视为一个问题，但实际上冲突对于每个协作创作过程都是必不可少的。我们只是需要学会处理好它，尊重分歧，有效地解决分歧。我们还必须学会，在冲突发生时，不要躲避或忽视冲突，否则可能会导致更大的冲突爆发。我推荐 Mary Scannell 的 *The Big Book of Conflict Resolution Games*，这本书对冲突相关话题进行了很好的探索。

沟通、协作、领导力和冲突是很难讨论的，因为我们可以说的事情明显到有些平庸。作为主题，它们也充满了社交禁忌，以直截了当的方式来讨论都可能会被视为怪人、吹毛求疵者或告密者。但是，要建立一个崇尚尊重、信任和赞许的团队，我们又需要确保沟通和协作是良好的。

幸运的是，有很多很好的技巧可以帮助我们理解什么是真正的谈话，其中对许多技巧的运用就像是在玩游戏一样。我们将在本书的讲授中看到其中的一些。

最基本的沟通技巧

在晶体动力工作时的某些机会，让我接触到构筑所有有效沟通的基本技能：保持清晰、简洁，以及积极倾听。这三个简单的原则，让我产生了强烈的共鸣。在我的职业生涯中，我一直都在使用相关的方法，每个游戏开发者都可以从牢记这些方法中受益。让我们来依次看看这些方法。

保持清晰

清晰是良好沟通的本质。如果信息不清晰，则无法被理解。

游戏设计师通常需要付出额外的努力才能让自己表达清晰。我们提出的想法和我们所做的工作通常是复杂而抽象的。我们必须仔细选择我们的措辞，并应尽量具体和准确。例如，区分玩家和玩家角色是一件很重要的事情。

游戏设计师所使用的概念名称并不总是得到广泛认同，这让我们对概念清晰性的追求变得更加复杂。你所说的灰模（graybox），我可能称之为阻挡墙（blockmesh）。这就是为什么我尽量避免使用行话，除非已确定与我交谈的人能理解某个特定的术语。

游戏设计概念的新昵称不断被发明出来，然后又逐渐消失在历史中：离合器（clutch）、乌合之众（mob）、坦克（tanking）、削弱（nurfing）——这些都是有用的快捷术语，只要所有人都赞同和理解它们的含义，我们可以在团队中使用。但是不要仅仅为了炫耀游戏设计能力而使用术语。这样做通常会适得其反，比如有人本来有想法，只是碰巧之前没有听过某个术语，就很有可能因此而无法加入对话。

当然，如果沟通不清晰，使之明确的方法是让不理解的人将自己的困惑说出来。在职业生涯的早期，我曾收到一个极好的游戏开发建议——有人告诉我，如果不理解某些东西，不用担心自己看起来无知，而应该通过提问来得到解释。直到今天，我发现每当我将不理解的地方说出来时，对话都能变得更好，而且这适用于房间里的每个人。被询问的人通常可以快速而简单地重申他们的意思，我还经常注意到，其他人也可以从这片刻的额外解释中受益。

当我这样做的时候，通常不会觉得自己被轻视——相反，有信心要求澄清会让一个人看起来更有能力。询问意味着我再也没有那种糟糕的感觉，那种在我的职业生涯起步阶段经常会有的感觉，那种感觉让我越来越偏离谈话的深层意义，因为我在一开始的时候就错过了一些重要的想法。所以，请通过提问来帮助澄清。

请记住，提问的自由通常与社会权利相关，这种权利属于我们大部分人。我们需要创造公正、公平的工作环境，让每个人都可以畅所欲言。团队领导者和高级团队成员可以提前为会议定下基调，以便我们不会相互打断和相互忽略，能直言不讳地支持同事的想法或问题，并与想法可能被忽视的人进行一对一的核对。创造每个人都有发言权的团队文化需要付出努力，但重要的是要意识到，我们可以采取明确的步骤来做到这一点。

保持简洁

"简洁乃智慧之灵魂"是一句古老的谚语。无论"智慧"是指智力还是幽默，信息传递得更快，就会更有效。简洁让意思的传达更具影响力，或者让一个笑话更加尖刻。与人交流，我们必须抓住他们的注意力，而每个人的注意力都是有限的。因此，在交流时要做到简明扼要，在保持清晰的同时，尽可能快地说出想要说的话。

这里需要保持一种张力——有时简洁和清晰是相互竞争的。你必须确定自己的话是否足够简洁，同时又足够清晰。将一个复杂概念提炼为简单的陈述需要付出努力。正如 17 世纪数学家布莱斯·帕斯卡（Blaise Pascal）所说："我本来可以写一封更短的信，但我没有时间。"

为了取得良好的平衡，尽量说得比你可能想说的少一点，并询问对方是否已理解清楚。接下来，与你交谈的人可以用后续的提问来引导你们的对话，而不需要耐心地倾听你讲述他们已经知道的事情。

有人曾经告诉我，当你在游戏设计对话中列出一长串需要讨论的问题时，能够体现出良好的领导能力和协作能力的做法是，选择其中三个最大的问题并仅讨论这些问题（至少暂时要这样）。这样，人们才能不被淹没在你的问题里，而最重要的事情才会得到应有的关注。一旦这些大事被解决了，我们总是可以回头再讨论其他问题。

游戏设计师常常会觉得简洁很有挑战性：我们的工作引人入胜，并且值得深入讨论。但在我的职业生涯中，我已经看到不知有多少宝贵的游戏开发时间被散乱无章的评审反馈和冗长啰唆的演示所吞噬掉。暂停一下，考虑一下你是否可以更简洁。

积极倾听

倾听是最被低估的沟通技巧。积极倾听意味着关注别人正在说什么。这似乎是显而易见的，但即使是善于倾听的人也会被自己的想法分散注意力。如果你的注意力出现这样的偏移，请道歉并让与你交谈的人重复你错过的内容。

积极倾听还有另一个含义：当别人说话时，你看着他们，偶尔点头，并说"嗯——嗯"或"对——对"，以此表明你在听他们说话。我们中的许多人在交谈时会自然而然地这样做；我认为这就像计算机用来建立和维护网络通信的"握手协议"。它说，"是的，我还在接收，继续。"也可以使用同一种语言来表示一个主题已经不受欢迎了。"嗯，是的，我明白了"表示是时候进入下一个话题了。

像这样公开展示注意力并不是每个人都能自然地做到的。如果你不喜欢这样做，请不要有压力。还有另一种方法可以让某人确认自己已经被理解。在我的游戏设计生涯中，有人教了我一个技巧，我发现它对于消除误解和节省时间非常有效。这个技巧被称为镜像或反射，它非常简单。在你听完一个复杂的陈述或问题后，你说："让我把它复述给你，看看我的理解是否正确"，然后总结一下你认为自己听到对方说了什么。这时最有可能发生的情况是，对方会说："差不多了，但是……"，然后补上一些你还没有完全理解的小细节。

可能看起来简单得可笑，但它像魔法一样有效。在讨论游戏设计的复杂性时，很容易出现误解，使我们对正在做的事情的理解变得模糊。镜像可以可靠地揭露潜在的误解，其效果几乎是不可思议的。每次我使用这个技巧时，我都会发现一些被我忽略或误解的虽小但重要的细节。通常情况下，这些误解除了浪费时间，不会有太大的影响。但是，有时候它们也可能会导致可怕的后果。让镜像成为你的沟通工具包的一部分吧。

如果你停止正在做的所有其他事情，并将全部注意力集中在你正在倾听的人身上，就会得到积极倾听的加分。在多任务的生活中，由于手机几乎总是在我们手中，人们已经很少能做到这一点了。但是，多任务处理的注意力分散，往往是以低效且容易出错的工作为代价的，这种情况下的沟通也是无效或没有影响力的。

如果你一边看社交媒体，一边和别人通电话，可能会错过他们说的重要内容。如果你的同事正在告诉你有关游戏设计的重要内容，而你还在继续编程，他们可能会离开你的办公桌，以为你没有听到或者不在乎。最好的积极倾听能让别人清楚地知道你重视他们所说的话，这在情感上有很大的好处，能建立起尊重和信任。

清晰、简洁、积极倾听。当你的沟通出现问题时——当事情变得混乱或太情绪化而产生问题时，回到这三个"朋友"身边，他们会引导你走向正轨。

三明治法

我以使用和喜爱被称为"三明治法"的沟通技巧而闻名，以至于我有时会因此而被取笑。

我不在乎。在对某人的创造性工作或其工作表现给予建设性的批评时，三明治法是一种强有力的技巧，它在业界和学术界都对我很有帮助。

当给某人反馈时，从赞美开始，告诉他们你喜欢的部分。这是三明治中的第一片面包。不能只有空洞的赞美：你必须是真诚的，所以要选择你真正喜欢的东西。如果一开始找不到喜欢的东西，就再看看。我相信每一个创造性行为都有值得钦佩的地方——可能是这个人付出了一些努力，或者他确实在一些小细节上做得很好，尽管有重大问题需要讨论。

第一片面包——赞美——起到了几个作用。首先，它是一种表达尊重的简单明了的方式。如果我们希望做出优秀的作品，就需要能够给予和接受建设性的批评；要想很好地给予和接受建设性批评，我们就必须培养信任；而尊重则是信任的基础。

其次，对于创意人士来说，听到别人反馈在他们的游戏中或他们的表现中什么是有效的，实际上是很有用的。如果没有人称赞我们做得对的事情，我们就很难确定自己的工作中是否存在有价值的部分。

第三，赞美可以在当前的交流行为中起到创造良好情绪氛围的作用。如果我们对这项工作和批评它的人感觉都良好，那么当他们提出建设性的批评时，我们可能更容易听懂他们在说什么。

当我提供反馈时，经常会提到我喜欢的几件事，因为我知道，越是清楚地向别人表明我喜欢他们的工作并尊重他们的能力，就越能深入地进行建设性批评。

三明治中的馅料是建设性的批评，正如馅料是三明治中最有营养和最美味的部分一样，建设性批评是你要传达的最重要的信息。在本书中，我们将把游戏设计作为一种迭代的艺术形式来讨论，而我们收到的关于我们工作的建设性批评是迭代循环的一个重要组成部分。我们构建一些东西给别人玩，他们给我们提出建设性的批评（以各种方式都可以，在这种情况下，大多采用口头的方式），然后我们对批评进行评估。最终，我们根据收到的反馈，对自己构建的版本进行修改，并且再次进行试玩测试。

所以，你给出的建设性批评，谈论的是刚刚玩过的东西中（或别人的表现中）你不喜欢的部分，但是以一种有用的方式表述的。它不是破坏而是加强。为了更好地做到这一点，我们必须仔细选择建设性批评的措辞。

在第 12 章中，我们将更深入地探讨如何给予和接受良好的反馈。但是为了让你开始进行建设性的批评，我提供三个非常简单的原则：要直接、要具体、批评对事不对人。

　　在提出建设性的批评时，要直接。不要把赞美的面包和建设性批评的三明治馅料混在一起。不要拐弯抹角，也不要试图把你的批评伪装成赞美。不要暗示，也不要以负面攻击的方式提出批评。要有勇气直截了当地说出你认为不好的地方、你不喜欢的地方或者你认为需要做得更多的地方。不要不友善或咄咄逼人，要以友好、合群的方式冷静地说话。你正在花时间使用三明治法，因此你有权直接提出建设性的批评。

　　要具体，表达的意思是，仅仅说"这不好"或"我不喜欢这个"是不够的。你应该说你为什么认为它不好，或者你为什么不喜欢它。与其说"这个跳跃机制不好"，不如说"这个跳跃机制不好，因为在按下按钮和玩家角色离开地面之间有明显的停顿——感觉很黏，甚至像是没有反应。"

　　第三个原则——批评对事不对人——是我从顽皮狗工作室总裁Evan Wells那里学到的。Evan制定了一条简单的规则：始终只批评我们在屏幕上看到的游戏内容、通过扬声器听到的内容以及通过控制器感受到的内容，同时确保永远不要批评我们所看到的内容的创造者。

　　遵循批评对事不对人的规则，能降低有人会气馁或生气的可能性，能使每个人的注意力都集中在提高游戏的质量上。这看起来浅显易懂，但令人惊讶的是，我们很容易把"这个游戏机制不好"说成"你制作这个游戏机制的方式不好"。通过专注于工作及可以改进的地方，我们总是可以设计出一个可行的改善计划，同时不会疏远干实事的人。

　　以上就是第一片赞美的面包和建设性批评的馅料，第二片面包也该出场了——当我们在用三明治法沟通时，通常会以另一个赞美来为这次反馈做总结。我通常会试着找一些我还没有提到的东西，但只要提醒对方你喜欢什么就足够了。有时，根据建设性的批评，还可以说一些赞美的话。（"我认为，考虑到在跳跃控制上还有很多工作要做，一旦相关问题得到解决，我喜欢的部分——动画和音效——会表现得更出色。"）

　　第二片面包通常比第一片更薄一些——给出结论性的正面评价通常更快更顺畅，特别是当游戏制作者很好地接受了建设性的批评时。如果有人对我的建设性批评表现出难以接受的情绪反应，我会花相当多的时间在最后给予一些额外的赞美，并且会展开对话，给游戏制作者一个机会回应我的评价或解释他们的工作。我会花时间听取他们的意见，也许在谈话中，工作可以步入正轨：游戏制作者对他们的工作感觉良好，并制订一个可操作性强的计划来使工作变得更好。

　　有人称这种赞美技巧为"香喷喷的三明治"，也有人称其为"响噗噗的三明治"。这可能意味着后者认为建设性的批评是大便，但更有可能的是，他们曾与某个人发生过冲突，那个人没有使用真诚的赞美，而是将三明治法作为不友善的借口。你可以把三明治法当作一个机会来改变质疑者的想法，并向他们证明这种技巧确实有效。

三明治法并不是给予好反馈的唯一和终极的方法，它只是一个入门工具包。当你还没有与某人建立牢固的尊重和信任关系时，或者当你不太了解他们、与他们相处有些困难时，它的效果最好。

在团队成员之间建立尊重和信任，是可靠的游戏设计实践的一个关键方面。尊重，来自于重视彼此和共同理解：重视彼此的经验、能力、价值观和意图，并对这种尊重是相互的达成共识。信任，基于彼此间的充分依赖：你相信别人能为每个人的最佳利益行事，能做出正确的决定，能成为一个好的合作者，在追求自己的价值观的同时能对团队慷慨。

你在发展和加强与别人的关系上做得越多，对三明治法的需求就越少。随着时间的推移，三明治里的面包会越来越薄，直到完全消失，你可以直接给别人提出建设性的批评，并让对方很好地接受。你很快就会创造出一种富有强烈的协作价值观的团队文化，这反过来又会让你的团队制作出真正优秀的游戏。

尊重、信任和认同

最强大的团队是这样的：团队成员相互尊重，彼此之间建立了牢固的信任纽带，并且每个人都赞同工作委派和协同的方式。我们用共通的沟通技巧来表达对彼此的尊重，认真倾听每个人的意见，并充分考虑每个人的世界观。只要我们持有一种态度——每个人的经历和信念都有价值，表现出尊重就不会占用任何时间和注意力。当我们互相尊重时，就表明我们重视彼此，包括彼此的工作、时间和技能。

当我们在尊重的氛围中一起工作，一起完成游戏开发的艰巨任务时，信任自然会随之而来。如果我过去曾帮助过你，并向你表明我尊重你，愿意将你的努力和幸福当作我自己的来优先考虑，那么你就会开始信任我。未来，我们将能够更快、更高效、更轻松地共同完成艰巨的工作。当团队成员之间的信任使我们能共同完成极其复杂的工作时，一切都能更加顺利地进行。

认同在我们生活中的任何地方都很重要，包括在我们的游戏开发团队中。我们必须确保团队中的每个人都清楚地理解自己的职责及相应要求，并且对此高度认同，而不是被强迫着完成工作和达到要求。这尤其适用于加班和补偿问题——我们是否在按照我们加入团队时预期的工作小时数工作，以及我们的时间是否得到了适当的报酬。这也与作品中的道德问题相关：我们是否认同正在制作的游戏中的价值观。

　　如果能建立并维护一个尊重、信任和认同的环境，那么我们就正在使自己成为优秀的游戏开发者。要创造这样的环境，我们需要良好的沟通和协作。可见，沟通确实是一种游戏设计技能。

7. 项目目标

到目前为止，在构思阶段，我们已经制作了三种类型的交付物：想法列表、调研笔记和原型。在完成构思之前，我们需要创建一个最终的交付物，所有这些其他交付物都会将我们引向：一组项目目标。

我们如果在构思结束时为项目建立一些明确的目标并致力于这些目标，那么就会有一个创造性的方向来推动自己进入项目的下一阶段，并有助于整个过程顺利进行。对我来说，项目目标有两种类型：体验目标和设计目标。

体验目标

2008 年，随着 Tracy Fullerton 的《游戏设计梦工厂》（第 2 版）的出版，体验目标的概念首次被引入游戏设计文献。[1]正如 Tracy 告诉我的，"我添加了体验目标的概念，因为我试图澄清我们在 USC 游戏创新实验室中使用的过程，这与人们一般谈论游戏设计过程的方式非常不同——通常是由设计某个游戏特性或者游戏设计核心声明驱动的。"

体验目标是你希望玩家获得的体验，通常以情感体验来描述。在玩游戏的诸多理由中，最让我们愿意花时间去玩游戏的原因通常是游戏带给我们的情感：获胜的满足感和失败的挫败感、潜行游戏的紧张焦虑、艺术游戏的微妙忧郁，以及派对游戏的欢乐笑声。

你的项目目标不必描述你将如何通过游戏设计来创造体验——但我们在后面会看到，你的原型应该让你对如何实现体验有一个不错的想法。通过专注于我们希望玩家得到的体验，我们可以开始摆脱对玩法本身的顽固认知。我们可以搁置传统的、受限的关于乐趣的想法，探索游戏设计广泛而深刻的表现力。我相信，在构思结束时为游戏建立体验目标是游戏设计创新和将游戏理解为一种艺术形式的关键。

---

① 出自 Fullerton 的《游戏设计梦工厂》（第 2 版）。

Tracy Fullerton、MDA 框架和顽皮狗

正如我所提到的，我从 Tracy Fullerton 的工作中获得了对体验目标的关注。在《游戏设计梦工厂》中，Tracy 在一篇关于与游戏设计师陈星汉、Kellee Santiago 以及南加州大学游戏创新实验室的学生团队一起制作游戏《云》（Cloud）的专栏文章中说：

> 当我们开始制作《云》时，我们只有一个创新设计目标——唤起你在晴朗的天空下躺在草地上仰望天空中飘荡的云彩时所获得的放松和快乐的感觉。有时，我们（所有人）都梦想着在云端飞翔，并把天上的云彩塑造成有趣的东西，比如笑脸或棒棒糖，又或者任何能想到的东西。对于游戏来说，这似乎是一个全新的领域，看起来既冒险又有趣，所以我们决定试一试。[①]

Tracy 称之为创新目标，她在写这篇文章时还没有创造出体验目标这个词。我们现在可以看到，《云》团队正是在设定体验目标。他们最初并不知道如何创造这种轻松、快乐的体验，甚至不知道这种体验是否可以被创造。但是通过设定一个意图并开始探索，他们向游戏设计的新领域迈出了第一步。

这一举措将确立一种永远改变游戏行业的设计理念。《云》团队的核心成员随后成立了一家游戏公司，并创造了屡获殊荣的游戏《流》（Flow）、《花》（Flower）和 2012 年年度游戏《风之旅人》（Journey）。Tracy 在她屡获殊荣的实践中使用了类似于体验目标设定的技巧，从她与著名艺术家 Bill Viola 共同设计的游戏《夜行》（The Night Journey）到广受好评的《游戏：瓦尔登湖》（Walden, a game），她对亨利·戴维·梭罗的作品和世界进行了有趣而系统的诠释。Tracy 也持之以恒地挑战着游戏表现形式的极限，在流程和艺术上不断创新。

著名的 MDA 框架——机制、动态和美学——也将重点放在玩家体验上。该框架由 Robin Hunicke、Marc LeBlanc 和 Robert Zubek 在 2004 年的一篇具有开创性的论文《MDA：游戏设计和游戏研究的严谨方法》中提出，旨在帮助我们设计和分析游戏。

MDA 中的美学正是玩家在由游戏规则决定的动态系统中产生的体验。MDA 作者的目标之一是帮助我们更深入地理解"乐趣"这个常常含糊不清的概念，并扩展我们对游戏所带来的多样化体验的思考。

---

① 出自 Fullerton 的《游戏设计梦工厂》（第 4 版）。

设定体验目标（图 7.1）是顽皮狗团队开发《神秘海域》世界的方式。与高级概念艺术家 Shaddy Safadi 及其团队合作，《神秘海域：德雷克船长的宝藏》游戏制作人 Amy Hennig 定义了我们想要在一套简洁的规则中创造的体验类型，我们在工作室的公共区域展示了这些规则，这些规则帮助我们在整个系列的开发过程中保持正轨。我将它们视为体验目标，这为帮助我们设计《神秘海域》游戏定义了一个可能性的空间。

体验类型

大多数人都能意识到自己获得了一种体验，但往往难以准确地说出体验本身的含义。第一手体验（心理学家称之为主观体验）的本质与意识的本质息息相关，历史上的哲学家都对这个话题感到困惑、惊讶并深受启发。

拥有一种体验就是对自我的一种感觉。体验可能是身体的、精神的、情感的、宗教的、社会的、主观的，或者虚幻的、模拟的。智力和意识会产生不同类别的心理体验，如思想、感知、记忆、情感、意志和想象力。

当用作体验目标时，所有这些类型的体验都可以构成出色而有趣的游戏的基础，其中一些似乎对游戏设计师特别有用。

思想、记忆、想象力和意志力

思考、了解和记忆都有相关的体验，就像做每件事的感觉。想象力也是如此，它赋予我们制订计划的能力，以及意志，或者说"意志力"，即让我们做出决定和采取行动的能力。游戏里拥有大量这些类型的体验。我知道如果触碰到那些尖刺，索尼克（一款游戏中的刺猬角色）就会掉下身上携带的所有小金环（一种奖励道具），并且我想下次我会试着连续踩扁三个蘑菇人。

思想、记忆、想象力和意志力是我们游戏体验的基本组成部分，如果我们愿意的话，可以为游戏设定一个体验目标，让玩家去思考某事、记住某事或想象某事。这对于教育类游戏的创造者来说可能特别重要。意志力当然是游戏设计的核心，因为玩家的决定和行动驱动着大多数（尽管可能不是全部）类型的游戏设计。游戏设计师会通过"代理"和"自主性"等词汇来谈论这一点。

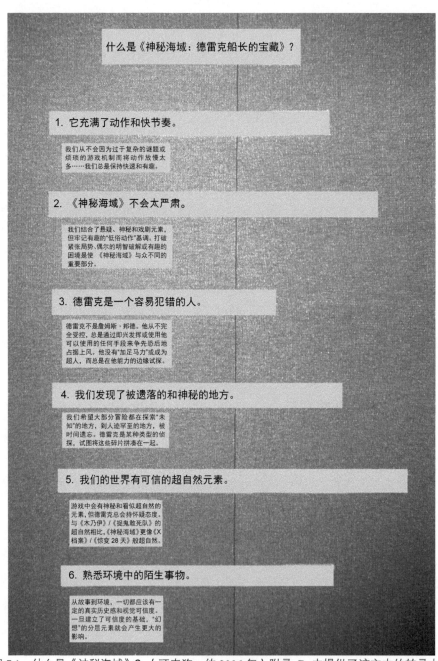

图 7.1 什么是《神秘海域》？（顽皮狗，约 2006 年）附录 B 中提供了该文本的转录本。

知觉

我们的知觉是由于感官运作而产生的体验。大多数小学生都知道视觉、听觉、味觉、嗅觉和触觉这五种传统感觉，但本体感觉，即身体相对于自身位置的动觉，对于游戏设计师来说是一个重要的感觉。对于设计师来说，前庭平衡感和加速感也很重要，尤其是对于那些需要我们四处移动的游戏。

热感受和伤害感受——分别对应温度和疼痛——并不经常被游戏设计师使用，尽管主题公园和虚拟现实的体验设计师经常使用冷热空气来强化他们正在塑造的体验。由 Tilman Reiff 和 Volker Morawe 于 2001 年创作的著名的互动艺术作品《疼痛站》（Painstation），可以在柏林的电脑游戏博物馆 Computerspielemuseum 中玩到——如果你够勇敢的话，它使用疼痛作为在类似《乓》等游戏中输掉的负面反馈。

我们的身体还有很多其他的内部感官，它们告诉我们是饿还是渴、脸红、窒息，以及我们的胃、膀胱和肠是否充盈。对于寻求创造创新体验的设计师来说，所有这些感官都是可用的工具。

情感

游戏带来的情感感受是让我们打开一款游戏并坚持玩下去的原因。多年来，游戏设计者的思考往往不会超越以往五千年游戏历史的两种情绪：胜利的喜悦感和失败的挫败感。不过，我们不应该低估这些情绪的力量。正如 Jesper Juul 在论文《失败的艺术：关于玩电子游戏的痛苦》中指出的那样，我们在游戏中经历的失败也有它自己的乐趣。其他通常与喜悦和沮丧一起出现的情绪有：玩游戏的乐趣、推动探索的好奇心以及完成游戏的满足感。

如今，游戏设计师对游戏可能在玩家中引发的广泛情感感兴趣。或许因此，在所有不同类型的体验中，情感体验是迄今为止对我们最有用的游戏体验目标。在我能想到的大多数艺术形式中，我们对思想、记忆、想象、意志和感知的体验编织成了一个复杂的辫子，从而产生了伟大艺术并带给我们强大而微妙的情感。

因此，游戏设计师"具有情感素养"似乎非常重要，这样才能够清晰准确地讨论各种可能的情感。对于我们许多人来说，这比听起来要难。多年来，许多文化都禁止对情感话题深入讨论。尤其是男性，经常成为该禁忌的对象。

为了帮助人们提升情感素养，我提醒他们关注欢乐、悲伤、恐惧、愤怒和厌恶这五个角色，这些角色来自皮克斯 2015 年的电影《头脑特工队》。基于加州大学旧金山分校心理学家 Paul

Ekman 博士的工作，这些角色率先研究了情绪与面部表情的关系。Ekman 的研究确定了来自世界各地不同文化背景的人们在脸上表现出的七种主要情绪：《头脑特工队》中的人物以其中的五种情绪命名，在电影中未出场的是惊讶和蔑视。

这个包含七种情绪的调色板可以作为一个强有力的起点，帮助我们为游戏设定情绪体验目标。由故事驱动的游戏很可能会在不同的时间调用所有七种情感，但我们可以通过选择只关注其中的几个或者只关注一个，来给整个游戏设定一个总体方向。

要更广泛地了解情绪，请参考阿尔伯特爱因斯坦医学院的心理学家 Robert Plutchik 博士的工作成果，他提出了情绪反应的心理进化分类。除了 Ekman 定义的大部分主要情绪，Plutchik 还增加了期待和信任，并在每组中表现出不同程度的情绪强度。他的作品经常用图 7.2 所示的"情绪之轮"来说明。

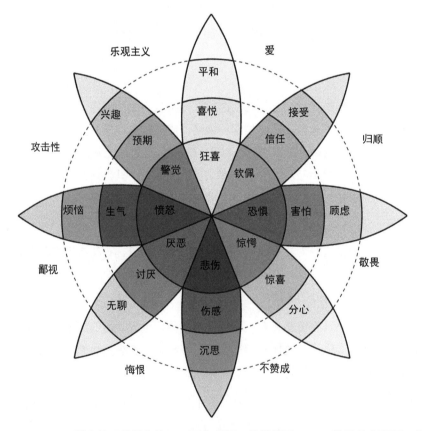

图 7.2 Robert Plutchik 博士的"情绪之轮"。图片来源：机器精灵 1735，维基共享资源，公共领域。

从 Plutchik 的转盘中随机选择一种情绪，并尝试设计一个能引发这种情绪的小游戏，可以作为一个很好的游戏设计练习。

社交和精神体验

虽然思想、记忆、想象、意志和感知的体验几乎在所有类型的游戏中都很常见，而且情感体验是大多数游戏的驱动因素，但对于希望创新的游戏设计师来说，我之前提到的其他类型的体验也很有价值。

从基于团队的电子竞技到大型多人游戏，社交体验都是游戏设计的关键因素。精神追求和宗教体验是游戏设计师越来越感兴趣的话题。早期的游戏理论家 Johann Huizinga 将游乐场视为一个神圣的空间，类似于宗教朝拜的场所，而宗教文学历史学家 James Carse 则在《有限和无限游戏》（Finite and Infinite Crames）一书中讨论了游戏的心灵意义。Tracy Fullerton 和 Bill Viola 在他们的游戏 *The Night Journey* 中调查了这个趋势。对冥想、正念、仪式和狂喜的宗教状态感兴趣的新兴游戏设计师也相继出现。

写下你的体验目标

在我们的项目目标中，可以说体验目标是最重要的。我强烈建议你专注于情感，但应该选择最适合你和你的创作意图的体验类型。

同样，不要试图描述你的游戏将如何为玩家创造这种体验，只需清楚地分离并专注于核心体验目标，用尽可能清晰简洁的语言描述它。尝试使你的体验目标具体且实际，并用一句话总结每个目标。考虑使用"情绪之轮"中的词语，大胆地结合概念来创造新的想法，但要避免将太多不同的体验组合在一起，清晰和简洁是关键。

不要包含过于松散或过于模糊的目标，例如"为玩家创造有趣和欢愉的体验"——这种体验目标过于笼统，无法成功指导你的设计。

在角色扮演或幻想的实现方面，谈论游戏为玩家提供的体验可能很有用——"成为终极太空英雄"或"成为繁忙医院里的医生"。在游戏行业中，你有时会听到以游戏的"本质陈述""愿景陈述""X 陈述"或"核心幻想"为框架的体验目标。结合核心游戏设计和叙事元素来讨论游戏体验也很有价值：你会听到人们谈论游戏的"框架"或"主题"，这些方式都很好。有很多方法可以描述游戏所带来的体验，无论你如何称呼它们，选择体验目标都将指导你创作游戏。

你的体验目标应该根植于你的原型

在构思之初，只需挑选一些游戏机制和叙事主题，看看它们会产生什么样的体验就可以了。构思开始的最佳方式是选择我们最喜欢的原型，然后在项目的其余部分工作中扩大和增强它所提供的体验。

在构思结束时设定体验目标而不知道如何创造体验，是有风险的。如果你想确保你的项目会成功，请设定一个与某个原型已经产生相关体验的目标，即使是未完善的形式也好。你可以在试生产阶段（即我们的下一个项目阶段）中激发体验的火花并努力将其放大。

设计目标

设计目标要与体验目标相辅相成。它们可能与运行游戏的硬件、游戏类型、游戏机制或交互方式有关，可能有你想要使用的叙事风格、你想要提出的一些题材、你想要通过游戏完成的一些事情，或者你想要设置的一些其他类型的约束。

如果在构思结束时，有什么事情是你百分之百有信心想通过游戏去做的，那么就把它写在你的设计目标中。你的设计目标可能与体验目标重叠，也可能完全不相干。

一些常见的设计目标类别如下。

- **运行游戏的硬件。**你的游戏将在什么平台上运行？PC 还是 Mac？移动设备？游戏机？健身追踪器、手表或耳机？自动驾驶汽车的中控屏，甚至是冰箱？随着数字技术进入我们周围更多的物体和环境中，硬件平台的选择会越来越多。你不需要将项目的目标锁定在硬件平台上，但这样做可以帮助你自信地向前推进项目，并可能节省以后的设计时间。这个设计目标也与受众和市场有着重要的关系。如果你想要触达特定的玩家群体，那么你必须考虑他们玩游戏的硬件平台。

- **游戏机制、动词和玩家活动。**想想你想象中的游戏类型，并考虑至少将其中一些游戏机制、动词和玩家活动与你的设计目标相结合。

- **交互方式**。玩家将如何控制你的游戏？使用键盘和鼠标，还是手柄？抑或是在触摸屏上点击、长按、捏合、滑动？甚至是在 VR 中用定位设备判断自己所在的位置和注视的方向？在构思结束时敲定一两个交互方式，可以使你的项目朝着一个好的方向发展。

- **你要使用的特殊硬件或软件**。你可能会决定使用 VR 头显、手机上的增强现实功能或"替代控制器"（一个为你的游戏专门设计的偏门控制器），就像每年在 GDC alt.ctrl 中看到的那样。

- **游戏类型**。如果你想象的游戏适合某种类型的游戏玩法或叙事，请在你的设计目标中予以说明。请记住，最具创意的作品往往会颠覆其所在的品类，为我们带来新鲜和活泼的东西。

- **游戏主题**。直截了当地说：你的游戏是关于什么的？它可能是关于一只迷路的小狗、一场总统选举，或是努力团聚的恋人。

- **叙事主题**。叙事主题是游戏叙述所涉及的中心主题。不同的作者对何时设定他们正在写的故事的主题有不同的看法。有些人一开始就敲定了主题；其他人则是在设计过程中逐渐发掘出主题。在《神秘海域 2：纵横四海》开发的早期，我们就决定游戏的主题是信任与背叛，这帮助我们塑造了故事。如果你可以在构思结束时确定游戏的主题，请让它成为你的设计目标的一部分。

- **游戏的美术目标**。在构思结束时，你可能对游戏的美术方向有一个强烈的想法，这可能是你所做的一些研究或你制作的原型的结果。

- **游戏的艺术目标**。如果你是一位使用电子游戏作为艺术表达形式的艺术家，那么你可能会为游戏制订一些艺术目标。也许你正在通过制作游戏来表达你的感受或想法，你可能想要娱乐大众，或提出一些严肃的观点，或两者兼有。如果你是一位对社会或政治干预感兴趣的艺术家，这可能与下面这一点有所重叠。

- **游戏的影响力目标**。你可能决定制作一款对世界有影响力的游戏——这类游戏通常被称为冲击游戏、严肃游戏、功能游戏、应用游戏或转型游戏。也许你希望游戏具有教育意义，对玩家的健康产生积极影响，或者就政治问题进行争论。对于那些寻求设计和评估，旨在让玩家进行长久的改变的游戏的人来说，Sabrina Culyba 的书 *The Transformational*

Framework: A Process Tool for the Development of Transformational Games，是一种宝贵的资源。

尽管我在这里描述了许多不同类型的设计目标，但我认为在构思结束时只设置少量的设计目标是合理的。我们要做的是给自己设定一个前进的方向，同时在游戏开发过程中仍然给自己留出足够的回旋余地。

对你确信并乐意保留的东西做出一些承诺。把你所有的目标放在一起变成一个独特的组合，作为你的项目目标，你可能会抓住其他人错过的游戏设计机会。

综合起来，体验目标和设计目标为我们提供了项目目标

项目目标是对一个方向的承诺。我们一旦选择了项目目标，就希望在整个项目中坚持这些目标，所以应该谨慎做出选择。

你可以通过决定如何混合搭配体验目标和设计目标来创建项目目标。正确数量的个人体验目标和设计目标将取决于你的团队、项目的持续时间及其背景——例如，它是商业游戏还是个人项目。在我的南加州大学游戏课上，我让我的学生指定一到两个体验目标，以及几个（通常不超过三到四个）设计目标。

我们偶尔会因为在开发过程中的新发现而放弃一个项目目标，也会在预制作结束时再次检查项目目标，看看它们是否需要修改。但是，我们如果不断改变对项目目标的看法，很可能只会绕圈子。通过仔细选择体验目标和设计目标，我们给自己接下来的工作设定了一个明确的方向。这就像选择用于导航的灯塔；我们如果保持灯塔在视线范围内，那么总能找到自己所在的位置，并且永远不会迷路。

拿手好戏和成长

我们在制作游戏时，不应该只考虑想要制作什么，还应该考虑可以制作什么：我们能够用所拥有的技能创造什么。但这并不是说我们不应该激励自己或者雄心勃勃。

许多创意团体都有一套**拿手好戏**：一组具有特定风格的作品，他们知道如何巧妙地创作或表现出色。例如，芝加哥莎士比亚剧团擅长在现代环境和服饰中演出威廉·莎士比亚的戏剧。

　　多产的苏格兰游戏工作室 Denki 的游戏设计师 Gary Penn 在 2010 年向我建议，游戏设计师和游戏开发工作室也应该有拿手好戏，但我们通常不会用这些术语来谈论它们。例如，顽皮狗的拿手好戏由角色动作游戏组成，并且有共同的游戏机制和叙事主题，将《古惑狼》《杰克》系列、《神秘海域》和《最后生还者》结合在一起，尽管这些游戏系列在其他方面截然不同。

　　拿手好戏很重要，因为制作艺术很难，制作电子游戏特别难。Gary Penn 在他 2010 年的 GDC 讲座中说："不要思考、谈论或写它。去做吧。表演、可视化、原型……开发就像流沙。不要以第一次达到完美为目标……机会偏爱有准备的头脑。期待麻烦、排练、探索、获得视角、做出明智的选择。像音乐家和演员一样建立拿手好戏。拿手好戏是经实践而来的肌肉——经过练习获得并可重复使用。"一个运作良好的游戏开发工作室将发挥他们的优势，利用他们的技能——他们已经知道如何去做——并在每个项目中学习新事物，在这个过程中成长。虽然《古惑狼》和《最后生还者：第二部》具有共同的 DNA，但顽皮狗在制作每个系列时都学到了很多东西，以至于每个系列都是进化和飞跃标志。

　　在我们的游戏开发团队中，我们应该问自己：我们的拿手好戏是什么？我们希望如何成长？我们已经擅长什么？我们想学习或改进什么？我们想尝试什么？我们可能想做一个新的游戏类型或新的游戏机制。我们可能想尝试一种新的叙事类型，或者一种新的故事风格。我们可能想尝试新的工具、新的硬件或软件、新的受众群体或新的营利计划。

　　这里最简单的要点是：在会走路之前不要尝试跑步。我们在选择成长领域时，可以努力在我们已经知道如何做的事情和我们将推动自己的领域之间找到平衡。通过找到平衡，我们可以冒险并用新的游戏风格、机制和故事来激励自己，同时确保不会让自己承受太大的风险。

考虑游戏的可能受众

　　无论你在制作什么样的游戏，考虑最终会玩你的游戏的受众群体都会对你有所帮助。大多数游戏设计师会花一些时间去思考，寻找游戏的潜在受众，和他们交流，并在其中受益良多。我们制定项目目标的时间是让我们思考游戏受众的最佳时机。

　　你可以通过一个非常简单的练习来做到这一点，只需在项目目标的末尾写上几句话，完成以下句子："我们游戏的可能受众是……"一些例子如下。

- "我们游戏的可能受众是那些喜欢站在地铁上玩手机游戏，以及喜欢在社交媒体上观看搞笑视频的人。"

- "我们游戏的可能受众是喜欢 3D 魂系动作游戏和 2D 类银河战士恶魔城游戏的核心游戏玩家，他们会喜欢这些类型的组合。"

- "我们游戏的可能受众是喜欢数独和简·奥斯汀小说的人。"

- "我们游戏的可能受众是喜欢园艺并且年龄在八十岁及以上的人。"

从喜欢它的人的角度来审视你的游戏，你可能会得到新的设计理念，这会引导你走向有趣和有效的方向。也许你会意识到你对游戏的思考中缺少某些东西，或者你正在考虑的某些东西根本不适合。

在商业世界中，与可能需要产品的人建立联系的过程称为营销。我在职业生涯的早期就意识到，考虑到我们的受众并进行良好的营销是制作游戏的重要组成部分。现在，作为一名游戏设计师，你可以而且理应考虑你的受众，而不必受制于市场。但即使你要免费赠送游戏，我也希望你能争取让更多人看到你的作品。如果你打算以制作游戏为生，那么你（或与你一起工作的人）应该清楚如何与可能有机会付费玩你的游戏的人建立连接。

我认为我们不需要太愤世嫉俗地看待营销工作。营销可以帮助我们触达那些甚至不会考虑玩某个游戏的人，这可能是因为他们对游戏的固有偏见。正如 Mark Cerny 告诉我的那样，"我认为，当更多的玩家——本来对一款游戏不感兴趣——接触并爱上这款游戏时，我们的成功是最为显著的。"创意营销人员可以通过展示他们对我们游戏的喜爱之处来帮助我们扩展受众。

这些"可能的受众"描述是一种简单的定位陈述形式，是营销专业人士使用的一种工具，这些概念是我的同事 Jim Huntley 教我的。Jim 是一名营销和品牌管理顾问，在多个行业拥有超过 20 年的经验，其中包括在游戏发行商 THQ 工作的 5 年。他告诉我，构思的结束是制定定位声明的好时机，该声明简要描述了你的受众群体、他们的喜好或需求，以及你希望他们如何看待你的游戏，这也许就是所谓的品牌特性。你可以在网上搜索有关创建定位声明的信息，也可以寻求专业人士的帮助。

你还可以从社区的角度考虑游戏的受众：围绕你的游戏寻找并积极培养玩家社区，与之交流。社区管理现在是游戏行业一个成熟且备受推崇的组成部分。它穿插在营销、社交媒体、在线审核和游戏开发中。随着游戏变得不再像盒装产品，而更像拥有活跃参与度的玩家社区的实时服务，社区管理员的角色变得越来越重要，而对于玩家来说，他们对游戏本身的体验变得模糊了。

你可以使用人口统计、心理统计和所谓的市场规模来了解有关游戏的可能受众的更多信息。在为游戏设想受众时，考虑可参照的对象也很有用——"这将吸引（某个游戏、电影、电视节目、书籍或漫画）的粉丝群体。"许多创意人士在研究新作品时会这样做。

在构思结束时，有时只需想象一下游戏的潜在受众就足够了。实际上，找到你的受众并与之交谈将在稍后进行。在整个开发过程中，你每次都要完成一句话"我们游戏的可能受众是……"你将更多地了解你的游戏及其测试者喜欢该游戏的哪些方面，这也是一个能让你相对放松下来的练习。

一些书籍介绍了为了能成功推广游戏，需要与游戏开发人员同时进行的所有营销工作。Joel Dreskin 的 *A Practical Guide to Indie Game Marketing* 和 Peter Zackariasson 与 Mikolaj Dymek 合著的 *Video Grame Marketing:A Student Textbook* 是两本很好的参考书。

成为专业游戏平台的开发者

如果你的设计目标之一是为索尼、微软或任天堂等平台制造的游戏机而创作游戏，或者在苹果生态系统的移动平台上发布游戏，那么你必须在开发过程开始时申请成为该平台的开发人员。开发主机游戏通常需要一个特殊的开发套件——可以连接到计算机上进行开发和调试的主机硬件版本——开发人员和平台持有者之间的关系始于开发人员申请在平台中进行开发，并获得他们需要的"开发工具包"。

构思结束是开始此计划的好时机，你应该意识到获得批准的过程可能是漫长而复杂的。详细信息因平台而异，因此你应该进行大量研究，以确切了解你需要做什么才能获得平台开发人员的批准。平台持有者会努力使申请流程变得友好，但要尽早开始，甚至比你认为需要的时间更早开始。

为了获得开发人员的批准，你需要提交你想要发布的游戏的提案，以及有关你的团队的一些信息。获得批准后，你将可以访问在平台中开发所需的资源，包括开发工具包、技术文档，以及有关批准发布和发布流程的信息。我们将在第 34 章中回到专业游戏平台的主题。利用你从平台持有者那里学到的关于硬件开发的知识，将其融入本书中描述的过程中，你就可以在你梦想的平台上发布游戏了。

关于形成项目目标的建议

仔细考虑你的项目目标,并尝试遵循你从制作原型中学到的东西。不要忽视一个成功的原型!遵循原型中玩家以积极的方式做出反馈的东西,这通常是件好事,即使它会让你偏离最初的想法。你并没有推销这些想法:你制作的原型得到了很好的反馈,即使你是偶然发现它的,但新的方向也是真实存在的一部分。

如果你在选择项目目标时遇到困难,请回到最初的头脑风暴和调研阶段。一旦你建立了一些原型,一个想法在诞生之初的火花通常看起来会有所不同。写下项目目标的草稿,然后从你的团队和老板、同事和朋友,或者教授和同学那里寻求反馈。至少对你的项目目标进行一次或两次迭代,这是获得你想要构建的游戏的非常清晰且具有全局视角的好方法。

在设定项目目标时,你可能必须与业务伙伴合作。游戏设计师很少有完全的独立性,除非他们是自筹资金的或是学生团队。将你最好的协作技能展现出来,找到让出资人感到兴奋并且你也感到兴奋的项目目标。

为项目设定目标是游戏团队领导层的一项重要职责,领导希望每个人都能为游戏的项目目标做出贡献。但团队领导的作用是帮助大家确定"奇思妙想"和调研中的有趣之处,将看似矛盾的想法综合成每个人都可以支持的新想法,并帮助确定原型中可以发挥作用的部分。领导层的职责也是帮助团队在实现项目目标的过程中找到克服挑战的方法,并始终专注于他们设定的创造性方向。正如 Mark Cerny 提醒我的那样:"一位伟大的创意总监(或游戏总监)会不断挑战团队,推动他们朝着那个特殊的方向前进。"

项目目标将指导你完成整个项目,但不要过度在意它们。我们将在预制作结束时再次检查它们,看看它们是否需要修改。即使你已经做出决定,也可以保持灵活变通。至此,我们几乎完成了项目的构思阶段,将在下一章中做总结。

8. 构思阶段的结尾

在构思阶段的一开始，我们的重点应该是通过奇思妙想、调研和原型设计等方式进行自由探索。在构思进行到一半时，我们应该开始关注最喜欢的想法和在原型设计方面最大的成功之处。是时候确定一个方向了，这意味会舍弃一些看起来还不错的想法。在构思阶段结束时，我们必须做出选择：我们最喜欢哪些创意？哪些原型为我们的游戏指明了前进的道路？

构思阶段应该持续多长时间

在我工作的工作室里，我们没有正式的构思阶段，但在顽皮狗，我们肯定有一个非正式的构思阶段，通常是在夏末发布游戏之前到次年一月寒假回来之间的三四个月内。

这让我们有机会在相对低压的气氛中进行一些研发探索（研究和开发）。每个部门都有时间自由探索让他们兴奋的想法，这也是尝试新工具和技术的好时机。在你研发一款游戏的过程中，总会获得很多当时用不上但可以用在下一款游戏中的好主意。下一款游戏的总监会开始提出一些核心想法，并迅速吸引团队的其他人参与这项工作。

《神秘海域 2》和《神秘海域 3》是为期两年的项目，我估计我们在一个类似的构思阶段上花费了总项目 15%的时间。在南加州大学的课堂上，我会让我的学生在构思上花费大约相同的时间。多少构思时间适合你的项目，这取决于你自己。如果你有足够的时间，那么在构思上花费更长的时间可能会很好，特别是如果你想要做一些真正创新的事情。

不过，我建议你将构思阶段"时间盒化"。给自己有限且固定的时间进行构思，不要让它一直悬而未决。时间限制将帮助你保持专注，并为项目的开始提供积极的推动力。我将在第 11 章详细讨论时间盒化。

关于原型设计的一些最终建议

尽可能多地制作原型，并尽可能广泛、深入、快速、彻底地探索更多想法，包括使用物理原型、玩具表演和快速、专注的数字原型。通过制作、构建、创作和持续不断地进行游戏测试，从尽可能多的不同角度头脑风暴，探索想法。

如果你刚刚开始进行游戏设计实践并需要获得更多指导，那么可以在 Tracy Fullerton 的《游戏设计梦工厂》（第4版）一书中了解更多关于物理原型和数字原型的信息。我将在下一阶段的预制作部分详细讨论如何使用我们在构思阶段制作的物理和数字原型。

构思交付物总结

表 8.1 简单总结了游戏项目构思阶段应交付的成果，以帮助你保持进度。

表 8.1 构思交付物总结

交付物	交付时间
奇思妙想的结果	构思阶段开端，如果需要的话，可能贯穿整个构思阶段
调研笔记	构思阶段过程中
游戏原型	构思阶段过程中
项目目标	构思阶段的结尾

第 2 阶段
预制作——通过制作进行设计

9. 控制流程

正确获得对设计过程的控制，往往会让人感觉像是失去了对设计过程的控制。

—— Matthew Frederick,《建筑师成长记录：学习建筑的 101 点体会》

（ *101 Things I Learned in Architecture School* ）

我制作的第一个原创游戏是世嘉创世纪（或世嘉超级驱动器，不同地区叫法不一样）的《铁头战士》（Tinhead）。它只有一个项目阶段：制作。老实说，我甚至不确定我们是否可以这么称呼它。我们直接就开始制作游戏并一直工作到游戏发售。我们预估这款游戏需要用 6 个月的时间来制作——最后花了整整 18 个月，其中经历了无数深夜和周末加班。可悲的是，这仅仅是我职业生涯中众多疯狂加班经历的第一次。几年后，我参与的第一个拥有多个项目阶段的项目是《勾魂使者》，这也是我与《神秘海域》游戏总监和创意总监 Amy Henning 的众多合作中的第一次。

受到我们所读到的有关电影发展的启发，我们试图通过一个被称为"预制作"的计划期使《勾魂使者》处于更好的项目管理之下。我们在预制作阶段进行概念艺术设计、测试关卡，并为在纸上和原型上规划游戏设计做了很多充足的准备。但是我们仍然为游戏的整体进度表而苦恼——我们错过了一些有助于项目保持正轨的预制作关键因素。最终，我们发现预制作是游戏项目中最重要的阶段，良好的预制作阶段将为项目的成功奠定基础。

流水线和瀑布

基于 Ransom Eli Olds（因 Oldsmobile 成名）的想法，亨利·福特通过发明移动装配线（有时称为生产线）彻底改变了汽车的工业生产。汽车的计划是由工程师制订的，每辆汽车都分阶段在装配线上进行建造，从底盘开始，然后添加发动机、油箱、车轮、车身，以及使汽车完整所需的一切。

随着时间的推移，流水线的概念在计算机科学界以"瀑布模型"的形式出现，这是一种出现在 20 世纪 50 年代中期的软件设计方法（尽管瀑布这个术语直到 20 世纪 70 年代才出现）。瀑布式方法背后的理念与装配线的理念基本相同：设计师和工程师经过仔细考虑，然后为将要构建的软件编写一个全面的规范（specification，spec）。然后，他们会制订实施规范的计划，将两份文件都传递给软件工程师团队。软件工程师会分阶段逐步创建完成程序，并仔细按照给出的说明进行操作。

从 20 世纪 80 年代后期开始，游戏项目管理人员开始关注这些在商业软件开发领域广泛使用的瀑布式开发方法，因为他们拼命地试图在时间、人力和金钱方面控制项目。20 世纪 80 年代的游戏从业者被称为"卧室开发者"，那个时代的独立游戏开发者通常很年轻，忙于发明一种艺术形式。他们的工作风格自由并遵循直觉，但这也带来了健康问题。他们在持续的加班下强行完成工作，连续数月一睡醒就在工作，也没有休息日。有时，项目能高质量地按时完成——而更多时候它们往往大幅超出项目时间和预算，或者根本无法完成。在许多情况下，这些项目让开发者严重过劳，破坏了他们的身心健康。

因此，当时的游戏制作人开始梦想能够有全面的游戏设计文档，可以预先定义包含所有内容的、宏大的整体规范，以便将其转化为资产和任务列表。这样一来，游戏就可以像汽车或洗衣机一样在装配线上被制作完成，在时间、金钱和所需人数方面是可预测的。

梦想是丰满的，然而在大多数电子游戏案例中，瀑布流是行不通的，至少在游戏创建的早期阶段是行不通的。当然，可预测的预算和进度表对于项目的整个生产阶段非常重要，但是瀑布式方法中包含的良好计划和意图经常被开发过程中的不确定性所打破，这种不确定性来源于你所尝试设计游戏的过程。

创造新事物

如果你正在以可靠的模式制作游戏，并使用你已知的运行良好且完善的游戏机制，那么瀑布式方法的元素可能会起作用。但是当你在努力做一些新的事情时呢？你还不确定游戏要由哪些部分组合在一起——哪些部分将被证明很棒并且需要加大比重？哪些部分效果不佳并且需要降低优先级或完全从游戏中移除？

我相信制作游戏的正确方式与画家创作绘画的方式有很多共同之处。首先做初步的草图，然后扩展我们最初的想法，接着沉浸在书本里做研究，最后准备好在画布上用木炭画草图。并在草图上使用油画颜料来创作完成一幅画。有时，当我们画到一半时，这幅画就会拥有自己的生命，并引导我们走向我们没有预料到的新方向。

我们已经在构思阶段中研究了电子游戏创作的草图部分，现在是时候看看在木炭草图原型之外的开发过程了。下面开始在游戏项目的预制作阶段，使用迭代设计过程，用油画颜料填充它们。

预制作期间的计划

良好的计划有助于大多数创造性行为的成功。然而，游戏设计是由无数的决定组成的，涉及大量的资产、代码片段和其他活动部分。我们不可能把它们都列出来，并为每一种意外情况做好计划。好的计划并不一定等同于更多的计划。游戏设计师如何才能通过他们理解的游戏设计和一个现实中可实现的项目计划来为成功做好充足的计划和准备呢？

预制作是我们计划设计和制作游戏的项目阶段——游戏将是什么，以及我们计划如何管理项目。但计划可能是一个陷阱，当我们思考和讨论时，当我们犹豫不决并反复改变主意时，它会浪费我们宝贵的开发时间。我们沉迷于想象我们以后会发现某些不需要的事物的细节，而完全忽略了我们还未想到但将会被证明是必不可少的事物。

在《建筑师成长记录：学习建筑的 101 点体会》这本深受游戏设计师喜爱的书中，作者兼建筑师 Matthew Frederick 说：

> 设计过程通常是结构化且有条理的，但它不是一个机械过程。机械过程具有预定的结果，但创造性过程旨在产生以前不存在的东西。真正的创造性意味着你不知道你要去哪里，即使你有责任引导这个过程。这需要与传统的授权控制不同的东西；宽松而有弹性的环境可能更有所帮助。

这是一个很好的建议，它非常符合整本书的精神，当我们谈论规划时，它提供了非常丰富的信息。我们需要计划，但游戏设计师如何在计划过多和计划不足之间找到平衡？我在顽皮狗时从我的朋友兼导师 Mark Cerny 那里得到了这个问题的答案。

Mark Cerny 和塞尔尼方法

Mark Cerny 是一名游戏设计师、开发人员和执行官，他的职业生涯始于 20 世纪 80 年代初期，他 17 岁时加入雅达利（Atari）。受小型高尔夫、赛车游戏和 M. C. Escher 的启发，Mark 设计并作为合作者开发了极具创新性的街机游戏《狂暴弹珠》（Marble Madness）。之后他在日本的世嘉工作，为世嘉大师系统和世嘉创世纪制作游戏，之后回到美国成立世嘉技术研究所并成为《刺猬索尼克 2》（Sonic the Hedgehog 2）的项目负责人。他后来成为环球互动工作室的副总裁和总裁。

在环球互动，Mark 结识了两位年轻的游戏开发者 Jason Rubin 和 Andy Gavin 。Jason 和 Andy 还在上高中的时候就成立了一家游戏工作室——JAM 游戏（意为 "Jason and Andy Magic"）——但没过多久，他们就将其更名为顽皮狗。

Mark 认识到 Jason 和 Andy 的才能——他们已经创造了许多成功的数字游戏，包括《神偷传奇》（Keef the Thief）和《力量之环》（Rings of Power）。顽皮狗与 Mark 合作创建了他们的第一个热门游戏《古惑狼》，Mark 带来了合理的开发流程，从而为他未来与顽皮狗、Insomniac 游戏和许多其他团队的工作、打造高质量的游戏奠定了基础。

2002 年，在 D.I.C.E. 拉斯维加斯峰会上，Mark Cerny 发表了一场具有开创性的演讲，开启了游戏行业的一场悄无声息的革命。演讲的主题是 "Method"（塞尔尼方法），这是游戏设计智慧、良好实践、恰当批评和规划建议的源泉。它清楚地给出了更好的方式来制作出色游戏的过程。每个游戏开发者和游戏学生都应该至少观看一次这个演讲。

塞尔尼方法是一种制作游戏的方法，Mark 和他的同事、游戏设计师和教育家 Michael "MJ" John 在观察与游戏工作室合作时，将最佳工作实践编纂成该方法。其中提出的一些事情是激进的，甚至是异端的，你可以听到观众席上游戏总监和商业领袖的叹气、笑声和掌声，因为 Mark 断言，预制作是无法事先规划的，给预制作排期根本行不通。

有趣的是，Mark 在 2002 年发表关于塞尔尼方法的演讲，就在敏捷联盟发布他们的 "软件开发敏捷宣言" 一年之后。[①] 塞尔尼方法和敏捷之间在哲学上有许多对应关系，因为它们都推荐一种 "松散但结构化" 的方法来制作出色的软件。因此，它们很容易配对，我们将在后面的章节中看到。

---

① 出自 Ken Schwaber 2001 年的宣言 "Manifesto for Agile Software Development"。

预制作的价值

我相信预制作是最重要的项目阶段，Mark Cerny 在他的演讲中说，当一个项目遇到麻烦时，通常是因为预制作不当或被完全跳过。"我相信在游戏开发中 80%（我没有夸大其词）的错误是由预制作中已经完成或未完成的事情直接导致的。"Mark 接着说："预制作不需要一个庞大的团队，但它确实需要你最出色的，可能是薪水最高的员工。这个核心团队决定对游戏至关重要的一切，并且很可能成为团队领导者。因此，请尽可能找到最好的人，并尽早找到他们。"

我们在一定程度上通过思考，但主要通过实践来解决游戏中所有最重要的问题。就像构思一样，它正在构建有助于启发我们想法的东西。我们会多次回到塞尔尼方法的理念和实践中，但现在让我们开始着手考虑：在预制作期间，我们要做什么？我们将创建三个关键的交付物：垂直切片、游戏设计宏观方案和进度表。

10. 什么是垂直切片

在过去十五年左右的时间里，垂直切片（vertical slice）的概念已经在整个游戏行业中广为人知，它是一个有价值的概念。简而言之，垂直切片是游戏的高质量演示小样。

我们可以认为，垂直切片已经把游戏设计、图形、音频设计、操控方案、视觉效果及其所有元素的品质都打磨得足够优质。之所以被称为垂直切片，是因为它包含了所有重要的东西。想象一块蛋糕，海绵蛋糕体、生奶油、覆盆子果酱和巧克力层交替出现。当你吃这块蛋糕时，味道会混合在一起，创造出独特的美妙体验。你不必吃掉整块蛋糕就知道它的味道。

电子游戏的垂直切片包括对整个游戏体验至关重要的所有（或大部分）核心功能、资源和叙事的样本。这是我们游戏设计的横截面快照，并演示了我们计划制作的游戏类型（见图 10.1）。

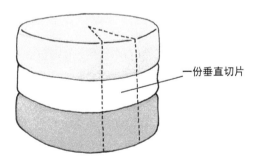

一份垂直切片

图 10.1　一份垂直切片。

核心循环

许多游戏是围绕可重复模式构建的，正如 Jaime Griesemer 在他的著名诊断"30 秒乐趣"中所描述的《光环》（Halo）系列游戏玩法的基础。在《光环》的单人游戏中，玩家活动的重复模式会让你一遍又一遍地循环玩下去。你进入一个区域，首先注意敌人和战利品在哪里，然后躲起来。你瞄准敌人，一个一个地击败他们，然后在地图上走来走去，直到你最终到达出口——进而进入一个新的区域，再次开始这种基本的玩家行为模式。

但是，这并不意味着《光环》或任何精心设计的游戏是重复的。Jaime 在 2011 年接受 Engadget 采访时说：

> 我谈到要花 30 秒的时间在不同的环境中体验，使用不同的武器、不同的车辆，对抗不同的敌人以及不同的敌人组合，有时要对抗正在互相战斗的敌人。《光环》中没有任何 30 秒是重复的；任务会不断改变你的环境。

游戏设计师经常将其称为游戏的"核心循环"。通过游戏设计师和玩家之间的合作，在这种潜在的可重复模式之上建立无穷无尽的变化。设计师呈现出不断变化的游戏元素组合。玩家可以自由地以多种不同的方式触达游戏的每个部分。

垂直切片将至少包括代表游戏核心循环的一个部分，并展示我们在玩游戏的大部分时间中将拥有的体验类型。

根据游戏的风格，这个核心循环可能是《神秘海域》等角色动作类游戏中的"奔跑/跳跃/攀爬"，或者是城市建设类游戏中的"选择类型/选择区域/建造"。它可能有很多实时操控——《俄罗斯方块》中的"向左移动/向右移动/旋转/放下"——或者它可能与动作的关系不大，就像《星际争霸》中的"选择单位/发布命令"。

我相信你已经意识到，创建这些核心循环的演示需要创建许多不同的游戏机制、输入方法、游戏实体和资源。对于角色动作类游戏，我们不仅需要"跑/跳/爬"，还需要一些跑过、跳过、爬上的实体。对于模拟类游戏、实时战略类游戏或多人在线战斗竞技场，我们需要一些构建、操控和战斗的实体。在叙事类游戏中，我们需要一些可以交谈的角色、可以参观的地方，以及已经发生的事件。要真正了解游戏玩法，我们必须看到游戏机制中可能产生的一些最有趣的时刻。

特殊序列

在垂直切片中，我们还应该尝试展示一些代表游戏中特殊序列的内容。对于当代电子游戏来说，这可能是极具挑战性的，因为它们通常具有数量惊人的特殊任务和特定时刻。

举一个简单的例子来说明什么是可取的：《古惑狼》的垂直切片（早在我到顽皮狗工作之前就制作好了）有两个关卡（一个游戏设计术语，意思是环境/场景）。一个关卡展示了横向卷轴的游戏玩法，Crash 跳过坑，砸碎打开的板条箱，收集里面的 Wumpa 水果，然后旋转到敌人身上将他们击倒。在另一个关卡中，可以找到整个游戏中的一个特殊游戏序列，Crash 以惊恐的表情跑向相机，被一块巨大的巨石追赶。

这两个可玩的关卡作为一个垂直切片，是为了告诉顽皮狗的成员、他们的发行商环球互动及与该项目有利益关系的所有人，他们对完整游戏的期望是什么。

三个 C

还有一种方法可以看出垂直切片如何帮助我们弄清楚游戏设计。它涉及对电子游戏的"三个 C"的考虑：角色（character）、相机（camera）和操控（control）。

角色

我们需要决定游戏的主要玩家角色是谁。他们长什么样，感觉起来如何？他们如何移动？他们如何表示玩家将在游戏中使用的游戏机制/动作？玩家角色为游戏带来了哪些塑造叙事的情感品质？（要重点注意，一些高品质电子游戏中没有任何可以被我们轻易识别为玩家角色的东西——稍后会详细介绍。）

在游戏世界中，玩家角色是执行玩家行为的化身。游戏设计师有时会将这个角色称为"玩家"，但要小心——我们还需要考虑和谈论另一个玩家：那个拿着游戏控制器、敲击键盘或点击鼠标的人，他具有想法和感受、计划和误解。如果你始终完全清楚你说的玩家是指游戏的人类玩家还是游戏中的玩家角色，那么你将拥有游戏设计师所需的能力。

许多数字类游戏中至少有一个玩家角色，有些则更多。对于看起来没有玩家角色的游戏——无论是《乓》《俄罗斯方块》《模拟城市》，还是《星际争霸》——我们通常不需要玩太久就能找到一个类比。它可能是乒乓球游戏中的拍子或俄罗斯方块中的方块，也可能是模拟城市中的光标、区域选择和建造选项，或者是光标及其在星际争霸中选择的单位和建筑物。无论是哪种视听元素的组合，只要直接受到玩家的即时操控，那么我们都应该将其视为玩家角色，并且应该通过构建垂直切片弄清楚我们要做什么。

相机

对于新游戏设计师来说，游戏的相机有时很难讨论，也很难描述它的复杂性和细微差别。

它是"眼不见，心不烦"的——我们透过它的镜头观察，与它的关联如此紧密，以至于我们在玩游戏时可能意识不到它做了什么。不同的游戏对游戏相机的考量完全不同。

- **第一人称相机**。第一人称游戏为我们提供了一个看似简单的案例，我们通过玩家角色的眼睛观看，而鼠标控制着我们视线的方向。但是，任何尝试编写甚至更改第一人称相机的预设的人很快就会发现，它并不那么简单。鼠标移动与视野方向之间的比例关系、相机的运动（如果它随着玩家角色的脚步摆动）、相机的视野——这些元素和更多的元素一起构成了这个"简单"的案例。

- **第三人称相机**。更复杂的情况是第三人称相机被放置在远离游戏玩家的地方，如 NES《超级马里奥兄弟》等 2D 横向卷轴游戏、《堡垒》或原始《星际争霸》等 2D 俯视游戏、《巫师 3：狂猎》等 3D 角色动作类游戏，或者《城市：天际线》等 3D 城市建设类游戏。相机会移动，要么是因为它在《超级马里奥兄弟》《堡垒》或《巫师 3》中追踪玩家角色，要么是因为它在《星际争霸》和《城市：天际线》中由玩家直接控制。

这两个选项都需要技巧。例如，横向卷轴动作游戏为玩家角色设置了一个"舞箱"——一个有限的自由移动区域，玩家角色可以在不移动相机的情况下移动，从而创造更流畅的相机行为。Itay Keren 2015 年的 GDC 讲座和 Gamasutra 文章《向后滚动：横向滚动中的相机理论与实践》（Scroll Back: The Theory and Practice of Cameras in Side-Scrollers）讨论了 2D 动作类游戏在寻找完美相机时尝试的许多不同方法。

《巫师 3》和《神秘海域》等 3D 角色动作类游戏中的第三人称相机提供了非常复杂的案例。其中，相机放置在靠近玩家角色的位置，就像一架无人摄像机密切关注着他们的进度。相机通常由玩家直接控制（可能使用拇指摇杆），并且通常还受环境中不可见的触发条件的控制。这些触发条件将相机移动到特定的高度、方向和俯仰角度，以显示环境中最相关、最有趣或最美观的部分，同时保持玩家角色一直在屏幕上。有时，他们会通过剪辑将相机跳到特定位置。

这里有一套庞大而复杂的算法来确定相机的行为，而这种设置所产生的许多行为很容易让玩家感觉他们正在与相机对抗。如果我们设置不当，相机的动作会让人感觉生涩或迟钝——这与我们在故事片和电视上看到的流畅、充满活力、优美的相机动作相反。

在 3D 角色动作游戏中，还有许多其他与环境相关的相机问题等着我们。当玩家角色靠在墙上或走到柱子后面时会发生什么？摄像头通常不能进入墙内，否则它会向我们展示游戏图形的"外部"，打破我们对计算机图形世界的幻想，也打破玩家的幻想。将相机移近或旋转可能是解决方案，但通常会带来更多问题：将相机移动得太近，只能看到玩家角色的后脑勺，或者当玩家想看一个地方时，移动相机却指向另一个新的方向。

我提出这些问题是为了让你为你的第一个 3D 角色动作类游戏的预制作做准备，但这些问题是可以解决的。我们喜爱的游戏由才华横溢的开发人员制作出来，他们一次又一次地向我们展示了许多应对这些挑战的出色而优雅的解决方案，只是需要时间和精力。

因此，当我们完成垂直切片时，如果它能够告诉我们有关游戏设计的基本信息，那时我们应该已经非常了解游戏中的相机是如何工作的了。

操控

操控是玩家与游戏互动的机制，用于做出表达其意志的选择。确定游戏的操控一部分取决于按下哪些按钮、鼠标被移动和拇指杆手势等游戏中的某些动作，但除此之外还有更多。

玩家在参与游戏操控时使用的服务代理来自另一个循环，这对于游戏设计师来说非常重要。这是一个涉及玩家、游戏硬件和软件的循环。我们以玩家使用控制器玩主机游戏为例。与其他循环一样，虽然我们可以从任何地方开始对其进行检查，但让我们从玩家通过屏幕和扬声器输出的图像和声音感知游戏开始。

玩家的感知会引导他们对所见所闻产生一些想法和感受，并引导他们对下一步该做什么给出决策，所有这些我们都可以归为"认知"。然后他们采取行动，在本例中体现为按下按钮或移动控制器上的摇杆。

游戏控制台接收此输入并将其聚合到游戏中不断执行计算。它会决定在那一瞬间发生什么，并将一些新的输出发送到屏幕和扬声器，因此循环会再次开始（如图 10.2 所示）。

由于玩家的能动性基于他们对游戏的了解、对游戏系统的心智模型的预期——如果他们采取某种行动会发生什么——我们可以将操控视为融入游戏各个方面的一种结构。从游戏当前状态下在图形和声音中的表现方式，到玩家通过反复试验了解到他们可以在游戏中做什么，再到玩家认为游戏希望他们实现什么目标，以及如果他们实现了这些目标，将获得什么奖励——这些操控问题分散在游戏设计中的各个地方，而不仅仅是关于哪些按钮可以做什么。

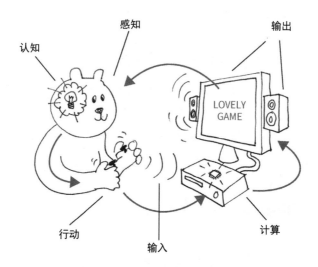

图 10.2　感知—认知—行动—输入—计算—输出循环。

游戏设计师 Steve Swink 在《游戏感》一书中讨论"感知域"这一来自心理学世界的概念时，将这种想法进一步扩展。Steve 将这个想法归功于心理学家 Donald Snygg 和 Arthur Combs，他说：

> 感知域的概念是，知觉是在所有先前经验的背景下进行的，包括我们的态度、思想、观念、幻想甚至误解。也就是说，我们不会将事物与之前的事物分开来感知。相反，我们不仅仅在背景中，而是通过大脑筛选，也在我们个人的世界观结构中体验一切。

我觉得这很有趣。我们试图弄清楚如何设计才可以让玩家以丰富和令人满意的方式参与游戏的过程，会对我们很有帮助。它提醒我们，作为玩家，我们为游戏带来了很多个人的、文化的，甚至是政治的观点。

每个单独的游戏都会对其输入方式的设计有特定的考虑。它们专注于制作让玩家可以轻松发现和使用的控件，并通过游戏中的某些反应快速确认玩家的操作。想想"游戏感"和"多汁性"，那些你可能已经知道的概念，我将在第 22 章简要描述。想想其他游戏使用的控制约定：它们可能会帮助玩家更容易上手你的游戏，如果你想要这样的话。最后，也要考虑游戏操控对残障玩家的使用难易程度。

通过在制作垂直切片时对游戏操控的设计迭代，你可以确保游戏易上手、好玩，同时具有充满趣味的挑战性——或者确保它具有表现力、意义和吸引力。

所以我们必须在预制作过程中处理好游戏的三个 C：角色、相机和操控。方法是制作一个经过打磨的、具有玩家角色或游戏角色、具有核心能力及游戏核心机制的垂直切片。

样本关卡和阻挡墙设计过程

垂直切片还将包括游戏中的一个或多个示例关卡（场景），以便我们有一个可以玩的地方，并且可以了解最终游戏的外观和声音。

大多数游戏关卡设计是在纸上或白板上开始的。在顽皮狗，我们会首先讨论对关卡中的游戏玩法和故事节拍的想法，以及关卡需要完成什么。然后，我们将勾勒出为关卡设想的游戏玩法顺序，作为一个粗略的流程图，如图 10.3 所示。

图 10.3　一张白板流程图，其中勾勒出了《神秘海域 2：纵横四海》开头的游戏玩法和故事序列。

图片来源：《神秘海域 2：纵横四海》™ © 2009 Sony Interactive Entertainment LLC。

《神秘海域 2：纵横四海》是一个商标。

使用这个流程图，如有必要，我们可以用平面图（自上而下）和立面图（侧视图）为关卡制作一些松散的图表，如图 10.4 所示。

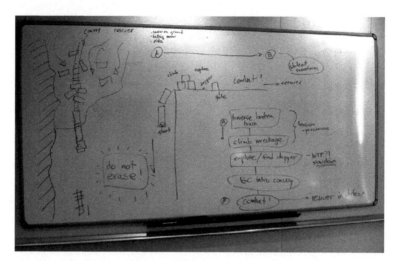

图 10.4　白板图显示了我们从流程图转移到《神秘海域 2：纵横四海》最初布局粗略的平面图和立面图。

图片来源：©2009 SIE LLC/《神秘海域 2：纵横四海》™。由顽皮狗有限责任公司创建和开发。

　　在我早期的项目中，我们会花费大量时间在纸上或 Adobe Illustrator 中，为关卡制订详细的架构计划。随着顽皮狗关卡设计流程的成熟，我们在详细的纸张布局上花费的时间更少，并且会迅速从松散的白板草图转向阻挡墙关卡布局流程。

　　阻挡墙，也称为阻挡体、白盒或灰盒级别设计，是一种低分辨率的三维几何图形，通常有两种类型：可以看到的可渲染（可见）几何图形，以及用于碰撞的不可见几何图形。使用这两种类型的几何图形，设计师可以快速轻松地以最基本的形式在关卡中绘制草图。设计师最好能在这个阶段与美术师、程序员、动画师、音频设计师及其他任何为关卡设计做出贡献的人合作。

　　随着时间的推移，我们通过连续迭代来改进阻挡墙，从而改进关卡的设计。在某个时间点，美术师将开始开发关卡的视觉外观，首先是粗略地绘制，开始定义关卡，然后是多次迭代，为最终成功呈现艺术品，如图 10.5 所示。设计师、艺术从业者和其他所有人将持续合作，每个人都发挥自己的技能来优化关卡，直到完成。

　　阻挡墙有时会用颜色编码来显示重要元素，例如可攀爬的边缘或水。如果你对此过程感兴趣，请查看由顽皮狗的游戏设计师 Michael Barclay 于 2017 年在 Twitter 中发起的鼓舞人心的 #blocktober 话题（见图 10.6），用 Michael 的话说，“白盒关卡是一种艺术。”

（a）游戏设计师创建阻挡墙级别的布局，并开始通过游戏测试、注释和修改的迭代过程对其进行改进。

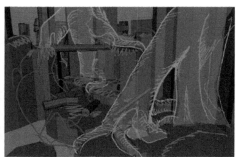

（b）美术设计师或游戏设计师绘制了关卡的样本部分，开始呈现阻挡墙在最终游戏中的外观。

（c）当阻挡墙已经被充分实现时，美术设计师会从可见的低多边形可渲染几何体开始。游戏设计师继续负责用于碰撞的不可见几何体，来保持游戏的可玩性，并且随着团队解决问题和完善设计，持续迭代。

（d）在更详细作品的持续迭代中，美术设计师最终确定了具有更详细几何形状的可渲染美术作品。他们会与纹理美术设计师合作，提前为关卡添加纹理。

（e）纹理美术设计师、灯光美术设计师和视觉效果美术设计师使用他们的技能完成关卡。3D 艺术家、游戏设计师和其他人继续解决问题并完善设计。

图 10.5　阻挡墙的关卡设计和艺术创作（又名阻挡体、白盒或灰盒）的过程。图片来源：Erick Pangilinan 和 ©2009 SIE LLC/《神秘海域 2：纵横四海》™。由顽皮狗有限责任公司创建和开发。

Michael Barclay
@MotleyGrue

What's up level designers. Level blockouts are art.
#blocktober should be a thing. #leveldesign #gamedev
#gamedesign #inktober #animtober

12:22 PM · Oct 1, 2017 from Los Angeles, CA · Twitter for iPhone

图 10.6　Michael Barclay 在 Twitter 上发布的 #blocktober 话题。

对于 2D 游戏来说，有一个类似于 3D 阻挡墙关卡设计的过程。我们使用简单的原始数据在引擎的关卡编辑器中绘制关卡。具体如何做取决于游戏风格和引擎，但基本原则是相同的：快速粗略地制作可玩的内容，然后通过迭代对其进行改进。

使用阻挡墙设计过程制作示例关卡，这是为许多游戏制作垂直切片的重要部分，尽管其他关卡设计方法（例如，使用程序化自动生成关卡）可能也是合适的。

除了关卡设计中的这些简单指导，我还推荐以下资源。

- 如果你在 GDC Vault (gdcvault.com) 上搜索 "level design workshop"，可以找到许多关于关卡设计的精彩演讲，这些演讲最初来自 GDC 关卡设计研讨会。

- Christopher W. Totten 的 *An Architectural Approach to Level Design* 一书针对该主题给出了高质量且全面的介绍。

- Scott Rogers 的《通关！游戏设计之道》（Level Up!The Guide to Great Video Game Design）一书中有许多关于关卡设计的精彩内容。

- Matthew Frederick 的《建筑师成长记录：学习建筑的 101 点体会》一书中包含很多来自建筑师的智慧，但对关卡设计师来说也很有价值。

- 顽皮狗的首席游戏设计师 Emilia Schatz 的文章《为电子游戏定义环境语言》是必读的。
  ① Emilia 是一位极具洞察力的游戏设计师，在文章中，她将关卡设计思维与更一般的游戏设计理念融为了一体。

垂直切片样本关卡的大小和品质

垂直切片中样本关卡的大小最终取决于游戏的设计者，尽管游戏中的相关利益者（例如其制作人或投资者）可能会要求一定大小的关卡。样本级别应该足够长，以便我们可以玩上一段时间，可以了解游戏整体玩起来感觉如何。

在商业游戏团队中，我们希望样本关卡中的所有内容都像最终游戏中的美术效果、动画、设计、代码、声音和音乐一样完整和完美，这样垂直切片才是真正可发售的。②然而，对于许多较小规模的团队，包括学生团队来说，在预制作结束时通常无法设计和"在美术方面优化"一个关卡。因此，"美丽角落"的概念应运而生。

美丽角落

简而言之，一个美丽的角落是关卡的一部分，足以填满玩家的电脑屏幕，其中的美术效果和音频已经过打磨，看起来和听起来都与最终游戏中的效果一样好。这是游戏中的一个被美化的小角落（即使不符合传统审美，但已经是被设计、改进或精心制作的游戏）。

在 3D 游戏中，我们可能会将镜头对准空间中的角落，那里有两面或多面墙与地板和天花板相交。镜头的"视锥"是指从镜头视点可见的楔形空间体积，包括其视野、纵横比和深度剔除设置。我们在镜头视锥内看到的有关美丽角落的一切都应该很棒。这不仅包括背景，还包括已存在的物体。我们应该为最终游戏中任何可移动的东西制作精美的动画，并且其中的所有东西听起来都应该很棒。在游戏设计过程的任何阶段，都不要忽视声音设计。

---

① Emilia Schatz 的文章原名为 *Defining Environment Language for Video Games*。
② 游戏开发者和其他类型的创意人员经常谈论"Shipping"和"Shippable"。Shipping 意味着发布或发行游戏以供公众使用，而 Shippable 意味着某些东西足够好到可以发布。这些词来自"软件被放置在物理媒介上，并被放置在盒子中运送到遥远地方"的时代。当人们认为他们正在做的事情终于足够好时，他们可能会兴高采烈地喊道："Ship！"

如果我们在美丽角落中转运镜头，可以看到构成关卡其余部分的低细节阻挡墙。但是通过将镜头对准美丽角落，我们可以生动地想象最终完整的游戏会是什么样子的。我在图 10.7 中画了一个例子。

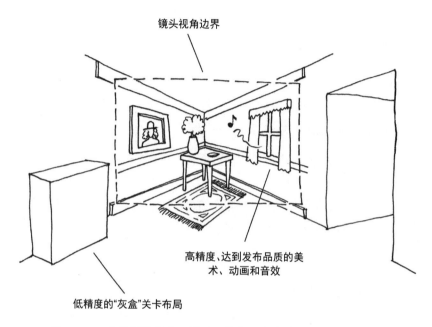

图 10.7　一个美丽的角落，用于可视化已完成的游戏关卡的外观。

我们也可以在 2D 游戏的设计中使用美丽角落的概念，无论是横向滚动、自上而下，还是等距游戏。同样，我们应该将玩家角色和镜头放在屏幕上的某个让所有内容都看起来和听起来很棒的位置。美丽角落的概念甚至可以在一定程度上应用到非数字游戏中，也可以优化桌面游戏或纸牌游戏，或者具有新颖和创新操控界面的"alt-controller"游戏。

我在游戏行业中发现了美丽角落这个概念，但我一直无法发现是谁创造了它。在制作垂直切片时，该概念非常适用于小型团队和学生团队。如果我们使用一个美丽角落，那么垂直切片中的大部分关卡是否是阻挡墙或不可交付的都没关系：我们仍然可以使用垂直切片来达成核心机制。美丽角落将展示完整的游戏关卡及最终视觉美术效果、动画和音频。

正如我们稍后将看到的，我们必须做的工作是将垂直切片提升到可交付的质量水平，无论是通过制作美丽角落，还是整个可交付的关卡样本，它们都将以多种方式为我们的流程提供助力。

垂直切片的挑战与回报

制作垂直切片可能是一项艰巨的任务。事实上，它是如此令人生畏，以至于许多人怀疑是否有可能为大型现代商业电子游戏构建一个真正的垂直切片。我们可以认为，因为"核心"的游戏元素数量之多，以及因制作和优化游戏资产的高产值标准所花费的大量时间，使得垂直切片的难度越来越大，越来越令人生畏。

事实上，由于在制作第一款《神秘海域》游戏时遇到的各种挫折，我们无法制作真正的垂直切片，而是制作了一部概念电影，将技术演示、关键美术效果、动画和一个粗略的可玩关卡放在了一起。它可以帮助我们以与完全可玩的垂直切片相同的方式来说明游戏设计。

如果我们对垂直切片保持灵活的思考——使用美丽角落、补充概念电影和其他演示材料来可视化游戏体验——那么垂直切片就会成为一个可实现的目标，成为我们完成余下游戏的准备工作。

我们必须进行下一步确认游戏设计的时候是制作垂直切片的时机。正如我们之前所讨论的，确认创意是很困难的。我们总是感觉做出确认为时过早，而且总是事后怀疑自己的决定。但是我们在预制作期间做出的设计承诺会让游戏的其余部分都保持在正轨上，因此我们必须学会有勇气去制作它们。

在我看来，通过制作进行设计是设计和开发游戏的最佳方式。创造垂直切片的满足感，向自己和其他人展示我们正在做的事情，能为我们的团队带来士气红利。在下一章中，我们将详细介绍应该如何制作出色的垂直切片。

11. 构建一个垂直切片

好的，我们已经决定构建一个垂直切片。那么该如何着手构建它？到目前为止，我已经在本书中多次谈到"迭代"，因此我们将使用迭代设计过程来制作垂直切片，你应该不会对此感到惊讶。

没有经验的游戏开发者可能会认为我们是这样制作游戏的：

最初的想法→设计→开发→最终完成游戏？

看起来像一个装配线，就像我们在第 9 章中讨论的老式"瀑布流"。为了让游戏变得更好，我们需要一次又一次地构建和修改它——然而装配线是体现不出这种时间迭代的。

游戏的实际构建方式如图 11.1 所示。

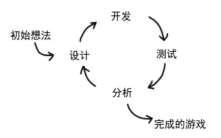

图 11.1 游戏的实际构建方式。

迭代式游戏设计包括：根据最初的想法提出设计、基于该想法开发（创造）可玩的内容、对我们构建的内容进行游戏测试、分析游戏测试的结果、修改设计、构建新的内容——迭代循环，直到最终完成游戏。

迭代设计在循环中进行。但是我们如何阻止自己绕圈子呢？这就是项目目标的意义所在。在分析阶段，当我们看到游戏达到了预设的体验目标时，就知道我们正朝着正确的方向前进。

如果不是，那么下一步的设计工作应该可以帮助我们重回正轨。这样，我们就不会漫无目的地尝试不同的事情，而是始终被引导向一个目标。

从原型开始工作

在 D.I.C.E. 2002 峰会上对塞尔尼方法的演讲中，Mark Cerny 描述了"可发布的第一个可玩版本"，这后来被称为术语"垂直切片"。Mark 说我们应该从开始构思的地方开始：从原型开始。

> 我不必告诉你从制作原型中学到了多少。具体来说，团队正在制作大量连续的原型。在开始制作这些原型之前不要等待，这一点很重要。利用你拥有的碎片，无论多么粗略，只要尽你所能。因为原型是你学习的地方……[这些] 原型最终将变得与游戏关卡没有明显区别……每个原型都汇集了美术呈现、游戏机制和技术，以展示游戏可能拥有的方方面面。

因此，我们可以通过在构思期间开始制作原型时制作垂直切片，从项目目标的新视角审视它们，并持续迭代。我们可以选择最强大的单个原型，也可以将其中的两个或多个组合起来制作新的内容。

也许我们会从一个新的原型重新开始，它比以前的任何原型都更好地服务于项目目标，但正如我在第 5 章中提到的那样，这可能是不明智的。这是你的选择：我相信你会为你的项目做出最好的决定。

制作一个游戏中的早期序列——但不要制作游戏的开场

当你从原型开始制作代表游戏核心的垂直切片时，你可能会发现自己正在制作最终游戏的一个早期序列。通常在游戏开始时就能很清楚地显示出来游戏的基础，所以这是一种自然的发展过程。

但是，不要将游戏的开场内容设计进垂直切片中。假设玩家已经了解了游戏的基本知识及其叙事，那么请允许自己在游戏中前进一点点。这将帮助你更有效、更轻松地掌握游戏的核心。你通常可以使用操控作弊代码让游戏测试者上手你的游戏，相关内容将在第 12 章讨论。

你可以在第 22 章阅读更多关于这种想法背后的哲学。

迭代游戏的核心元素

就像我们在制作原型时所做的那样，在开始构建垂直切片时，我们应将重点放在构成我们想象中的游戏核心的一小部分游戏机制、交互和玩家活动上。如果我们在设计原型时的开发方法有点草率，那么现在是时候在继续前进之前收紧一切了。

下面在游戏玩法、图形、音频、操控、界面和可用性方面让一切变得稳固。垂直切片应该很有趣，易于学习并且没有错误，以便在构建过程中解决问题。我们将在第 13 章详细讨论这个问题。

请注意 Mark Cerny 对连续原型的强调。这意味着要反复几次制作然后丢弃，最终才会得到垂直切片。Mark 在演讲中说，在我们最终满意之前，我们可能会丢弃大约四个不同版本的垂直切片。他最近告诉我，"这是第五个垂直切片，它成功展示了顽皮狗试图用《古惑狼》实现的目标；一旦敲定，我们就开始生产了。感谢 Andy 和 Jason 耐心地进行了多次迭代，每次迭代都会耗费五到六周的时间。"

如果我们只有几周的预制作时间，那么可能没有时间在垂直切片上进行五次完整的迭代——但我们可能至少会重新开始一次。在我曾经开发过的每款游戏中，大多数关卡在开发过程中都会至少被破坏并重新制作一次，而这正是游戏开发的本质。重新开始的原因有很多：设计和技术方面的新发现、团队负责人的反馈，以及游戏测试反馈。

"尽早并经常"保存你的工作以避免丢失，这是一种很好且通用的游戏开发实践习惯。使用递增的版本号进行连续存档，以便你可以在需要时回溯。如果你已经使用了版本控制系统（一种用于管理对计算机文件所做更改的工具），那么请频繁提交保存。你还可以使用在线存储服务，如果需要，可以返回到早期版本。如果你确实失去了进度并且不得不重新开始，也请不要担心。二次构建的过程将花费更少的时间。

在整个垂直切片的开发工作中——事实上，在整个开发过程中——我们应该不断地测试游戏。我们将在下一章详细讨论这一点。

选择游戏引擎和硬件平台

在预制作期间的某个时间点（越早越好），你应该对制作游戏所使用的游戏引擎，以及它将在何种操作系统和硬件平台上运行做出决定。也许，在预制作的早期，你正在使用手头已有的游戏引擎构建垂直切片。但是，你对游戏引擎和平台的决定将影响游戏的创作，从使用的工具到受众，因此你要尽早决定。

如果你选择的硬件平台（如游戏机）需要通过认证流程才能发布游戏，那么你应该立即开始熟悉认证要求。第 34 章会介绍更多相关信息。

练习良好的内务管理

"持家"（housekeeping）是软件开发人员使用的古怪术语，用来描述保持代码库和项目文件夹整洁、有条理和维护良好的实践。随着项目规模和复杂性的增长，这样做可以让我们以后的工作变得更容易。

一个良好的项目文件夹内务管理应包括如下内容。

- 将文件组织到文件夹的层次结构中，以类似的方式存储，以使更轻松地找到内容。

- 当文件夹中的项目过多，导致文件列表难以快速阅读（通常是十个左右）时，请使用子文件夹。

一个良好的代码管理应包括如下内容。

- 当你会有一段时间不查看代码，或者其他人需要处理代码时，应以一种便于阅读和理解的方式组织和注释你的代码。

- 选择具有描述性但不要太长的变量名称。

- 使用 "camelCase" 使变量名更具可读性。

- 遵循命名约定（由团队确定）以提供有关变量的额外信息。例如，使用_leadingUnderscore 来表示范围内的局部变量。

其他良好的内务管理做法应包括如下内容。

- 必要时记录工作内容，并使用文件和列表记录任何会丢失的重要信息。

- 使用版本控制系统创建可以在团队成员之间共享的代码和资源的在线存储库，并在需要时回滚到以前的版本。

每个团队都有一套自己的最佳内务管理实践，基于过去的经验并随着时间的推移而改进。如果你在构思期间还没有使用良好的内务管理实践，那么你必须在预制作期间开始，以便为游戏奠定稳定的基础并加快开发流程。

顺便说一句，你不是在制作游戏的原型或测试版本。永远不要将资产、文件夹或脚本称为"临时的某某东西"。我已经数不清见过多少个这样的项目，最终发售版本中的玩家角色对象被称为"测试玩家"。这会使进入游戏的玩家有一种游戏还没完成的错觉。重命名通常很麻烦，这样做甚至可能会破坏游戏。垂直切片现在是真正的项目了，因此请恰当地选择名称。

开始添加调试功能

预制作是开始为游戏添加调试功能的好时机，这将帮助你有效地开发游戏。调试功能可能以特殊的屏幕菜单、作弊键组合或在提示符下键入命令的形式出现。它们通常只对游戏开发者开放，并允许我们在制作游戏时做一些有助于开发的事情。这可能包括传送到任一关卡，使玩家角色不受伤害，或者显示一些通常对玩家隐藏的游戏元素的数字和有关状态的信息。

许多游戏设计师添加到游戏中的第一个调试功能是重置组合键。在测试垂直切片时，游戏经常会卡在某个状态中，或者玩家会到达终点并想要重新开始。为了避免因关闭、重启游戏而浪费宝贵的时间，开发者可以直接按下作弊键来重置游戏，使其进入与新启动游戏版本相同的状态。你需要确保选择一些玩家不太可能意外敲击的键或游戏手柄按钮的不常用组合——例如，同时按住键盘上的"R"键和"="键。

尽早失败，快速失败，经常失败

失败是迭代过程中不可避免的一部分。我们尝试的很多事情可能不会奏效。这意味着失败并不糟糕，我们应该及时调整心态。如果我们尝试的某件事失败了，那么应该振作起来，再试一次。

你可能听说过"尽早失败、快速失败、经常失败"的说法，它来自快速原型设计方法，是一组迭代工业设计技术。这一信条鼓励我们在流程的早期开始构建内容，并尝试尽快了解正在构建的内容中是否存在"导致完全失败"的问题。这将使我们有更多的时间尽可能多地尝试构建没有任何重大问题的内容。

这与本书的迭代设计和不断测试游戏的理念非常吻合。请记住,在测试你构建的内容之前,用于构建的时间尽量不要超过一两个小时。

在同一物理空间或同时在线工作

如果你在团队中工作,那么请尽可能与你的同事在同一个物理空间中一起工作,或者使用视频会议、音频通话或即时消息一起在线工作。在设计游戏时,同时合作可以让一切运行得更加顺畅。不是每个人都可以在同一个物理空间中工作——许多团队分布在全球各地——但即使是少量的实时联合办公,也可以对游戏项目的顺利运行产生巨大的积极影响。

这在一定程度上是实用的:当我们同时一起工作并且可以快速讨论某个问题时,高度复杂的游戏开发过程会因有效沟通而变得更容易、更快捷。但这也与大家的情绪和团队士气有关。当通过电子邮件进行通信时,我们很难判断另一个人在做什么。我们说了让他们紧张的话吗?我们是否需要微调沟通方式,让同事知道我们尊重和信任他们?

如果我们想保持有效的合作,那么必须防止小的误解和沟通不畅演变成更大的问题。在同一物理空间或同时在线工作是获得良好团队士气的最佳途径,这对于创造出色的游戏来说至关重要。

保存和分类你的设计材料

每个设计过程都会产生大量的设计材料:文档、图片、影片和原始游戏资产,其中大部分并不在最终游戏中使用。在开发游戏时,你应该保存并分类你制作的所有内容。

这将需要一些额外的努力。我们会习惯将未使用的设计材料抛在脑后,放在一些名称选择不当的随机文件夹中。但是就像我们对引擎的项目文件夹实践良好的内务管理一样,对于设计材料,我们也应该践行良好的内务管理。

在每天或每周结束时,花点时间将设计材料分类到正确的文件夹中,确保文件具有精心挑选的名称,以便你后续搜索时能轻松理解。然后,每当你需要任何设计材料时,无论是寻找已搁置的游戏设计,还是寻找适合某些社交媒体活动的未使用的美术概念,你都能够轻松找到它。

以项目目标为指导

在预制作开始时，项目目标在我们的脑海中是清晰的：毕竟，我们刚把它们写下来。但是当我们忙于构建垂直切片时，项目目标很快就会从我们的记忆中消失。所以把它们打印出来，贴在你工作室的墙上，以便让它们在你的脑海中保持清晰。

在制作垂直切片时，让你的项目目标，特别是特定体验目标来指导你，并让你专注于设计。你添加的每一件事是在支持你想要创造的体验，还是在损耗它？提出这个问题有助于为我们提供方向，使我们保持在正轨上。

何时修改项目目标

有时，当我们在制作垂直切片时，它可能会引导我们走向一个新的方向。我们可能会偶然发现某些元素组合与项目目标不完全一致但每个人都喜欢。来自团队内外的游戏测试人员不想在游戏测试结束时停止游戏，而作为开发团队，我们对正在制作的东西感到兴奋。

这时你应该考虑修改项目目标，使其与你发现的内容保持一致。Tracy Fullerton 说："我称之为细化或打磨目标——当你更好地理解它们时，你并没有通过迭代改变它们，而是通过打磨它们来达到目标的本质。我认为这实际上是'实现'目标的一个非常重要的部分——将它们打磨到可以实现的程度。"

当然，这有一些风险——如果你不断改变前进方向，最终可能会绕圈子。仔细思考，不要不断地对项目目标进行许多小改动，而是要明确你的新方向，改造它们，使之与你的设计、实现、游戏测试和分析的迭代周期中出现的想法保持一致，然后坚持下去。

构建垂直切片时我们在做什么

好的，让我们继续看看构建垂直切片会给我们带来什么。通过构建垂直切片，我们会做四件重要的事情。

边构建边设计

在第 9 章中，我谈到了游戏开发的早期阶段，并尝试使用瀑布模型来管理游戏项目。在这个模型中，游戏设计师被要求尽可能详细地构思一个游戏，然后写一个大型的游戏设计文档，详细描述构思的游戏。

纸质文档通常有几英寸厚，要让团队中的任何人都阅读它是非常困难的。该文件中可能已经包含了很多想法，但在开始制作游戏的几天内，我们会发现更好的（或是以前没有想到的）设计方向，从而使所有这些辛勤工作都过时了。

如今，游戏是迭代设计的，在构思阶段制作最初原型，现在是制作可玩的垂直切片。我们测试、评估游戏并做出改变，以提升有效的部分并弱化或删除无效的部分。我们可以考虑"三个 C"——角色、相机和控制——并开始对每个"C"如何为游戏发挥作用充满信心。渐渐地，游戏开始呈现在我们眼前，因为我们不仅有自己的想法，并将其付诸实践。

制作可以传递想法的东西

在整个项目过程中，尤其是在预制作期间，我们可以就游戏的即兴设计进行交流，这是非常重要的。制作垂直切片有助于我们传递这种即兴设计。

在游戏开发团队中，我们必须将设计的必要功能特性传达给每一个参与制作游戏的人，从团队领导到最年轻的新员工。我们必须确保每个人都了解正在制作的内容，以便大家有效地为项目做出贡献。我们还必须能够与团队以外的人交流我们正在做的事情。在开发早期，这些人通常是项目的利益相关者：直属老板、工作室负责人、为项目提供资金的发行商或公司的投资者。

团队成员需要对这个项目信心十足，因为他们将投入宝贵的时间。项目的利益相关者需要相信这个项目，以便可以支持它。垂直切片允许人们可以随时试玩它，比任何游戏设计文档更能快速、有效、真实地传达游戏设计理念。没有什么比玩早期版本的游戏更能激发人们对它的热情了，因为它展示了游戏的精彩程度。

了解我们的工具和技术

除了弄清楚游戏设计，我们还需要弄清楚将用于游戏的工具和技术。现在我们已经有出色的游戏引擎，工作比以前更容易了。尽管如此，为工具和技术制订可靠、详细的计划的最佳方法仍然是制作一个垂直切片，以便我们从一开始就了解可以使用哪些工具和技术，而哪些需要额外努力。也许我们必须购买一些中间件来满足游戏中的特殊技术需求。也许我们需要从头开始编写一个特殊的工具。

并非每一项进入游戏的最新技术创新都需要在预制作期间弄清楚，但你的工具和技术的核心应该是：你能避免或预见越多问题就越好。

收集有关我们需要多长时间做事以及团队需要谁的信息

垂直切片中有许多元素可以进行进一步优化。这意味着，当我们构建它时，可以收集有关 (a) 我们的团队构建内容需要多长时间及 (b) 平均而言，必须经历多少次迭代才能达到我们满意的质量水平。当我们规划并全面制作游戏时，这些信息将非常有价值。你可以选择一个免费的在线时间跟踪工具来记录你花费的时间以及花费这些时间的地方。

准确追踪在垂直切片中制作每个单独实体的时长是不明智的——要避免陷入太多细节的困境。刚开始以一到两个小时的时间段来追踪你的时间，这将帮助你掌握工作的速度。制作游戏需要耐心和毅力；游戏开发中的一切都比你最初想象的时间要长得多。即使在你过去轻松完成的工作中，也可能会突然出现难以解决的问题。正如创意总监兼作家 Mel MacCoubrey 在 Max 和 Nick Folkman 的《脚本锁定》播客中指出的那样，在游戏中"消防帽和创意帽是同一项帽子"。因此，你要负责了解团队的进展，并为此建立一个真实的画面。

制作垂直切片还可以帮助我们了解我们需要多少每个技术领域（美术、工程、动画、音频等）的游戏开发人员，以及是否需要专家的帮助。

在第 5 章中提到，我们应该为正在使用的任何已存在的和第三方的游戏资源保留一份归属列表，以及制作和维护一份包含所有参与游戏的人员名单列表。请确保在处理垂直切片时继续执行这两项操作。

预制作不能按常规方式规划

在 2002 D.I.C.E.峰会的演讲中，Mark Cerny 宣称"可以规划和安排游戏创作"的想法是一个神话，并得到了观众的热烈掌声

有经验的游戏开发者都知道，在我们这个领域，创造力就像一匹强悍的马。当我们在游戏玩法、故事和开发方法上发现新的创意的时候，它会以各种方式牵引我们，并把我们引向意想不到的新方向。这是创造力之美的一部分，也是让每一次开发体验都成为一段独特旅程的原因，

我们可以在其中学习有关设计过程、游戏的新内容。

当 Mark Cerny 说我们无法计划和规划游戏的创作时，他并不是说我们不会规划项目中的任何部分。与 Mark 密切合作后，我知道他非常重视游戏项目整个制作阶段的时间规划。他解释说，在预制作过程中，当我们为要制作的内容确定基本模板时，项目研发无法根据任务列表和时间节点的计划运作。

当我们通过构建垂直切片进行游戏设计时，我们正在寻找那个"尤里卡（Eureka）时刻"，就像阿基米德注意到他的洗澡水在上升一样，我们终于对游戏设计有了一些理论上的理解。许多人认为，达到这一启示时刻的最佳方式是自由而随性地工作——因此你无法安排自己如何到达那里。在他的演讲中，Mark Cerny 称这是预制作的"必要混乱"，并表示我们必须让它变得混乱，否则它将无法起作用。

当然，每个游戏设计师都会在预制作过程中使用某种结构化的流程——例如迭代设计循环——你应该选择使用适合你的方法，从而帮助你为团队找到适量且必要的混乱，尽你最大的努力让事情保持松散和可塑。

时间盒

预制作不能按常规方法来规划，但这并不意味着我们应该允许它无限地运行下去。时间盒是项目管理中一个众所周知的概念，被大量用在敏捷开发中。当你对工作应用时间盒时，你会给它设置一定的时间长度。如果你发现自己开始没时间了，那么你必须缩小你正在处理的任务范围，因为时间盒的长度是固定的。这样一来，时间盒就像下速度象棋一样——你有时间思考，然后必须采取行动做出一个决定。

约束是设计师最好的朋友，因为约束激发了我们的创造力。它给了我们需要解决的具体问题，并迫使我们在常理之外思考。约束可以以挑战的形式给我们一个起点，帮助我们克服"白纸问题"，让我们有动力并且专注。时间盒用于限制时间，因此它可以帮助我们杜绝拖延，并促使我们采取行动，对游戏设计做出更具体的决定。实际上，能够在规定时间内交付工作对于确保项目资金够用和在里程碑阶段获得报酬来说非常重要。

时间盒的关键在于密切关注进度表，并了解何时必须开始整理所有内容。我们可以永远摆弄我们正在制作的东西，特别是如果我们的确喜欢制作它的话，但是会有那么一段时间，你不再真正打磨游戏了，而只是在做更多的改变。有一句经常被认为出自达·芬奇的名言值得被牢记："艺术永远不会完成，它只会被抛弃。"每位创意人士都必须决定他们的作品何时达到足够好。游戏设计师通常可以向游戏测试人员寻求帮助，随着经验的积累，你会发现自己更容易知道什么时候它已经接近完成了。

有时，你已接近时间盒周期的结尾，而工作根本没有完成或还不够好，那么这时应该与你的合作者和利益相关者进行讨论。谈论你想要实现的目标、你认为需要多长时间，以及你是否应该改变计划来尝试实现更少的内容或不同的事情。

软件开发人员将这个可实现的事情列表称为项目范围，我们将在本书中讨论项目范围、重新确定项目范围和项目范围的蔓延。当然，如果我们能在时间盒结束前就开始进行关于项目范围的讨论，那是更好的。随着经验的积累，大多数游戏设计师在接近时间盒时期结束时，会越来越习惯于即时重新调整项目范围。

这里有一种考虑项目范围的方法。1938 年的怪诞喜剧《育婴奇谭》（Bring up Baby）对《神秘海域：德雷克船长的宝藏》的设计产生了重大的影响。游戏总监 Amy Hennig 从 Katherine Hepburn 和 Cary Grant 之间的玩笑中汲取灵感，创作了 Elena Fisher 和 Nathan Drake 的角色。《育婴奇谭》的导演 Howard Hawk 曾经被问到如何定义一部伟大的电影。他的回答是："三场好戏，没有一场坏戏。"

游戏也是如此。我在职业生涯的早期就了解到，玩家不会想念那些你因为时间不够而没有放进游戏的内容，但他们会注意到那些你因为没有时间把它们做好而留在你的游戏中的一些瑕疵。作为游戏设计师，你是系统思考者，因此你知道，即使是一小部分规则，也可以创造一个巨大而迷人的"可能性空间"（玩游戏时可能发生的所有不同事物的抽象空间）。因此，当你开始觉得时间不够用时，与其争先恐后地将所有内容都塞进游戏中，不如从设计中删减一些内容。使用你现有的内容，让存在的部分以更系统有趣的方式进行交互。你可能需要参考那些久经考验的写作建议并"杀死你的宝贝"，放弃那些并不真正属于游戏的想法，即使它们对你来说可能意义重大。

当你用时间盒方法管理垂直切片时，请记住，并非所有事情都需要在预制作结束时完成。Mark Cerny 说："你无法为解决所有看似棘手的问题而合理地安排时间。"专注于设计核心，并利用你的技能和判断力来确定哪些问题是可以在后续全面制作期间（预制作之后的项目阶段）解决的。

使用时间盒方法来帮助你改掉拖延的坏习惯，并通过行动来实现你的想法。用时间盒来管理每个项目阶段，而不仅仅是预制作。它可以可靠地帮助我们推进项目，在正确的时间做出正确的决定。当有像我这样的游戏设计教授为你布置任务时，你会更容易做到它。但如果你在一个专业的团队中，请记住在督促你按时完成任务方面，制作人相当重要。

❧   ✿   ❧

在制作垂直切片期间，请善待你的团队和你自己。预制作有时很容易，有时很艰难。通过制作来进行设计是一项具有挑战性的工作，涉及许多不同的因素，比如智力、情感、理想和艺术。你要确保你和你的团队能够从导师、朋友和专业的同行那里获得必要的帮助和支持。

请记住，伟大的游戏设计不一定来自天生的天才或出色的技术能力。更常见的是，它来自于简单地做出决定，灵活地思考如何实现体验目标，并仔细记录玩家认可的地方。不要忽视看似平凡或微不足道的成功。通过抓住玩家最简单的积极反馈，并通过更多的设计工作将其放大，我们可以制作出真正伟大、情感丰富且令人难忘的游戏。

当你在这个充满挑战的过程中挣扎时，请保持彼此的耐心。如果你们互相扶持、互相引导，你们会像我一样看待垂直切片：它是更健康的游戏制作过程实践中必不可少的工具，并体现了设计、工艺和艺术的统一。

❧   ✿   ❧

在下一章中，我们将介绍一种严格的游戏测试方法，其灵感来自我们在顽皮狗使用的测试过程，它将帮助你在用于构建垂直切片的迭代设计过程中取得最佳成果。

12. 试玩测试

试玩测试是我们使制作流程有趣的关键。我已经在第 5 章中提供了一些简单的试玩测试指南。本章将探讨一种可以在整个项目过程中使用的健康试玩测试实践，并为第 24 章和第 25 章讨论的"正式"游戏测试过程奠定基础。

当然，当我们在实现一些内容时，应该自行对它们进行测试。大多数游戏开发人员在工作时会自动执行此操作，不时运行游戏，查看其外观、声音和游戏体验。定期与其他人（同事、朋友或路人）进行快速试玩测试也非常好，可以帮助你检查是否能以你想要的方式与其他人一起着陆到游戏上。

我喜欢这个词，着陆（landing），创意人士都用它来谈论其他人接受他们作品的方式。当某个东西着陆时，它会创造一种体验。这种体验可能是受欢迎的：如果我的游戏在你身上"着陆"得好，我会看到你享受它，了解它的工作原理，逐渐提高你的技能或兴趣，并想玩更多内容。如果我的游戏对你来说很糟糕，我可能会看到许多导致你想停止玩下去的因素。你可能会因为不理解而感到沮丧，或者你可能认为自己理解错了。它可能太难了，你找不到任何方法来提高技能或做到更好。它可能不合你的口味，或者它可能会让你感觉不爽。这种广泛而深刻的主观体验是在进行试玩测试时应该关注的事情之一。

游戏设计师 Tanya X. Short 谈到了系统的"易用性"。大多数游戏是由规则、资源、程序和关系组成的系统，若要理解一个游戏系统，那么它必须是易用的：它必须以一种明确的方式呈现。Tanya 在 2018 年的 Game Ux 峰会上提到："易用性能够让玩家破译游戏试图教给他们的这种新语言。"游戏的易用性是我们在运行试玩测试时要检查的另一件事。

游戏设计师模型、系统映像和用户模型

我喜欢使用游戏设计师模型、系统映像和用户模型的概念来帮助自己思考游戏的易用性。

它们出自由可用性设计师和心理学家 Donald A. Norman 写作的一本极具影响力的书《日常事物的设计》(The Design of Everyday Things)。这本书深受游戏设计师和交互设计师的喜爱，它提供了关于人们如何感知以及与系统交互的见解。

在 Donald A. Norman 看来，游戏设计师的模型是指游戏设计师在他们的脑海中如何看待游戏（或其他类型的交互系统）。它是"游戏设计师对产品外观、感觉和操作的概念"。系统映像是指游戏实际呈现给玩家的方式。"系统映像是可以从已构建的物理结构（包括文档）①中得出的。"游戏设计师希望系统映像与他们的模型接近，但实际上二者可能完全不同，尤其是在设计的早期迭代中。

最后，用户模型是指玩家头脑中发生的事情。"用户的心智模型是通过与产品和系统图像的交互来开发的。"但是用户在解释系统映像向他们展示的事物时，会带有他们自己的经验和见解（Steve Swink 在《游戏感》中谈到的"感知场"）。这会在用户模型和系统映像之间产生理解鸿沟。如果系统映像与游戏设计师的模型不完全匹配，那么用户模型可能会偏离游戏设计师的模型，就像一场"电话"失真和扭曲信息的游戏。正如 Donald A. Norman 所说："游戏设计师希望用户模型与他们自己的模型相同，但由于他们无法直接与用户交流，因此交流的重点在于系统映像。"

有经验的游戏设计师在第一次听到这个说法时往往会感到震惊，因为他们已经知道与游戏玩家进行有效沟通是多么困难。游戏和故事中的概念和机制通常是复杂而抽象的，很难以可靠的方式将它们传达给玩家。如果使用间接沟通方法，会使情况变得更具挑战性。

为了解决这些问题，我们不得不通过多个渠道同时向玩家传达相同的概念：系统的外观、元素的形状和颜色、我们看到它在做什么、我们通过文本或语音明确表达的内容，以及我们设置的训练序列。我们必须将所传递的信息分层，进行冗余通信（一次通过多个渠道传达同一件事），直到每个玩游戏的人都能得到它。

功能可见性和语义符号

Donald A. Norman 描述了系统映像是如何通过"功能可见性"和"语义符号"与用户沟通的。功能可见性的概念来自心理学家 James J. Gibson ，他在《视知觉生态论》(The Ecological

---

① Norman, The Design of Everyday Things, 32.

Approach to Visual Perception）一书中概述了将"功能可见性理论"与动物及环境关联起来。Norman 将这个想法提炼成一种功能可见性理论，它"定义了哪些行为是可能的"，以及语义符号，它"指出了人们如何发现这些可能性：语义符号是信号，是可以做什么的可感知信号。"

功能可见性和语义符号的经典例子是一扇只可以朝一个方向打开的门。一扇精心设计的门会在一侧有一个把手，必须将其拉向你才能打开它，而在必须推动的一侧有一个金属推板。把手和推板的语义符号表示开口的功能可见性及其方向。

人们经常将这两个概念都归类在"功能可见性"下，但重要的是要认识到功能可见性和语义符号是不同的。一个电子游戏可能有一个功能，如果我在关卡的某个地方静止超过五秒钟，我会立即自动移动到关卡中的另一个地方。这是一种功能可见性：一种在使用时会导致结果的机制。但如果关卡中的那个地方没有任何方式的标记，这会是一个非常奇怪的功能。除非是偶然，否则我们无法找到这个自动转移点。而且在没有任何解释的情况下，发现自己突然出现在关卡的其他地方会让人迷失方向。如果我知道它在某个地方，但我不知道在哪里，那么也许我可以通过烦琐的试错过程找到它。它可能看起来像一个错误，而不是一个功能。

然而，如果我们在这个自动转移点放置一个平台，并且平台中有一处发光的地板可以站立，它会安静地嗡嗡作响。当我站在上面时，声音会更响亮，也许面板上还有一个数字倒计时，"5，4，3……"当我移动到新位置时，我的角色周围会出现光晕，以及雷鸣般的声音效果——然后我们设计了一个传送器。平台的标志、发光的面板、声音效果和视觉效果以及倒计时读数，都清楚地传达了功能可见性的功能。在这两种情况下，功能可见性的功能是相同的。正是这些语义符号将一个无用的游戏机制变成了游戏设计师可应用工具的一部分。

易用性和体验的试玩测试

你可以开始想象如何通过试玩测试来调查这些相对客观的易用性问题。仅仅通过观看人们的游戏，我们就可以看到游戏设计师模型、系统映像和用户模型之间的重叠或脱节之处，以及通过语义符号传达功能可见性的方式。通过提出后续问题，我们可以细化对游戏测试者的理解。

我们还可以使用试玩来调查人们在玩游戏时的体验，虽然这个过程可能会相当复杂，因为它更加主观。但我们可以通过观看人们玩游戏时的状态，并随后与他们交谈，来学到很多东西。为了了解游戏如何吸引人们——从游戏的易用性和创造体验方面来看——我们应该采用一些最佳实践来指导试玩测试过程。

试玩测试的最佳实践

我在专业实践过程中，基于我从导师那里和阅读中学到的东西，以及我在工作室中看到的运作良好的东西，开发了一套用于试玩测试的最佳实践。试玩测试的最佳实践总是依赖于游戏及其情境，但这些基本规则是灵活和普适的。让我们来仔细看一下。

在测试之前和测试期间尽量减少与游戏测试者的对话

在试玩测试开始之前，请保持礼貌：向游戏测试员问好，并邀请他们坐下来准备玩游戏。除此之外，尽量少与他们交谈。绝对不要在游戏测试者开始玩游戏之前或玩游戏时告诉他们任何关于这款游戏的内容。

让游戏测试者和游戏设计师都使用耳机

当你观看试玩测试时，你必须听得到玩家听到的内容，看得到他们看到的内容。游戏的音频与其视觉效果一样重要，并且在塑造玩家情感方面发挥着巨大的作用。在一个同时测试许多游戏的房间里，要让游戏设计师能够听到游戏测试者所听到的内容，唯一可靠的方法是让他们都戴上连接游戏的耳机。解决此问题的一种简单方法是使用立体声音频分配器连接多对耳机，并让设计人员使用音频延长线，因为他们通常坐在游戏测试人员后面不远的地方。无线耳机技术尽管成本更高，但更加容易和方便。

如有必要，准备一份操控备忘单

一款设计良好的游戏通常会一次引入一个操控机制，并让玩家充分练习，学会如何操控游戏。但是，处于开发早期的游戏通常还不包括此类训练。一些游戏设计师只是口头解释如何操控游戏，会导致在游戏测试过程中引入易变性和偏见。经验丰富的游戏设计师会快速准备一份描述操控方案的备忘清单，并向每个游戏测试者展示（见图12.1），这样做更加客观。清单可以在试玩测试开始时展示，也可以留在附近的桌子上以供持续参考。同样，目标是在试玩测试结束之前完全避免你与游戏测试者交谈。

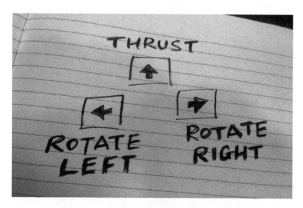

图 12.1 操控备忘清单。

准备书面提示或帮助，让玩家了解任何已知的游戏或功能问题

很多时候，正在测试的游戏中会有我们已知的问题，这会影响我们从玩家那里获得良好的反馈。也许我们在游戏测试之前重新设置了关卡的光照，原本应该很容易看到的门却不小心隐藏在了阴影中。（在制作《神秘海域》时，这件事经常发生。）错误会导致游戏测试者只有在被告知要做什么的情况下才能继续玩下去。这时就需要使用书面提示或帮助了（见图 12.2）。写下测试者处理已知问题所需的信息，然后在适当的时候展示给他们，但是不要说话。就像操控备忘清单一样，为每个玩家提供完全相同的信息，使试玩测试过程保持统一。注意：这种方法只适用于你知道玩家肯定会被卡住，并且不可能自己发现要如何继续进行下去的紧急情况。

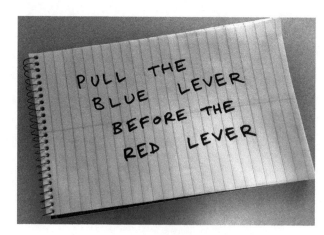

图 12.2 书面提示或帮助。

建议测试者放声思考和感受

在试玩测试时"放声思考"（thinking out aloud）——谈论你在玩游戏时的看法和想法——对于游戏测试者来说，这是一种向游戏设计师反馈有关自身体验的好方法，而设计师仅通过观看是无法获得这些的。"放声感受"也是如此，通过和测试者谈论他们正在经历的情绪来感受。有些人在这方面比其他人做得更好。游戏设计师应该要求游戏测试者放声思考和感受，然后让他们开始玩游戏。如果游戏测试者在玩游戏时没有说话，游戏设计师可以再建议一次让他们大声说出自己的感受，然后就别再打扰他们了。你也可以仔细观察游戏测试人员，这几乎和倾听他们说话一样，可以让你学到很多东西。并且你会注意到，当所有注意力都被游戏占据时，大多数人在紧张的游戏过程中会很难说话。

作为一名游戏设计师，你应该练习自己的思考和感受能力。当你与同事和其他专业同行合作时，这是非常强大的能力。如果你可以详细地告诉游戏设计师你的想法以及你在观看和聆听游戏画面时所感受到的情感，那么这可以为他们提供一个非常丰富和完整的画面，让他们了解当你开始玩游戏时，游戏是如何在你身上"着陆"的。

适当使用内容警告

内容警告很有价值，因为它可以让我们自由地制作我们喜欢的任何类型的作品，并且帮助我们仅将其呈现给想看到这些内容的人。也许是因为游戏发展与儿童游戏文化发展存在一定联系，游戏设计师有时不愿意接触所谓的成人题材。但作为一种成熟的娱乐媒体和艺术形式，电子游戏的内容应该包含各种主题的，这是完全合理的。在试玩测试开始时使用内容警告，就像电影的年龄分级一样，我们可以提醒人们游戏中可能存在他们希望避免的内容。你可以在网上搜索"内容警告"来了解哪些内容类型需要使用警告，以及如何传递警告等。

观察玩家的游戏体验

仔细观察游戏测试者，看看他们在游戏中做了什么，并注意他们的反应和行为。他们是否理解自己在游戏中能做什么和不能做什么？他们不明白什么？他们想做什么，不想做什么？他们表现出什么样的情绪？

观察测试者的所作所为并记下所有内容

当你观察游戏测试者时，尽可能详细地写下你的观察结果。记录他们在游戏中做了什么，他们似乎在想些什么和感觉到了什么，以及他们表达出的任何想法和感受。我们中的许多人，尤其是年轻人，认为记忆是可靠且全面的回忆设备，就像电脑硬盘一样。事实上，正如心理学家和认知科学家多次证明的那样，记忆极易出错，并且极易受到情绪的影响。你对游戏测试活动本身和对游戏的感觉会严重扭曲你对玩家行为的记忆。因此你应该写下你在试玩测试中注意到的一切。你应该可以在观察游戏测试者的最初几分钟写满一页笔记，尽可能快地书写或打字，尝试记录测试者所做的每一个细节，将你看到好的事情或者问题都写下来。当你在测试游戏后查看笔记时，会发现游戏中最好的部分和最大的问题。你将知道游戏真正起作用的地方，以及要首先修复什么问题。

完全不要帮助你的测试者

这是试玩测试最基本的原则之一，也是最难遵循的原则之一，即使经验丰富的游戏设计师也是如此。如果你不能向测试者提供任何帮助，那么观看他们玩处于开发中的游戏这件事情可能会令你感到痛苦。游戏测试者会遇到你制造的问题、误解游戏机制和故事、难以继续进行或完全陷入困境。作为一名游戏设计师，你必须坚定意志，保持沉默，努力抵制在测试期间以任何方式帮助游戏测试者的诱惑。你必须学会忍受看到一个游戏测试者挣扎时所感受到的痛苦，并将其转化为你在下一轮设计迭代中进行修复的动力。如果游戏测试者在玩游戏时问你问题或向你寻求帮助，请道歉，然后礼貌且坚定地告诉他们，你无法帮助他们，并且你希望他们继续尝试靠自己将游戏进行下去。这是让你清楚地看到游戏如何"着陆"的唯一方法，唯一的例外是使用上面提到的书面提示或帮助。

关注时间

在游戏测试期间，你需要注意时间。你会重点注意到游戏测试者和游戏正在发生的事情，而时间是其中一部分。如果你没有收集指标数据（见第 26 章），那么你应该记录下玩家在游戏过程中经过了多少时间。他们花了多长时间通过第一关和第二关？根据不同的试玩测试环境，每次测试的时间可能会受到限制。如果有什么东西——也许是一个关卡——是你想确保游戏测试者看到的，那么最好留意一下时间。你还需要预留一些在之后向他们提问的时间。

游戏测试结束后，进行试玩后访谈

游戏时间结束后，引导游戏测试者完成所谓的体验后访谈（exit interview）。对话形式完全由你决定，但我有一些通用准则可以帮助你。首先，问游戏测试者一个开放式问题，重点是问你感兴趣的游戏的某些方面。避免那些可以用是或否，或者用另一种简短的答案（如数字）来回答的问题。电子游戏项目总监兼艺术家 Marc Tattersall 列出了五个可以向游戏测试者提的优秀开放式问题，Alissa McAloon 在游戏行业社区网站 Gamasutra 上贴出了这些问题：

- 你最喜欢的时刻或互动是什么？

- 你最不喜欢的时刻或互动是什么？

- 你觉得自己最聪明的时刻？

- 有没有你想做而游戏不允许你做的事情？

- 如果你有一根魔杖并且可以改变游戏的任何方面或你的体验，那会是什么？假设你有无限的预算和时间。

这些问题直指游戏设计中一些重要核心。有什么好或坏的因素留在玩家的记忆中？玩家什么时候觉得自己得到了表达权利或受到了太多限制？玩家有哪些创意，而这些创意正是被你忽略的？以这些问题为模型，你会问什么开放式问题？

记录测试者在体验后访谈期间所说的一切内容（在他们同意的情况下），要么做笔记，要么将对话进行录音。当你与测试者展开对话时，尽量不要引导他们表达任何特定的意见，而是要跟进他们所说的话——当他们发表你觉得有趣但不太理解的评论时，要尝试从他们身上汲取更多的信息。

某些特殊的功能游戏或学前游戏的测试会让儿童参与其中。游戏设计师和制作人 Alan Dang 有这样一条说明："在与孩子一起进行测试时，提问可能会很困难，因为他们往往想要取悦成年人，并且不希望产生消极的情绪。解决这个问题的一种方法是询问孩子们，他们会如何向朋友或同龄人描述这款游戏，或者他们认为其他人会怎么想。"

不要成为游戏解释者

在体验后访谈中，许多游戏设计师都被一种强烈的冲动控制，他们想要向游戏测试者解释他们的游戏——它是如何运作的、故事情节的含义，以及玩家误解了什么。请抵制这种诱惑。你可能只是想提供一些关于你希望实现的设计细节，以便获得更好的反馈（以后总会有这样的时间）。但问题是，在几秒钟内，游戏测试者的脑海中会浮现出他们在玩游戏时没有得到的概念和问题，他们对自己的体验的印象就会变得模糊。测试者不理解你的游戏并不重要。用 Donald A. Norman 的话来说，重要的是你要了解用户模型，以及它与你的游戏设计师模型和系统映像有何不同，以便你在下一轮迭代中改进游戏设计。

不要气馁

对于游戏设计师来说，试玩测试通常是一个非常情绪化的过程。创意人士通常会在他们所做的事情上投入大量精力。当我们制作一些东西并展示给其他人时，我们可能会感到被暴露、焦虑，甚至是恐慌。尤其在我们看到游戏如何"着陆"之前，我们可能时常会被来自不同游戏测试者的相互矛盾的反馈弄得不知所措，最终迷失在自己设计的迷宫中。即使在测试一款精致且运行良好的游戏时，这些不安的感觉也会很强烈——想象一下，如果你在测试一些新的且充满问题的游戏，这种感觉会变得多么强大、混乱和更加复杂。如果我们不处理测试游戏时出现的情绪，那么它们可能具有破坏性。它们可以让我们想要放弃并丢掉我们的游戏，并重新开始。它们甚至可以让我们想要完全放弃游戏设计。

处理这个问题的一个好方法是提前预测你的情绪，并准备好处理它们，用任何适合你的方式。你可能会提醒自己，游戏不是设计师本人，给自己留出一些情感距离。向游戏测试者表达令其难以理解的情绪永远是不对的，但我认为与其"填满你的感受"，不如找到一种健康的方式来表达它们。我鼓励游戏设计师小组在试玩测试后互相提供情感支持：必要时可以抱怨和哀嚎，表达对试玩测试没有按照他们预期进行的沮丧或悲伤。以一种无害的方式来做这件事——不要用肮脏或者刻薄的方法，不要怪罪于某个人——这样做可以帮助我们放下情绪，让它成为过去。一旦你克服了情绪，便可以回顾你在试玩测试中做的笔记。通过挖掘它们来了解游戏中哪些是有效的内容，哪些是无效的内容。忠于自己，勇于承担项目的成功和失败。然后开始制订解决问题的计划，并相信下一次试玩测试会更好。遵循 Matthew Frederick 在《建筑师成长记录：学习建筑的 101 点体会》中给出的建议：

> 耐心地参与设计过程。不要模仿流行的创作过程，让人以为它依赖于单一的、令人困惑的灵感。不要试图在一次或一周内解决一个复杂的[问题]。接受不确定性，并将过程中产生的失落感视为正常现象。[1]

我希望你发现此最佳实践列表对测试你的游戏很有用。它们应该被视为指导方针或规则

---

[1] Frederick, 101 Things I Learned in Architecture School, 81.

吗？我认为它们足够重要，以至于我将它们作为规则并严格遵守它们。但请记住：规则是用来打破的，并且永远不应该超过规则本身的用处。

让试玩测试成为日常环节

在我能想象到的几乎所有类型的游戏设计过程中，定期进行试玩测试很重要，无论是让以前没有玩过游戏的人测试，还是让有一段时间没有玩过游戏的人进行测试。在专业环境中，试玩测试可以采取多种形式：同事之间的测试、朋友和家人的试玩测试、与游戏粉丝社区成员的抢先体验测试等——我们的想象力是唯一的限制。在学术环境中，在专注于创造性工作的课堂上，我认为可以每周进行课堂游戏测试或要求学生每周在课外进行试玩测试。让试玩测试成为游戏设计实践中根深蒂固的一部分，这需要付出努力，教师可以支持学生养成这种健康的习惯。

Mark Cerny 曾经告诉我，也许你只需要七位不同的游戏测试员，就可以了解你的游戏在一般人中的表现如何，并且每周获得七种对游戏的新印象应该很容易。对项目的每个阶段进行测试：构思期间的原型，在预制作期间的垂直切片的版本，以及在全面制作期间的某个阶段的游戏版本。你可以通过每个阶段的试玩测试而获得对不同类型设计的洞察力。

通过在整个项目过程中定期进行试玩测试，使这种良好的试玩测试实践在团队的每个人心中根深蒂固。当我们准备好在全面制作过程中正式测试游戏时，就不会那么不知所措了，一切都会顺利进行。

评估试玩测试反馈

理解试玩测试的结果可能很困难，我们必须在处理过程的方式上保持清醒。如果仅基于记忆对试玩测试反馈做出连贯的评估，这几乎是不可能的，因为记忆会受到情绪的影响。因此在试玩测试和体验后访谈期间做很多笔记很重要，以便客观地记录我们的观察结果。在回顾笔记时，我发现其中很多内容可以归为以下三类之一。

1. **严重毁坏：必须修复。** 这些是设计或实现的问题，使玩家无法获得我们希望他们拥有的那种体验。可能的修复方式通常非常明显。

2. **问题：可能修复。** 这些内容可能不起作用，至少不像预期的那样，因此需要进一步调查。这些问题可能存在于设计（游戏设计师模型）、游戏（系统映像）或玩家对游戏的理解（用户模型）中。我们必须更仔细地研究这些问题，因为解决方案尚不清楚。

3. 建议：一个新想法。 在游戏测试中会冒出来很多新想法，它们可能是游戏设计的金矿，也可能与我们想要实现的目标完全无关。通过讨论，接受一些建议并拒绝其他建议，这样可以完善游戏设计。

回顾并整理了笔记后，请打开你写下的项目目标的文档。对于每条笔记，问问自己：根据这些反馈采取行动是否有助于我们实现项目目标，特别是体验目标？当你尝试评估问题和建议类别中的笔记时，这应该特别有用。通常，通过在体验后访谈中向游戏测试者提出开放式问题的方式，你可以揭露隐藏在问题背后的本质。

请记住，游戏测试者对游戏的评价虽然非常有价值（无论他们是在放声思考还是在体验后访谈中给予反馈），但也可能具有误导性。玩家可能会误解他们为什么以某种方式行事：也许游戏中的某些内容误导了他们。这就是"简单地观看玩家玩游戏"非常重要的原因。伟大的游戏设计师知道如何在玩家所说的和他们所做的之间找到重点，从而准确了解游戏是如何运作的。

但是，当有人在游戏测试中努力玩游戏时，你要非常小心，不要落入陷阱。永远不要说"他们玩得不对"。这么说是对数字游戏设计的基本概念以及游戏设计师的责任的误解。一款精心设计的数字游戏会教玩家怎么玩：有时是公开的，通过教程；有时是谨慎的，只是让玩家随便乱玩，然后自己发现玩法。游戏具有交互性，它能够使玩家在游戏的限制范围内表达他们的能动性。如果玩家玩得不开心，要么是因为你的设计，要么是因为你的游戏不适合这个玩家。

你还应该抵制忽视试玩测试反馈的冲动，因为"他们就是不明白"。相反，应该试着理解他们为什么没有明白。是缺失了什么或什么没有起作用，导致游戏测试者无法获得你希望他们拥有的那种体验？原因在于游戏中的内容还是玩家自身？如果是后者，那么，不是每个游戏都适合每个人，所有艺术和娱乐都是如此。但草率地说"他们就是不明白"是错误的。确保你已经从游戏测试者给你的反馈中学到了一切，然后再放开它。

评估试玩测试反馈的一个基本规则是，我们必须抵制自我防御的冲动。你知道那种感觉：有人说了一些批评的话——或者听起来像是批评——然后你的自我防御就会爆发。你会在脑海中大喊："那是胡说八道！"然后你开始在脑海中列出所有胡说八道的原因。你认为你的理由是合理的，但当你稍后再看它们时，你会发现它们是受情绪影响而形成的。

要注意到你开始变得有防御性，并在此之前让自己冷静下来。最好睡一觉后再来看反馈——与反馈保持一定距离，可以帮助你更理性地评估批判性建议。如果你在自我防御时尝试谈论某个问题，那么你可能很快就会发现自己陷入争论而不是讨论。

对批判性反馈具有防御性——无论是否合理——都是对人类努力的诅咒，从我们的职业生涯、创造性工作到我们的个人生活。它可能会对人际关系造成损害，这对于项目合作者来说是一个真正的问题。防御性会使我们无法获得建设性批评及其提供的智慧，这些智慧将帮助我们使游戏变得出色。

永远不要陷入任何没有建设性的批评中——它们只会破坏或诋毁你的工作。远离破坏性的批评，到别处寻找有益的建设性批评，如第 6 章所述。

当我尝试评估试玩测试反馈时，我发现最有用的事情就是与熟悉游戏的其他人进行简单的讨论。他们可以是同事、同伴或导师。仅仅对一些有争议的、令人不安的或令人困惑的反馈争取第二种意见，通常就足以让我们立即明白这些反馈是否值得花更多时间，或是否可以安全地忽略它们。

试玩测试反馈评估列表。

- 观看和聆听。

- 写下所有内容。

- 认真对待反馈——不要防御，也不要太快忽略。

- 反馈能否可以轻松归类为（1）必须修复、（2）可能修复或（3）新想法？

- 计划修复必须修复的问题。

- 调查可能的修复并评估新想法，检查项目目标。

- 仔细解读玩家所说的话，将你看到的他们在游戏中的行为作为指导。

- 与合作者讨论反馈。

"我喜欢，我希望，如果……"

"我喜欢，我希望，如果……"是一种有效提供反馈的技巧，由设计和咨询公司 IDEO 开创。这与第 6 章中讨论的"三明治法"有相似之处。我从游戏设计师和研究员 Dennis Ramire

那里学到了这种技巧，当时我们同在一个南加州大学的游戏项目。游戏设计师可以在对彼此的作品进行游戏测试时使用这种技巧，它适用于几乎任何主题的有效沟通，包括关于游戏开发过程或团队成员之间关系的讨论。

"我喜欢，我希望，如果……"的技巧非常简单，几乎不需要任何解释。在评审了一些创意作品之后——可能是进行了游戏测试，或者查看了游戏设计文档——我们可以使用这样的句式来组织反馈内容："我喜欢，我希望，如果……"例如："我喜欢这个角色跳跃的感觉——它在空中的控制感很好。我希望在按下跳跃按钮时，他们能更快地升到空中。如果你缩短或删除了跳跃动画的开头，会怎么样？"

通过"我喜欢"，我们展示了对这项工作的欣赏。就像"三明治法"一样，这打开了沟通渠道，为尊重和信任奠定了基础。我们应该选择我们真正喜欢的东西，并花时间反思它，以便让与我们交谈的人明白，我们真正尊重他们并欣赏他们的工作。对于游戏设计师来说，了解他们的设计中发挥作用的部分也是很有用的。

然后，用"我希望"表达一些具有建设性的批评意见。说出我们对正在看到的内容的期望，希望它们有所不同的地方。我认为"我希望"是一个巧妙的表述，因为它可以准确地将评论表达为一个人的见解，并表达了一种本质上对作品欣赏的愿望。如果我们知道有人提出了他们的见解，那么我们也许不太可能采取防御措施。"我希望"是一种积极的表达方式，即"我希望这可以变得更好"，能让游戏设计师在持续和迭代的工作中保持兴趣。

最后，用"如果……"通过提供一个可能实现愿望的想法，给予建设性的反馈意见。我们可能针对一个问题的解决方案或一个不同的设计方向给出建议。用"如果……"向游戏设计师表达想法，是一种慷慨的行为，并且强调了希望存在的尊重和欣赏。也许游戏设计师会选择接受我们的想法，并在未来的迭代中进行尝试。也许他们不会直接接受，但这些想法会启发他们发现另一个最终可能是正确解决方案的想法。或者他们可能会拒绝这些想法——可能因为这与他们的另一个设计目标或游戏机制相冲突。

不管结果如何，"如果……"是总结特定反馈的好方法；它为讨论对话开辟了空间，因为它会很自然地邀请设计师为收到的反馈提供回应。

IDEO 是创造这种技术的设计机构，它认识到沟通是设计过程中的一个关键方面，如果我们想要设计取得好的结果，即使在艰难的对话中，我们也需要相处融洽。斯坦福设计学院Bootcamp Bootleg 的作者说：

游戏设计师在设计工作中依赖与人交流，尤其是反馈。你要求用户针对你的概念和解决方案提出反馈，并从同事那里寻求有关你正在开发的设计框架的反馈。在项目本身之外，其他设计师需要针对他们如何作为一个团队一起工作而交流。反馈最好以"我"开头的语句进行。例如，"我有时觉得你不听我的"，而不是"你不听我说的话"。具体来说，"我喜欢，我希望，如果……"（IL/IW/WI）是一个鼓励公开反馈的简单工具。

所以试试"我喜欢，我希望，如果……"，看看它是否适合你使用。这是一个简单但复杂的工具，它可以让你成为更有效的沟通者，并有助于在团队中创造尊重和信任的环境。

针对游戏设计师和美术设计师的试玩测试

美术设计和游戏设计之间的区别很有趣。许多创意人既是游戏设计师又是美术设计师，游戏设计的实用性和美术设计的超越性之间的界限是模糊的，甚至不存在。例如，设计精美的字体似乎值得我们将其视为艺术品，并且许多当代艺术博物馆都收藏了设计作品。

"这是我的作品：我不需要解释或证明它"的态度在艺术创作中占有一席之地。但当代艺术家似乎对他们的作品与人们接触的方式越来越感兴趣。设计和艺术越来越多地参与到社会宣传、政治活动和道德干预中。在《设计是一种态度》（Design as an Attitude）一书中，设计评论家 Alice Rawsthorn 强调诚信是"理想设计中不可谈判的成分"。她说："如果我们有任何理由对设计项目的任何方面（从其开发、测试和制造，到分销、销售、营销）感到道德或生态方面的不安……那么我们可能会认为这不是我们想要的。"除此之外，通过突出不公正和建议更公平的未来，艺术有机会促进世界的积极变化。

我希望我们可以很清楚地意识到，作为游戏设计过程的一部分，试玩测试具有很强的实用性。无论我们是设计一款具有娱乐性、趣味性、艺术性的游戏，还是影响力驱动的游戏。但我希望本书中介绍的实践，包括游戏测试，不仅对游戏设计师、交互设计师和体验设计师有用，而且可以对各类艺术家同样有用，并通过促进艺术家和用户之间进行更深层次的联系，使创作实践更丰富、更全面。

13. 同心开发

为什么宇宙被组织成层次结构—— 一个寓言

曾经有两个钟表匠，分别叫 Hora 和 Tempus。他们俩都制作精美的手表，并且都有很多顾客。人们走进他们的商店，他们的电话不断响起，带来新的订单。然而，很多年后，Hora 发达了，而 Tempus 慢慢变得越来越穷。那是因为 Hora 发现了层次结构。

Hora 和 Tempus 制造的每块手表都由大约一千个零件组成。Tempus 制作手表的方法是，如果他只组装了一部分，但不得不放下它——比如说接电话——那么它就会散落开来。当他回来时，将不得不重新开始。他的客户给他打电话的次数越多，他就越难找到足够的不间断时间来完成一块手表。

Hora 的手表与 Tempus 的手表一样复杂，但她将稳定的子组件放在一起，每个组件大约由十个元件组成。然后她用十个这样的子组件组合成了一个更大的组件，用十个更大的组件构成了整个手表。每当 Hora 不得不放下一块半完成的手表来接电话时，她只丢掉了一小部分工作。因此，她制作手表比 Tempus 更快、更高效。

只有存在稳定的中间形式时，复杂系统才能从简单系统演化而来。由此产生的复杂形式自然是分层的。这可以解释为什么在自然界呈现给我们的系统中，层次结构如此普遍。在所有可能的复杂形式中，层次结构是唯一有时间进化的形式。

什么是同心开发

同心开发（concentric development）是一种游戏开发策略，可以帮助我们找到解决方案以应对许多难题——大多数游戏开发者都会面临的许多难题。为了制作一款游戏，我们有一长串的内容列表，上面都是我们想要实现的东西，但是：

- 我们应该按照什么顺序来制作它们？

- 这是不是我们创造一款优秀游戏所需要的内容列表？

- 如果其中一些东西的制作时间比我们想象的要长，会发生什么？（在游戏开发中，我们创造的大部分内容将花费比我们想象的更长的时间来制作，原因来自我们未知的假设，可能出错的事情，我们的技能限制，工具的限制，或时间的意外限制，比如因为生病而错过了一周的工作。）

- 如果我们需要根据试玩测试或其他反馈进行重大更改，会发生什么？

- 游戏最终会集合为一体吗？如果我们没有时间了，我们可以将所有的碎片拼凑成一个连贯的整体吗？

我第一次听到同心开发这个词是在与晶体动力当时的工作室负责人 John Spinale 的一次谈话中，时间大约在 2002 年左右。John 现在最广为人知的身份是 JAZZ 风险投资公司的管理合伙人和联合创始人，并且他还拥有媒体和娱乐技术领域的投资者和企业家背景。

有一天，John 和我正在讨论制作游戏的合理方法，以及"先构建游戏的核心元素，然后再向外拓展"这种方法的有效性。我发现在我接触过的许多最聪明的团队中，这种方法都是一种运作良好的最佳实践。John 说他称之为同心开发。当我到顽皮狗时，我发现他们也以这种方式工作，并且多年来一直这样做。

以同心的方式开发游戏意味着什么？让我们从一个基本定义开始。同心意味着从中心开始，向外扩展到围绕并且支持该中心的事物。

想一想城堡的主楼这个位于城堡最中心的结构，统治者和财富都隐藏在那里，周围是一层层的幕墙、护城河和堡垒，如图 13.1 所示。当我们进行同心开发时，我们将首先建造主楼，以确保我们有值得周围事物支持的东西。这意味着首先实现游戏的基本元素并对其进行处理，直到它们完成。这些基本游戏元素有时被开发人员称为游戏的主要机制。

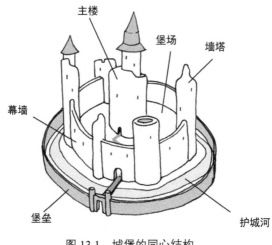

图 13.1　城堡的同心结构。

首先实现基础机制，直到它们完成

　　人们很容易将游戏的基础机制视为构成我们在第 10 章中讨论的组成游戏核心循环的元素。但是当我们谈论同心开发时，我们需要考虑比核心循环中的元素更小的一组元素，并真正专注于游戏中的一两个最基本的机制，这是非常有用的。

　　对于由玩家直接控制玩家角色的游戏，角色、相机和仅与移动相关的操控可以让我们很好地了解游戏的基础机制。这可能是：

- 在第一人称游戏中，移动和相机控制。

- 在横版卷轴的点击式冒险游戏中，移动玩家角色和相机的算法。

- 在第三人称动作游戏中，移动玩家角色和相机控制。

　　对于没有玩家角色的游戏，我通常会查看玩家直接与之交互的机制，以帮助我确定游戏的基础机制。这些可能是：

- 在实时战略游戏中，围绕地图移动相机视图的算法，以及一个简单的点击交互机制。

- 在益智游戏中，最常用的单一交互。

● 在文字冒险游戏中，文本解析器的基础功能。

作为游戏设计师，你需要自己决定正在制作的游戏的基础机制是什么。选择你认为能为游戏玩法提供坚实基础的任何东西。弄清楚基础机制通常并不难。例如，在《俄罗斯方块》中，基础机制包括一个正在下降直到它停在屏幕底部的四连块，以及左右移动它、顺时针和逆时针旋转它的能力。对于《模拟城市》，它可以是铺设道路图块、建筑图块或某一个区域的能力。对于《模拟人生》来说，也许只是一个模拟角色在房间里走来走去，与环境中的单个物体互动的能力。对于《劲舞革命》来说，它可能只是主游戏循环中最简单的部分：沿着轨道朝你运动的节拍，以及在节拍到达屏幕底部时让你踩踏垫子（或按下按钮）的能力。

同心开发哲学的核心是，我们不只是将这些基础机制拼凑在一起，就像我们在原型制作时所做的那样，而是会花时间来努力改善它们，直到它们成为完整的和优雅的。这意味着创造最终版本的艺术、动画、声音效果和视觉效果，并将它们与良好的游戏设计和代码结合在一起。

对于具有玩家角色的游戏，要把角色、相机和用于移动的游戏控制做到游戏之中，需要执行很多操作。对于一个 2D 游戏，我们必须设计一个角色，并为角色的空闲动作和移动动作制作动画帧。对于一个 3D 游戏，我们必须为玩家角色建立一个模型，为它添加纹理，对它进行骨骼绑定，然后为它的空闲动作、行走动作或奔跑动作制作动画。我们必须连接游戏的控制器，以便我们的输入可以控制游戏中的运动，并且我们必须创建游戏相机的控制算法。对于没有玩家角色的游戏，在制作游戏美术、动画资产以及为它们设置操控和相机时需要做类似的工作。

即使这样，如果我们选择用同心开发的方式，我们依然没有完成。我们还必须完成基础机制的声音和视觉效果设计。对于具有玩家角色的游戏，我们需要为脚步添加音频，也许还需要添加视觉效果，例如脚步扬起的灰尘。如果我们角色的某些部分发光，我们需要设置跟随它们移动的光源。如果角色皮肤或衣服的某些方面具有不寻常或独特的外观，我们可能需要在角色模型上使用特殊着色器。

此外，我们需要为我们的主要机制建立一些背景。对于具有玩家角色的游戏，这通常是一个可以让玩家角色站立和走动的地方。我们可以创建一个阻挡墙（白盒/灰盒/暗盒）测试关卡来达到这个目的。如果我们有时间，最好制作一些背景图，来代表我们游戏的一小部分在发布时的样子，并可能制作一个我们在第 10 章中讨论过的那种"美丽角落"。

同样，使用同心开发，我们不会在基础机制已经完成并打磨到了一个很好的程度之前，开始实现任何二级机制。并且，我们已经对其设计进行了迭代，改进了控制、动画和游戏感，直到这一小组基础机制达到可交付（足以发布）的状态。二级机制需要坚实的基础，如果它们基于仍未完成的基础机制，则无法受到正确的评估。你等待完善每个机制的时间越长，不确定性就越大，你的整体设计就越不稳定。正如游戏设计师 George Kokoris 曾经对我说的那样，在基础机制还未很好地完成之前实现二级机制"就像在地基未干之前开始砌墙一样"。

一旦我们完成了基础机制的实现，我们就可以通过一个同心的机制层次结构向外扩展，实现和迭代二级机制，然后是三级机制。

实现二级和三级机制

我认为二级机制是游戏中一两个最重要的玩家活动或动词，通常是这些动词完成游戏的核心循环。对于具有玩家角色的游戏，最常见的是：

- 在关于漫游的游戏中，跳跃和攀爬。

- 在关于战斗的游戏中，主要战斗动作。

- 在叙事游戏中，与其他角色交谈。

对于没有玩家角色的游戏，这些可能是：

- 在实时战略游戏中，选择和创建建筑物和单位。

- 在益智游戏中，让完成关卡成为可能的机制。

- 在文字冒险游戏中，文本解析器和文本呈现的高级功能。

我们实现每个二级机制，进行迭代，并完成所有相关的美术、动画、音效设计、视觉效果、控制和算法，打磨它们，直到达到可以发布的水平。我们以这种方式处理每个二级机制，一次一个，直到它们全部完成。然后（并且只有这样之后）我们可以继续实现和迭代我们的三级（第三层）机制。

这些三级机制将构成我们游戏机制的"下一层"。它们通常以某种方式依赖于基础机制和二级机制，并且充实了游戏的设计。你可能会有一个很长的三级机制清单要实现。对于具有玩家角色的游戏，三级机制与世界上可以与玩家互动的所有事物相关：敌方和友方角色、工具和武器、开关和门、宝藏和陷阱。根据你的游戏设计，你可以继续制作游戏机制的层次结构，直至第四、第五和第六级机制，每一层都依赖于其上一层的机制。

仅在对你的游戏设计有用的情况下才可以这样做。你可能会（理所当然地）怀疑分层思维过于简单，甚至是压迫性的，并且某些游戏的机制可能没有任何分层结构，尽管它们可能仍然是模块化的。我们的目标是以合理的顺序来实现你的游戏机制，总是把事情做到最好，从可以为你的游戏提供基础的东西开始向外延伸。

同心开发和设计参数

我们玩的许多游戏都在其设计中内置了某种设计参数，比如游戏设计师用来很好地规划关卡空间（有时也包括时间）的隐形网格。例如，玩家角色有多高？他们能从水平和垂直的方向跳多远？当他们挥拳或伸手拉动杠杆时，他们能向前伸多远？

在 2D 或 3D 平台游戏中，平台在关卡中的位置与玩家角色可以跳跃的距离有着至关重要的关系。将平台放置得太远，玩家将无法从一个平台跳到另一个平台。游戏设计师有时会花很长时间来布置他们的关卡，然后改变他们希望玩家角色跳多远的想法。也许他们决定让玩家角色看起来更强大，所以他们延长了跳跃的高度和水平距离。突然间，玩家可以轻松地跳跃到以前无法到达的地方，并且可以跳过精心设计的游戏玩法的整个部分。于是，设计师必须重新开始关卡布局的艰巨任务。

这个常见的问题为同心开发提供了非常明确的支持论据。我们游戏机制的设计参数——决定其基本属性的测量值——必须在我们继续构建我们希望的游戏最终关卡之前牢牢锁定。使用同心开发可以帮助我们在走得太远之前弄清楚游戏设计的这些重要方面。

测试关卡

在预制作期间，你可以制作阻挡墙测试关卡来验证游戏的设计参数并检查你的机制。团队中的任何人都可以在测试关卡中奔跑、跳跃和攀爬，以测试游戏机制并完善他们所创造的内容。

在角色动作电子游戏（如《神秘海域》系列）中，一个漫游机制测试关卡包含盒子、斜坡、可抓取的物体边缘和绳索。这些元素以网格形式排列，显示它们在游戏中可能存在的空间关系。例如，我们会放置一些盒子，让玩家在它们之间跳跃，盒子之间的间隔为 1.5 米、2 米、2.5 米、3 米等。你可以想象用来测试其他种类的游戏机制的测试关卡，还可以想象别的玩法类型的游戏的测试关卡。

在制作垂直切片时，这些测试关卡可以用作实验室，用来微调和确认游戏的设计参数。它们也可以用来帮助我们调试游戏感和多汁性（指持续而丰富的用户反馈，在第 22 章会详细介绍）。它们帮助我们决定不同元素排列的有趣程度和难度。重要的是，它们还可以帮助我们检测代码中的某个地方是否有问题，以及设计参数会不会在我们不知情的情况下发生轻微的变化——例如，如果玩家角色现在可以跳过 6.1 米而不是 6 米的间隙，会不会破坏整个游戏。

在制作过程中打磨

在电影和戏剧界，制作价值是指花在舞台、布景和服装上的金钱所带来的制作质量（我认为更多的是放在这些事情上的注意力，而不仅仅是钱）。我们也可以将制作价值这个词应用到游戏中，来谈论图形和音频设计、视觉效果和灯光，甚至隆隆作响的振动控制器或手机上的触觉设计的质量。当你进行原型设计时，制作价值通常并不重要，但它们对于垂直切片却很重要。在垂直切片中获得良好制作价值的快速途径是边做边打磨。用同心工作的方法，分阶段完成和打磨所有的东西，从基础机制到二级机制再到三级机制。

正如加州大学洛杉矶分校传奇篮球教练 John Wooden 所说："如果你现在都没有时间把它做好，那你什么时候会有时间把它重新做一遍呢？"

不要使用默认设置

当你在做垂直切片时，请使用同心开发的方法，并从一开始就使你制作的所有内容都达到好的质量。使用灯光和声音来营造令人回味的时间、地点和情绪。不要在游戏设置的任何方面使用游戏引擎提供的默认值，如果你可以在几秒钟内就有意选择和修改它们的话。这尤其适用于天空盒或相机背景的设置，以及环境照明设置。好的设计师不会使用默认值。快速更改默认值来为你正在塑造的世界做出贡献，构建环境，传达信息或提供交互机会。

打磨也可以是朋克的

认为"打磨好"或"可发布"必然等同于"光滑"、"高保真"、"平淡"或"无聊"，是一种错误的观念。游戏行业历来看重照相写实主义胜过游戏风格，对此我是持批评态度的。

令人高兴的是，事情正在向好的方向发展。我们在今天的电子游戏视觉美学中看到了更多的多样性、风格化和实验主义。美丽和兴趣并非来自高端的计算性能——它们来自使用手头的任何工具来表达一些美丽而有趣的东西。

根据我的定义，打磨好的游戏不必看起来光鲜亮丽或整洁。它们可能是粗糙的、松散的、磨损的、有故障的、模糊的或失去光泽的。我这一代人称之为朋克美学。你将创造属于你自己的风格和名称，这些风格通过拒绝主流美学来发表艺术、社会或政治的声明。我相信朋克风格还是可以打磨的。也许"能用的"、"精心制作的"或"工具化的"是更好的术语。

经过一段时间的制作和精心打磨，由一个人或一台机器在系统性过程的多次迭代中创造出来的艺术品，通常具有难以名状但易于识别的特殊品质。它具有深度和吸引力。你对它悉心关注，它就能吸引并维持他人的注意力。因此，对美术和音频进行第一次实现后，你要去超越它，进行第二次、第三次或第四次迭代。这通常是重要的东西最终到来的时候。

同心开发、模块化和系统

你可能已经意识到，当我们实践同心开发时，我们正在以模块化的方式构建我们的游戏。模块是更大或更复杂系统的组件。大多数电子游戏都是模块化的，无论我们是考虑游戏的实体和规则，还是编写游戏的代码。正如游戏设计师、程序员和架构师都知道的那样，创意过程越能适应最终结果的模块化，创意过程就越有效，而且（通常，但并非总是如此）结果也会越好。

我相信，如果没有实现所有细节，你就无法真正评估一个数字游戏或互动媒体。因为这些细节在很大程度上决定了游戏的成功与否。记住工业设计师 Ray 和 Charles Eames 的建议："细节不是细节。它们造就产品。"想想创造良好的游戏感和多汁性的所有细节工作。很明显，在游戏设计中，就像在所有设计中一样，每一个细节都很重要，细节影响着受众对作品的理解、感知和欣赏。即使是一个具有负面影响的小细节，也会破坏整个体验。这个想法的一个生动的（而且非常恶心的）例子是这句谚语，"你介意在你的汤里放多少便便？"。

本章开头关于钟表匠的比喻清楚地说明了以模块化方式制作东西的好处。如果我们用模块化的方式构建，我们可以为我们的项目创建稳定的中间形式，使我们能够尽早测试（然后迭代）游戏的一小部分，而不是必须等到最后才能看到我们所做的是否有效。

游戏设计师和教育家 Michael Sellers 在他的《游戏设计进阶：一种系统方法》（Advanced Game Design: A Systems Approach）一书中，为我们提供了一些额外的背景信息，以帮助我们理解模块化在游戏设计中的重要性。他引入了亚稳态的概念，意思是"稳定但始终在变化"。他说："亚稳态的东西（通常）以稳定的形式存在于时间中，但总是在较低的组织层次上发生变化。" Michael 接着说：

> 协同效应这个词的意思是"一起工作"。它……最初由 Buckminster Fuller 引入现代用法，他将其描述为"整个系统的行为不能由其各部分单独的行为所预测"（Fuller，1975）。这是描述亚稳态的另一种方式，其中一些新事物是由较低组织级别的部件组合产生的，通常会导致部件产生本身没有的特性……

> 系统是具有自身属性的亚稳态事物，并且它们包含其他低层次的亚稳态事物，这是系统思维和游戏设计都需要理解的关键点之一。

这里的一个关键思想是 Buckminster Fuller 的观点，即"整个系统的行为是无法被单独运行的各个部分的行为所预测的"。当我们连接游戏的多个模块时，我们的游戏设计中经常会出现意想不到的新的模式。这可能会导致问题——我们不知道如果我们把这个和那个放在一起，会不会产生不好的效果！我们通常给这些意想不到的问题命名，比如"缺陷"、"设计问题"和"漏洞利用"，我们将在本书的其余部分讨论这三个问题。

然而，这些意想不到的行为也是创造性机会的来源。即使我们的游戏设计看起来似乎不起作用，但是，在较低层次上改变一件小事，也可能会改变它。有时，一开始看起来像缺陷的东西可能会成为游戏的最佳功能。最好的情况是为我们提供了"涌现式玩法"，即玩家在探索游戏的可能性空间时会发现设计师未曾想到的好玩和有趣的情况。

迭代、评估和稳定性

迭代在我们的游戏设计中很重要，但通常具有挑战性。如果你不缓慢而谨慎地进行，很容易迷失在迭代周期中。George Kokoris 说他相信"测试和迭代时要做的最重要的事情是，减少每个测试用例中有可能移动的部位的数量，以便更好地识别版本变更中的因果关系。"

当我们以模块化的方式制作游戏时，我们可以在整个项目开发过程中定期休整或休息，也许是为了暂停并评估项目的位置。此外，正如游戏设计师 Marc Wilhelm 提醒我的那样，我们应该考虑"在中型和特别大型的工业规模团队中……模块化工作还可以让'功能团队'分工工作，以做出更集中的工作，以及交付不那么令人生畏的成果。这可以增加主人翁意识，从而增加对个人工作和对项目贡献的责任感和自豪感。"

为了最有效地工作，我们需要准备好游戏中的所有内容，并且能够在项目的每个阶段进行评估，无论该评估是面向我们工作室的日常游戏性测试，面向大众的正式游戏性测试，还是面向我们项目的利益干系人和财务支持者的展示。为了让我们能够评估游戏的任何模块，每个子模块都必须稳定且运行良好。这非常符合敏捷开发的处事方式。正如游戏开发者和制作人 Alan Dang 所说，"通过在每个阶段进行评估，你可以实施更改或改变优先级，以帮助游戏变得更好，并使其符合每个人的愿景。"

同心开发帮助我们管理时间

以同心化、模块化的方式制作游戏可以帮助我们更好地处理项目的整体时间安排。到达 alpha 或 beta 里程碑后，游戏设计师经常面临一个挑战，即必须将他们的游戏模块连接成一个完备的、连贯的整体，并在全面制作期间缩小项目范围。对于大多数项目来说，重新确定范围是不可避免的——我们最终都会用完时间，于是不得不从游戏中删减一些东西。

对于每个聪明的开发者来说，最大的问题是：我什么时候会意识到我的时间不多了？我还有时间对我的实现做出回应吗？当东西还没有真正完成并且时间不多时，同心开发模式将帮助你更快地意识到这个问题。虽然钟表匠可能无法放弃手表的子模块，但游戏是非常可塑的（在易于成型或塑造的意义上）。如果我们发现实现游戏的基础功能出人意料地占用了整个项目开发时间的一半，我们仍然有时间以聪明的方式思考整个游戏中将包含或排除什么，以及我们如何将设计的重点转移到最后将所有东西融合在一起。

当我们以同心化、模块化的方式制作游戏时，我们能够更早、更清楚地看到我们游戏的特定模块何时不起作用。这证实了我在第 11 章中提到的快速原型制作信条："尽早失败，快速失败，经常失败。"如果我们从模块的角度来思考，而不仅仅是从相互关联的整体的角度来思考，那么，我们就能更好地尽早抛弃那些失败的东西，或者那些不那么重要的东西。这与皮克斯导演 Andrew Stanton（《玩具总动员》《虫虫危机》《海底总动员》）的想法一致，Ed Catmull 和 Amy Wallace 在他们关于皮克斯流程的著作《创新公司：皮克斯的启示》中描述了这一点。

> Andrew 喜欢说人们应当把犯错的时间压缩得越短越好。他说，在一场战斗中，如果你面对两座山头并且不确定要攻击哪座山头，那么正确的做法是快点做出选择。如果你发现攻错了山头，请转身攻击另一座山头。在那种情况下，唯一不可接受的做法是在两座山头之间举棋不定地奔跑。

即使我们"攻击错了山头",最终不得不丢掉一些工作,同心开发也能确保我们以一种富有成效的方式揭示出有关我们项目的事实,而不是徒劳地思考一些不能教给我们任何东西的事情。

转换成同心开发

在构思过程中,我们通常以粗略简陋、快速简单的方式工作,将原型拼凑在一起,为我们的游戏想法制作出可以运行的实例。请记住,我强调在构思过程中,我们不会制作游戏的演示:我们只是在测试单独的想法。

然而,在本书描述的趣味制作流程中——当构思阶段完成,然后预制作阶段开始时——我们需要转向同心开发。这可能是一个艰难的过渡,它要求我们几乎在一夜之间改变我们的思维方式和我们的实际操作方法。

为了简化过渡,我们可以做的一件事是,使我们在构思阶段结束时构建的最后几个原型更加精致。这通常很自然地发生。我们的一个构思原型通常会比其他原型更成功。对该原型进行打磨(并可能从其他成功的原型中引入元素),可以帮助我们非常平滑地过渡到垂直切片上进行同心化工作。

同心开发和垂直切片

我希望你现在可以清楚地看到同心开发是如何支持我们到预制作结束时——也就是交付垂直切片时——的整体开发进展的。如果我们以这种方式工作,就总是能有一个包含完整(或几乎完整)特性的游戏,它具有可玩性,看起来和听起来都很棒,而且我们可以轻松地进行游戏性测试。

如果我们到了计划完成垂直切片的日期,而我们所有的游戏机制仍然是半完成状态,在外观和声音方面都没有完成,并且运行起来不那么好,那么我们就会错过里程碑,我们就只能挣扎着在一片混乱中去创造一些好的东西。如果我们用同心开发的方式工作,当到达垂直切片交付日期时,所做的一切都会运作良好,并将会为我们进入全面制作提供坚实的基础。

这就是我们制作前三款《神秘海域》游戏的方式。我们从想要实现的功能列表开始构建一个垂直切片。有些功能很快就实现了,有些则花了比我们预期更多的时间。在预制作结束时,我们不得不将一些想法搁置一旁，因为时间不够。但是因为我们用同心开发的方式制作游戏，所做的一切都汇集在一起，为我们提供了一个出色游戏的基础。没来得及使用的想法进入了我们的精神口袋，并通常被放到我们的下一个项目中。

通过这种方式，同心开发可以让我们避免经历那种不得不在最后把所有事情都匆忙放在一起的具有压力的过程。更少的压力意味着我们团队的开发者的身心更健康，这也意味着我们的游戏在最终发布时更有可能具有出色的质量。

同心开发不仅在预制作期间有用。它在全面制作阶段——预制作后的下一个项目阶段——也很有价值，并且它会在我们迈向 alpha 里程碑（即游戏"特性完备"）和 beta 里程碑（即"内容完整"）时为我们提供支持。我们将在后面的章节中更多地讨论这些里程碑。

同心开发和敏捷开发

当我在 2002 年与 John Spinale 交谈时，同心开发是游戏开发界的一个激进的想法。也许是因为快速原型的遗留问题——"把它拼在一起，能用就行，粗糙和未完成都没关系！"（在我们的构思阶段很有价值的哲学），人们很难理解在预制作开始时采用这种方法的价值。

然而，尽管这种方法并不总是被称为同心开发（许多人以这种方式工作但并没有为这种方式命名），但它被越来越多的开发人员使用。塞尔尼方法和敏捷开发等方法兴起以来，它已被广泛采用。

你可能已经对敏捷软件开发有所了解，因为世界各地的许多游戏和软件开发人员都在使用它。与塞尔尼方法一样，敏捷开发是对构建软件的"瀑布式"方法中体现的流水线思想的逐步反应。它是通过其他过程出现的，例如 20 世纪 70 和 80 年代的快速应用程序开发，以及 90 年代的统一软件开发过程。敏捷是一种软件开发方法，在这种方法中，正在构建的软件的设计，以及关于如何最好地构建它的决策，都是通过开发团队和项目利益干系人之间的协作而逐渐演变的。

敏捷是一种有效的、创造性的软件开发方法。"它提倡适应性规划、渐进式开发、早期交付和持续改进，并鼓励快速灵活地应对变化。"正如"敏捷软件开发宣言"中总结的那样，敏捷开发强调：

> 个人和互动高于流程和工具
>
> 可用的软件高于详尽的文档

客户合作高于合同谈判

响应变化高于遵循计划

有一句比敏捷开发更古老的谚语，总结了敏捷开发者的经验法则："将变革视为机遇，而不是危机。"

模块化是敏捷哲学的一部分，团队选择最重要的特性和内容模块，并在冲刺期间集中精力处理它们，然后停下来，根据做得好和做得不好的事情重新评估项目的整体过程。

极力减少不必要的工作量

正如敏捷哲学所描绘的那样，同心开发迫使你持续讨论什么对游戏设计最重要。它不仅可以帮助你改进项目，还可以最大限度地减少你可能会做的不受控制的过度工作，并帮助你将项目运行成一个无压力的项目。正如我在 USC 游戏项目中的同事、交互设计师和教育家 Margaret Moser 所说，"这种频繁地重新审视优先事项的做法，就是极力减少不必要的工作量的方法（我最喜欢的敏捷原则）。"

Margaret 在这里所描述的内容来自敏捷宣言背后的十二条原则之一，即"简洁——极力减少不必要工作量的艺术——是必不可少的"。这种"不必要的工作量"的概念是棘手的。难道我们不想让我们实际做的工作量最大化吗？这里要说的是，我们应该关注已经证明可以为我们的游戏添加一些东西的项目目标，特别是我们的体验目标。我们还应该注意那些没有给我们的项目目标带来任何帮助的东西。如果它没有带来任何帮助，我们就不应该制作它。这是敏捷的一个方面，我们可以将其总结为"更聪明地工作，而不是更努力地工作"。

定期审视你的项目目标和体验目标，可以帮助你最大限度地减少不必要的工作量，因为你会意识到你不需要执行它们——它们不会为你尝试创造的那种体验做出贡献。通过牢记我们的体验目标，并定期对我们的游戏进行游戏性测试，我们就有了一个很好的基础，可以在每个特性或内容合入游戏时对其进行评估，并决定我们应该保留它还是放弃它。

极力减少不必要的工作量应该可以帮助你清除不需要完成的任务，并帮助你专注于休息，以便为第二天的工作做好准备，或者帮助你专注于与你的朋友、伴侣或孩子共度时光。你花在快乐、充实、与他人相互联系的生活上的时间——以及由此产生的良好的身心健康——也是你整体游戏设计实践的重要组成部分。

同心开发的节奏

当用同心开发的方式工作时，你必须放慢脚步，一开始可能会感到沮丧。你在无聊的基础机制上做了很多详细的工作，而你真正想要的却是开始玩令人兴奋的二级机制。基础机制是如此基础——它们当然可以运行！

然而，这种强制性的缓慢通常（也许是违反直觉地）让我们更有紧迫感地完成基础机制、各种细节和所有内容，这样，我们就可以开始那些通常是我们游戏中有趣和好玩部分的其他机制。正因为如此，当你以同心开发的方式工作时，你不太可能将时间浪费在基础机制的无关紧要的方面，而更有可能花费适当的时间来使它们变得更好。

👓   ✿   👓

如果你在一个团队中工作，同心开发和模块化构建将需要你在沟通和信息共享方面付出额外的努力，这样，你和你的同事就可以评估你正在做的事情，决定接下来谁将执行哪项任务，并讨论阻碍你取得进展的任何障碍。这种对沟通的强调，是建立在敏捷开发中的，比如像站立会议这样的实践（我们将在第 22 章中讨论）。持续讨论你的游戏制作过程也很重要。有时这不仅仅与你的游戏结果如何有关，也与你的过程进行得如何有关。正如 Alan Dang 提醒我的那样，"能够讨论最佳实践或开发、提高效率的方法等，是敏捷核心原则的一部分。"

你可能已经意识到，同心开发，以及它所带来的持续的范围界定过程，可能要求你在开发的中途重新协商合同，以更改其细节来反映项目的新范围。如果你已经与发行商达成一致，你将提供一些特性列表，然后你意识到无法提供所有特性，那么你可能会陷入困境。幸运的是，部分归功于敏捷的兴起，一些聪明的游戏发行商越来越多地意识到，与具有许多特性但漏洞百出、未打磨好并且设计得乱七八糟的游戏相比，一个列表更短，但是具有创新性、整体性、可玩性机制的精美游戏，会更具娱乐性（并且销售得更好）。我希望你的发行商有这种进取的态度，你应该尝试在你的合同中建立合理程度的灵活性。如果你在这方面遇到困难，你应该寻求高级项目管理和合同方面的建议。

你可以将同心开发用于任何类型的项目，无论项目规模是大是小，无论项目周期是持续数年还是数小时。当你只有固定的时间来制作你正在做的东西时，它很有效；当你的项目时间线是开放式时，它也很有效。如果你使用它，几乎可以保证你的开发过程会得到更好的控制，你也能够在更小的压力下创造出更高质量和更多创新的游戏和互动媒体。

14. 预制作交付物——垂直切片

让我们来谈谈作为交付物的垂直切片（请记住，交付物是开发人员必须在开发过程中提供的东西）。垂直切片是项目预制作阶段结束时需要提交的三个主要交付物之一，另外两个是游戏设计宏观方案和进度表。总而言之，垂直切片和游戏设计宏观方案使我们能够为项目进入全面制作阶段建立一个进度表。在趣味制作流程中，直到我们有了垂直切片，才能真正说已经离开了预制作阶段。

交付一个垂直切片的版本

我们通过制作版本来交付垂直切片（参见第 5 章）。交付时，垂直切片应该相对没有重大错误和其他技术问题：我们对垂直切片的打磨，应该超出我们的游戏设计和制作价值，以确保游戏的稳定性。没有人期望垂直切片完全没有错误，但是如果它在向重要的合作者或利益干系人群体演示期间反复崩溃的话，我们就会很尴尬。这意味着，我们在处理垂直切片时，要腾出时间来保持代码的健康和良好运行，这与我们刚刚讨论的同心开发是一致的。

任何未被游戏使用但存在于项目文件夹中的多余"资产"都应该从版本中去除，以使版本最小化。这有时很难实现，而且可能涉及学习引擎的一些新技术。但在垂直切片要到交付期限时最好这样做，这样可以帮助我们进入一种以优化为导向的心态，这种心态是良好游戏制作过程的特征。这也意味着，现在我们所做的，让我们在项目结束时要学习的东西少了一件，因为那时最小化版本的大小将是非常重要的。

用其他材料支撑垂直切片

如果你使用同心开发的方式制作了垂直切片，那么，你可能不需要很长时间就玩通关了，这没关系。质量比数量更重要。要制作一个理想的垂直切片通常很艰难，其中游戏的所有核心元素都需要存在、可玩且经过打磨。无论是因为游戏设计的范围，还是因为时间不够用，你都可以使用概念艺术、电影和文档等其他材料来支持你的垂直切片。将它们与垂直切片一起打包在一个设计精美的文件包中，以便接收者轻松理解它们如何代表垂直切片中缺少的基本内容。这将是一种专业精神的练习——你想要清晰地沟通并留下良好的印象。

从垂直切片的创作中了解范围

不要忽视我们在预制作过程中学到的、关于我们制作东西需要多长时间的知识，这是一种明智的做法。尝试在有时间限制的预制作阶段（见第 11 章）制作我们游戏的核心，这给了我们第一个重要的机会来审视我们的项目范围。我们计划为我们的游戏整体制作多少内容？根据我们刚刚了解到的，需要多少次迭代才能达到我们满意的质量水平？这是否现实？现在是从设计中删减一些东西，专注于使用我们游戏的核心元素，并以创新的方式实现我们的项目目标的时候了吗？在接下来的几章中，我们将研究，在全面制作阶段有限的时间内如何为游戏制作制订一个切实可行的计划。

测试垂直切片

一旦我们交付了垂直切片，就该进行试玩测试了。使用我在第 12 章中列出的指导方针和技术，让至少 7 个人进行试玩。根据你对试玩环节和试玩后访谈的观察记录，从试玩中获取所有信息。评估这些信息，并依据评估结果迭代你的设计。

重点测试我们游戏的标题和早期关键艺术

预制作的结束是一个很好的时间，为了弄清楚我们如何与游戏的潜在受众建立连接，我们可以做更多的工作。我们可以简单地通过运行一个焦点测试来研究适合我们游戏的标题会是什么，并获得一些关于第一个关键艺术原型的反馈（关键艺术是传达大量游戏信息并用于营销的单个图像）。

&❦   ❀   &❦

　　做得好！ 你已经交付（或正在交付）一个垂直切片，这是你可以用来定义游戏设计的最重要的事情之一。在下一章中，我们将暂停讨论预制作结束时的交付物，转而讨论大多数游戏开发人员在职业生涯的某个阶段都会遇到的一个严重事件：加班问题。

15. 反对加班

正如你可能知道的那样，"赶版本"是游戏开发人员在项目开发特殊期间使用的一个术语，在此期间，他们需要超长时间工作以达到重要里程碑或完成整个项目。他们经常工作到深夜，每周可能工作六到七天。有时人们开始只打算加班几个星期，但最终会加班几个月甚至几年。

我并不为此感到自豪，但我在游戏行业工作期间也加了很多班，我亲眼目睹了加班可能会造成的损失。长时间的加班对个人、团队和组织的健康都非常有害。它可能会损害游戏开发者的身心健康，可能导致团队士气低落、成员停止沟通并最终分裂。从长远来看，它可以摧毁工作室和公司。

现在，不要误会我的意思：我喜欢努力工作，而且我相信，需要一些额外的努力，才能使大多数事情变得出色。但是，为了完成任务或达到高质量标准而使自己更加努力的健康时期，与游戏行业典型的加班现象——那种不受控制的过度工作，两者之间存在差异。我认为，加班通常是游戏设计过程不顺利的征兆。本书旨在帮助游戏开发人员最大限度地减少他们所做的不受控制的过度工作，同时最大限度地提高游戏的卓越性。

管理我们的游戏范围，在趣味制作流程中使用项目阶段和里程碑概念，能够帮助我们解决部分加班问题。在接下来的两章中，我们将研究使用一种叫作游戏设计宏观方案的东西，来很好地规划一个项目。另一个解决方案，是我们在项目进行过程中对工作的态度，这就是我们将在本章中讨论的内容。

在项目开始时，我们中的许多人都是怀着良好的意愿出发的。这意味着要将我们所有的精力投入到正常工作的一周时间中去，无论是全职员工的四十个小时，还是一个学生可能会投入到一个主要课堂项目中的十几个小时。我们专注于充分利用我们的时间，但出于某些原因，也许是因为我们在项目开始时觉得有无限时间的错觉，所以我们开始尝试放轻松，我们变得不那么专注于让每个小时都富有成效。此外，当我们将要制作的内容仍然未知时，很难感受到项目的紧迫性。

然后，在项目进行到一半左右的时候，我们到达了业内众所周知的"哦，该死！" 时刻（图15.1）。到了这一点，我们意识到我们现在留给项目的时间比过去少了。我们开始努力工作。

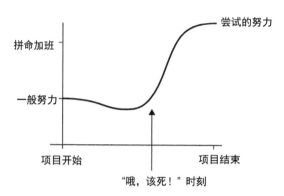

图 15.1　许多典型的游戏项目都有的开发者努力曲线。

而且，如果我们是充满热情但缺乏经验的游戏开发者，并且我们不确定如何控制我们的项目，我们会继续努力工作，拼命地试图减少我们需要将所有计划的特性和内容纳入游戏的时间。很快我们就开始努力加班，夜复一夜地工作到午夜，周末也是如此。

我们可能可以保持这样一段时间。但研究表明，当工作时间延长时，我们的生产力会迅速下降。正如 Bob Sullivan 在 CNBC 的一篇文章中所描述的那样："员工产出在每周工作 50 小时后急剧下降，并在 55 小时后断崖式下降，以至于一个投入 70 小时的人在这额外的 15 小时内什么也没有产出。"

失眠会让事情变得更糟。疲倦的人认知会受损：他们无法找到解决目前问题的方法，他们犯的错误需要时间来修复，并且他们被项目大局中无关紧要的事情分心。在《哈佛商业评论》的一篇优秀文章中，Sarah Green Carmichael 引用相关研究来指出："我们大多数人比我们想象的更容易疲倦。只有 1% 到 3% 的人每晚可以睡五六个小时而不会出现表现下降。而且，每 100 个认为自己是这个不眠精英中的一员的人，实际上只有 5 个真的是。"

因此，当一个加班的人试图努力工作时，他们的努力很快就会弄巧成拙。在短暂的生产力飙升之后，大多数人的实际成就会低于他们保持正常工作时间的水平（图15.2）。

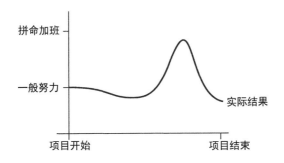

图 15.2 许多典型游戏项目的实际开发人员成就。

有一种更好的工作方式。如果我们确保从项目一开始就保持努力，然后逐渐加大努力程度，使我们在中间阶段最努力，而不是在最后阶段全力以赴，那么，我们就可以开始将工作置于我们的控制之下。如果项目对我们来说很特殊，我们可能会选择比在正常工作环境下更努力地工作。但如果我们计划得当，我们可能永远不会比正常工作量的 125% 更努力，也不会从每周工作超过 55 小时的生产力悬崖上掉下来。

如果我们控制了项目的范围，我们就可以开始对抗加班造成的损害。这需要自律，并且会因为游戏制作的现实而变得复杂，但即使只是将其设定为目标，也可能有助于团队和个人的健康。我强烈地感觉到，以一种可控的、持续的方式比平时更努力一点地工作，比在项目的后半段奋力一搏更能提高整体生产力。也许这就像龟兔赛跑的寓言：稳扎稳打，无往不胜。

此外，如果我们在项目周期的前半部分不松懈，在项目周期的中间三分之一尽我们所能努力工作，然后在项目周期接近尾声时逐渐降低我们的努力，那么，当我们尝试发布我们的游戏时，我们不会完全崩溃。发布一款游戏需要大量极其困难、复杂的工作，包括解决设计问题、修复缺陷和应对技术挑战等。我们需要在项目结束时保持相对清醒和充分休息。

因此，图 15.3 展示了理想的路径。在实践中，因为很难克服拖延症的诱惑，做到这一点并不容易。在图 15.4 中，你可以看到随着项目的展开，我们中的许多人可能会选择的路径。随着里程碑的临近增加我们的努力，以及当一个里程碑过去后需要休息，这些都是自然的。

我希望你会同意，在"可能的努力"路径上展示的努力，只会上升到合理的额外强度，比我们大多数人经历的加班所付出的巨大努力和随之而来的倦怠、意志的燃尽要好。

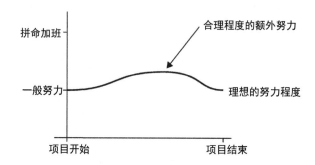

图 15.3　开发人员花费任何额外精力的一个更好的方法。

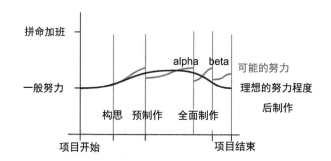

图 15.4　开发人员可能的努力路径，因为他们试图以更健康的方式工作，
与趣味制作流程的主要里程碑相关。

综上所述，在整个构思阶段逐渐加大力度，以良好的势头进入预制作阶段，保持冷静但切实的紧迫感。尝试将其保持到 alpha 里程碑阶段。在那之后，如果一切顺利，并且你仍然可以控制项目的范围，那么，你可以在到达每个里程碑时，分阶段降低工作量。虽然我不能保证你会轻松到达终点线，但你应该有精力完成、提交和推广你的游戏。

尽管我们在过去十年中取得了很大的进步，但游戏行业仍然存在这个棘手的问题。加班时的肾上腺素和兴奋，以及最后做出惊人作品的喜悦，使人们非常容易上瘾。就像任何成瘾一样，它伴随着对身心健康的负面影响，它带来紧张的亲密关系，它让父母不能在孩子生活中的重要时刻出现，以及，最终它会导致人们离开游戏行业，带走他们来之不易的智慧和专业知识。

加班有多种形式，其中大多数是破坏性的。其中最糟糕的是"移动球门柱"问题，即项目的最终里程碑一再推迟。这种项目管理策略——在很明显并非所有事情都能完成时，给项目更多时间——是你试图完成一个项目时的自然反应。麻烦在于我们的团队成员根本无法调整自己的节奏。我们努力工作以达到里程碑，然后它被移到更远的地方，我们更加努力地尝试达到它。如果它再次被移动，我们就会陷入疲惫和努力的循环中。我们的疲倦导致我们犯了越来越多的错误，做出越来越多糟糕的决定，最终进一步减慢了项目的速度。这是一个恶性循环，也是游戏行业许多加班现象的本质。

但我们有理由抱有希望。我们可以通过使用时间盒以及在整个开发过程中及早并经常检查项目范围，来克服"移动球门柱"的问题。正如 Alan Dang 提醒我的那样，当我们对事情需要多长时间的估计错误时，我们必须承认，并尽早重新制订计划。本书中描述的技术和方法旨在帮助我们避免各种形式的加班，而敏捷方法论也服务于相同的目标。

我要承认，当我来自特权阶层时，反对加班或拒绝涉及加班的工作生活方式会更容易。这里所谓的特权，就像是我一生中因为我的性别、种族和社会经济背景而享有的特权。被边缘化的人，通常必须付出两倍的努力，才能获得与拥有不劳而获的特权的人相同的回报。这就是我认为我有责任谈论加班并尝试做出一些改变的原因。

加班不只是游戏行业的问题。你可以在科技行业、娱乐行业、或者医药组织以及政府部门中找到它。也许我们解决加班问题的最好方法是从哲学上思考我们的生活。我们想要什么？是什么让我们快乐？是什么让我们健康？我们怎样才能在不伤害世界（和别人）的情况下造福世界（和我们自己）？

我相信所有事物的平衡都很重要，虽然创作出色的艺术作品通常需要努力工作，但如果我们希望我们的艺术作品有意义，那么我们也需要丰富的生活经验来提供借鉴。工作让我的生活有了很大的意义，但我的生活比工作更重要。致力于在你的生活中找到正确的平衡，这样你就可以在不劳累的情况下努力工作，在不伤害自己或周围的人的情况下实现卓越。

当我还在游戏行业时，是加班问题最严重的时期。我已经看到事情开始好转，因为人们开始讨论这个问题并想办法解决它。你可以通过与你的同事、你的专业同行和你的朋友谈论这个问题，并通过采用不会让人们筋疲力尽，但仍能带来出色游戏的，更好和更可持续的发展实践，来为未来做出贡献。

16. 游戏设计师的故事结构

叙事是对变化的研究。—— Irving Belateche

我对游戏和故事之间的关系着迷。在我的职业生涯中，我主要选择了讲故事的游戏，比如《神秘海域》和《勾魂使者》。我从来没有真正遇到过我不喜欢的叙事或演出形式。当我在 1991 年加入游戏行业时，游戏作为一种全新的艺术形式，展现了一幅交互式讲故事的全新愿景，从《猴岛的秘密》（The Secret of Monkey Island）中的的平行时空到《星际迷航》（Star Trek）式全息甲板的幻想，都令我兴奋不已。

并非每款游戏都有或需要故事。但大多数游戏都有某种叙事形式或结构，如果你接受这个概念：我们的大脑通过讲述有关世界的故事的方式来理解这个世界。我们在心理上将事件进行因果性排列，即使有些事件看起来是随机的。从这个角度来看，一场国际象棋和一场篮球比赛都具有叙事性。

在接下来的章节中，我们将讨论使用游戏设计宏观方案来规划游戏设计的过程。考虑游戏的叙事形式是进行此计划的有用方法，因此在本章中，我们将了解一些故事结构的基础知识，着眼于调和我们对故事和游戏的看法。

亚里士多德的《诗学》

希腊哲学家亚里士多德生活于公元前 384 年至公元前 322 年。大约在公元前 335 年，他写了一篇关于戏剧表演的论文，名为《诗学》（Poetics）。这是已知最早的戏剧理论著作，在西方世界失传了一千多年，多亏了西班牙穆斯林哲学家 Ibn Rushd 在 12 世纪的翻译，才被重新引入。

在《诗学》中，亚里士多德写道：一个故事首先陈述一个立场，然后探索那个立场，然后得出一个结论，用各部分之间的因果关系来创造"一个全面且完整的行为的表征"。更简单地说，"一个从整体来看有开始、中间和结束的东西。"

对于亚里士多德来说，故事中的英雄们面临着一些问题，他将其描述为一个"结"。他将故事分为两部分：复杂化和化解。在复杂化阶段，英雄要么了解问题，要么观察问题的出现。在化解阶段，英雄试图解决问题，并带来一个结果。

亚里士多德《诗学》的三部曲结构与许多当代电影剧本和小说的三幕结构非常吻合。第一幕，开头，通过向我们介绍人物和世界来设置故事；第二幕，中间，通常是第一幕的两倍，向我们展示故事如何随着它的展开而变得更加复杂；第三幕，结尾，往往是最短的一幕，展示了故事的高潮和结局。一部两小时的故事片可能有三幕结构，但一集长达一小时的电视剧也可能如此，甚至一部十分钟的短片也可能分三幕。

这种简单的开始—中段—结束的结构似乎直接适用于游戏，不论是已经传承千年的传统竞技游戏，还是现代单人电子游戏的讲故事"战役"模式（以及这两个极端之间的大多数游戏）。当团队或玩家角色开始他们的旅程时，游戏就开始了。在游戏的中间部分，随着团队争夺领先地位或玩家角色在他们的旅程中前进，事情变得越来越复杂。所有游戏——除非它们被放弃——都会结束，当时间到了，或者当玩家角色到达他们旅程的终点时，一个团队获胜（至少现在是这样）。

弗赖塔格的金字塔

1863 年，德国剧作家兼小说家古斯塔夫·弗赖塔格（Gustav Freytag）写了一本名为《戏剧技术》（Die Technik des Dramas）的书，其中他提出了一个由五部分组成的戏剧结构理论。伴随他的理论的图表对于学戏剧和电影的学生来说是熟悉的，被称为弗赖塔格的金字塔（图 16.1）。

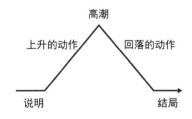

图 16.1　弗赖塔格金字塔。

弗赖塔格的理论建立在亚里士多德的三部分结构之上，并为我们提供了一些额外的工具。

对于弗赖塔格来说，一个故事由五个部分组成。

1. 说明（exposition）或介绍，解释或设置故事的世界和主要人物。在这里设定故事的时间和地点，以及它的情绪或基调。

2. 上升的动作（rising action），故事的复杂性展开的地方。这是故事中非常重要的部分，因为它的事件需要有逻辑地流动，以便仔细设置下一部分。

3. 上升的动作达到高潮（climax），所有的复杂性都达到了高潮，为角色提供了一个转折点，角色的命运发生了根本性的改变。

4. 高潮之后是回落的动作（falling action），高潮的结果在此上演。回落的动作通常会包含最后一刻的悬念，最终结果似乎不确定。

5. 最后，我们到达了结局（denouement）或灾难（catastrophe），在那里我们看到了故事的世界是如何因为我们故事中的事件而发生了持久的变化。故事角色开始习惯这种变化，这会释放在故事过程中建立在观众身上的所有紧张和焦虑。

就像亚里士多德的《诗学》一样，弗赖塔格的五部分结构与许多故事的写作和讲述方式相吻合。莎士比亚的大部分戏剧都是五幕的，电视制片人和剧本编辑 John Yorke 在他的书 *Into the Woods: A Five-Act Journey* 中认为，五幕分析对所有戏剧形式的故事都很有用，包括游戏。

游戏结构模仿故事结构

亚里士多德和弗赖塔格都关注开头、中间和结尾的重要性，这是我们通过游戏设计视角讨论故事结构的一个很好的起点。正如 Ellen Lupton 在她的《设计就是讲故事》（Design Is Storytelling）一书中指出的那样，我们都认识到自己生活中的这种基本结构，它不可避免地有开头、中间和结尾。

不可否认，精心设计的游戏具有戏剧性，让人有兴奋、兴高采烈和绝望的时刻，还有不断变强的紧张和宣泄的情绪。此外，许多电子游戏都是围绕任务和使命制作的，所有这些任务或使命都必然有开头、中间和结尾。一开始，玩家角色可能会收到来自非玩家角色（NPC）的明确任务，或者带有显眼钥匙孔的锁着的门形式的隐含任务（用 Freytag 的话来说，就是说明）。玩家（通过玩家角色）进入游戏世界，寻找能够完成任务的对象或信息；障碍出现了，必须克服（上升动作）。

最终，事件到达了顶点：必须击败怪物或解决问题才能获得完成任务所需的东西（高潮）。有时会回到发出任务的 NPC，或者回到需要钥匙的门。事件继续展开：可能是更多怪物的突然袭击或挡路的落石，需要玩家寻找新的路径（回落动作）。最后，任务完成（结局）。NPC 交出一些有价值的小饰品，或者门打开，揭示了通往新任务的道路。

故事和游戏玩法是分形的

一个故事可以分为三到五幕。同样，动作也可以分解为序列。Frank Daniel 是一位电影导演、制片人和编剧，也是南加州大学电影艺术学院的院长。他以教授剧本创作的"序列结构"方法而闻名，该方法认为一部电影由八个序列组成：第一幕两个，第二幕四个，第三幕两个。

从 Frank Daniel 那里学习编剧的 Paul Joseph Gulino 在他的《序列编剧法》（Screenwriting: The Sequence Approach）一书中说："一部典型的两小时电影是由 8 到 15 分钟的连续片段组成的，这些具有自己内部结构的片断，实际上就是嵌在长片中的短片。在很大程度上，每个序列都有自己的主角、张力、上升的动作和化解——就像一部电影一样。一个序列和一个独立的 15 分钟电影的区别在于，一个序列中提出的冲突和问题只是在序列内得到了部分解决，当它们解决后，往往会引发新的问题，进而变成后续序列的主题。"或者正如 Tracy Fullerton 所说："一个序列提出了一个戏剧性的问题并回答了它，但不一定能解决它。侦探是否会接受委托？她会在凶案现场找到任何线索吗？"

类似地，一个序列可以分解为多个场景，每个场景通常发生在一个单独的地点或专注于某个特定的角色群。就像一个序列一样，场景是一个独立的故事，它展示了角色在面对不断展开的事件时所经历的变化以及彼此的反应。但一个场景并不是故事中戏剧动作的最小单位：我们可以将一个场景分解为多个节拍。节拍是来自剧院和电影制作的概念，部分与展开戏剧的时间有关，但也指一个事件、决定、发现或两个角色之间的交流。节拍每时每刻都在推动一个故事。

在考虑场景和节拍时，考虑角色在进入和离开场景或节拍时的情感价值会很有用。情绪效价是心理学中用来讨论情绪高低的术语。愤怒、悲伤和恐惧等情绪具有负效价，而快乐具有正效价。一个场景或一个节拍通常让人物以某种情绪效价聚集在一起——比如说，一个快乐，另一个悲伤——然后他们互相回响，进行情感互动并在此过程中改变他们的效价——那个伤心的人现在很开心，反之亦然。如果一个场景让角色保持与他们进入时相同的效价，那么这个场景可能不适合故事。

　　这就是故事、行为、序列、场景和节拍。很明显，亚里士多德和弗赖塔格描述的整个故事的"形状"也适用于故事的子部分，以及它们的次子级部分，一直到节拍的精细程度。场景中的每一个节拍都有一个难题和其化解、呼叫和响应的上升和回落模式。这种起伏的情绪让我们时时刻刻、分分秒秒都保持兴趣，就像我们可能会被壁炉中闪烁的火焰或岸上的海浪所震撼一样。

　　通过这种方式，故事是分形的。这是一个来自数学的概念，用于描述其部分和子部分的形状与整个形状相似的结构。当行动在故事中起起落落时，它会在每个动作、序列、场景和节拍中起起落落（图16.2）（这个想法可能起源于 20 世纪 90 年代由 Melanie Anne Phillips 和 Chris Huntley 开发的"戏剧"故事结构模型）。

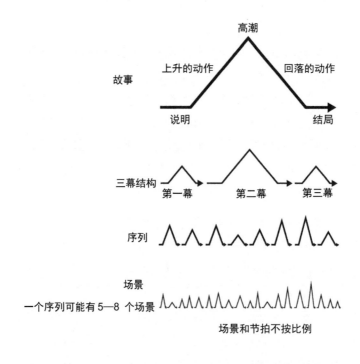

图 16.2　故事片的分形结构。

　　只需要一点想象力就能看出游戏的结构也是分形的。我们刚刚研究了游戏任务如何具有与弗赖塔格金字塔相同的结构。现在你可能可以想象在整个任务的一个小节或一个子任务中同样的上升和回落模式，这让人想起 Jaime Griesemer 在《光环》中关于 30 秒乐趣的概念，我们在第 10 章中讨论过这一点。

Jaime 的 30 秒乐趣描述了许多不同的单独游戏节拍。进入一个新的关卡，躲在掩体后面，与每个敌人战斗。在掩护点之间来回，边走边收集道具。这些节拍中的每一个都会上升和回落，从而在游戏的每个部分并最终在整个游戏中累积起来。

我们也很容易在竞技游戏和体育运动中看到这种分形模式，其结构围绕半场和四分之一场、组合和比赛、回合和系列构建。我们甚至可以使用分形概念向上触及竞技性电子游戏和体育的"元"：战术、策略、玩家或团队关系的元游戏。在我们查看故事结构的任何地方，我们都可以找到对我们思考游戏设计有价值的对应关系。

故事的组成部分

现在我们已经了解了一些故事结构的基础知识，让我们更深入地了解构成我们所知和喜爱的大多数故事的组件。

大多数故事都有一个主人公（protagonist），故事的英雄，我们在务实和情感的角度上都和他的主视角达成认同。讲故事的人通过调用同理心和同情心（empathy and sympathy）的技巧让我们与故事的主人公产生共鸣，这些技巧有多种多样的实现方式。一位电影制作人会使用面部表情的特写镜头和有情感的音乐在我们和主角之间建立情感桥梁。小说家经常使用主人公内心的声音。游戏设计师可以自由选择如何让我们在情感上接近玩家角色。但这些都需要付出额外的努力，因为面部特写和内心独白通常很难优雅地融入我们的设计中。许多伟大的故事都有不止一个主角，有些电子游戏也有不止一个玩家角色。

大多数故事也有一个对立角色（antagonist），也许是一个敌人，他做的事情会成为驱动故事的主要张力（main tension）或核心冲突（core conflict）。许多游戏让玩家对抗必须击败的敌人，但核心冲突不一定来自人或怪物；这可能是世界上的一种事态，让玩家与时间赛跑。主要张力可以对故事和游戏玩法产生非常积极的影响，让玩家集中精力并制造兴奋感。

冲突与叙事的关系可能是一个热门话题。作家 Ursula K .Le Guin 写道："现代主义的写作手册经常将故事与冲突混为一谈。这种简化主义反映了一种文化，这种文化会夸大攻击性和竞争性，同时培养对其他行为选择的选择性无知……冲突是一种行为。但在任何人类生活中，还有其他同样重要的行为，例如联系、寻找、失去、承受、发现、分离和改变。"这份行为列表是送给任何寻求探索游戏玩法新领域的游戏设计师的礼物。

我同意冲突在讲故事中的作用被过分强调并带来了包袱。但我也相信，想要在讲故事中淡化冲突的人们必须非常努力地以其他方式引起人们的兴趣，才能吸引观众的注意力。

故事的主线通常是由主人公渴望的东西提供的，一些讲故事的人称之为外在欲望（external desire）或外部目标（want）。主角为了得到那个东西而采取的行为，在他们人生梦想（life's dream）的更大背景下，推动他们完成故事，让他们接触到构成故事主体的有趣角色和场景。在努力实现目标的过程中，主角通常会为一些难以看到或名状的事物而挣扎，这与他们的性格、局限性和个人成长有关。一些讲故事的人称这是一种内在欲望（internal desire）或内心需求（need），而主角处理这种隐藏的欲望、成长、做好某些事情、成为一个全新的人的方式，往往包含了故事的真正含义。

在故事的第一部分通常会看到主人公在家里，处在对于他们来说是普通世界（ordinary world）的现状（status quo）中。然后发生了一些事情，开始推动他们进入故事：这被称为激励事件（inciting incident）。主角一开始可能会抗拒，但最终他们开始了一段旅程（journey），在途中遇到新奇或具有挑战性的情况和角色（characters），并以我们觉得有趣的方式在故事中前进，并让我们产生情感连接。当然，他们在这段旅程中试图实现他们的外在欲望，但随着他们的前进，他们的内在欲望会以各种方式受到考验或被激活，从而将他们的旅程转向新的有趣的方向。叙事者将使用诸如伏笔（foreshadowing）之类的技巧来为即将发生的事情做好准备，并使用铺垫和呼应（plants and payoffs）让我们贯穿整个故事。他们会使用反转（reversals）来让我们感到惊讶，并通过揭示（reveals）来满足我们。他们可能偶尔会使用红鲱鱼①（red herrings）来转移我们的注意力，或者使用麦高芬②（MacGuffin）来创造故事的原动力和连续性。

在很多故事中，主人公的处境最终都遇到了危机（crisis）。似乎一切都失去了，主角的外

---

① 红鲱鱼（Red Herring）是一个英文熟语，指代一种以修辞等文学手法转移议题焦点与注意力的手段，或一种政治宣传、公关及戏剧创作的技巧，也可指代一种逻辑谬误。在文学、戏剧，尤其是推理小说的创作中，红鲱鱼通常代表"误导"读者思路的诱饵，让读者在看到结局之前，误以为某人为凶手或某事件为破案关键。——译者注

② 麦高芬（MacGuffin）是电影用词，指在电影中可以推进剧情的物件、人物、或目标，例如一个众角色争夺的东西，而关于这个物件、人物、或目标的详细说明不一定重要，有些作品会有交代，有些作品则不会，只要是对电影中众角色很重要，可以让剧情发展即可算是麦高芬。——译者注

在欲望永远无法实现。但往往主人公的个人成长与内心欲望的关系在这一刻被推到了前台，他们的行为达到了高潮（climax）。我们看到一切都在这个强烈戏剧性的时刻达到高潮，并发现事情将如何发展。主角旅程的最终结果在解决（resolution）中展示，因为它影响着他们生活中的人们和他们所生活的世界。

这个故事结构的简短摘要使用了各种来源的术语，我感谢我的同事 Irving Belateche 和 Jack Epps Jr. 提供了其中的大多数。你可以读到并使用许多故事结构。其中最著名的也许是英雄之旅，起源于 Joseph Campbell 的《千面英雄》（The Hero with a Thousand Faces）一书，并由 Christopher Vogler 的《作家之旅》（The Writer's Journey: Mythic Structure for Writers）推广开来。英雄之旅对于游戏设计师来说是一个很好的入门故事结构，因为它很容易映射到我们许多游戏的基于任务的结构上来。请注意，对英雄旅程的不熟练使用可能会导致陈词滥调和平庸的故事，充斥着所谓"救世主神话"所带来的典型问题。但在合适的人手中，它也可以带来伟大的艺术作品，比如 thatgamecompany 的《风之旅人》。

Blake Snyder 的《救猫咪！》（Save the Cat!）是一个很好的故事结构初学者指南。Jack Epps 的书 Screenwriting Is Rewriting: The Art and Craft of Professional Revision 将教你很多关于优秀作品的迭代性的知识。你可以通过自己的研究发现更多关于故事结构和写作的优秀书籍。要查看不同故事结构专家使用的许多术语，请参阅 Ingrid Sundberg 的《拱形情节结构》。你可以在网上找到它，其中包含一张图表，清楚地显示了许多用于指代我在上面描述的元素的不同名称，以及它们的来源。

你可能会有所怀疑，想知道我们从哪里学到的这组讲故事的基础知识。许多伟大的讲故事的人不关心故事结构的讨论。他们只是坐下来开始写作，依靠他们以清晰有趣的方式描述人和事件的能力，让我们能够与想象中的人产生共情，让我们笑或哭，让我们着迷于他们展开的故事。

但对于游戏设计师来说，我认为如果要成功地组合游戏玩法和故事中的上升和回落能量，我们需要对故事结构有一些基本的了解。我上面描述的组件为你自己的游戏设计和讲故事实践提供了一个起点。像每个讲故事的人一样，你可以自由挑选、混搭和尝试新事物。如果你遵循这种久经考验的模式，你可能会更快地提升你讲故事的技巧，或者你可能会发现尚未被考虑的、让玩家着迷的奇妙新方法。

如何改进游戏中的故事

有很多书专门介绍讲故事的技巧和游戏的叙事设计，你当然应该努力磨炼自己作为作家、叙事者和叙事设计师的技能。但是，你可以在短期内改善游戏中的故事的最佳方法非常简单：与作家合作。

除非你有成功的创意写作的历史，否则不要犯许多游戏设计师（包括我）所犯的狂妄错误，并尝试在没有专家帮助的情况下编写你的游戏。写好故事是非常困难的。它需要心理治疗师的洞察力，社会学家的细节导向，诗人的抒情性以及单口相声演员的笑话写作能力。很有可能，无论你住在世界上的哪个地方，你离一位伟大的作家甚至是他们的整个社区，都只有一英里或十英里之内的距离——他们善于撰写角色对话（在我的经验里，这是令我头疼的部分），热爱电子游戏，并愿意为你打工来支付房租。

过去很难找到懂游戏设计或能够学会理解它的作家。如今，这两件事都变得容易多了，因为我们中的许多人都是玩着游戏长大的。你应该花一些时间与你的作家合作，以帮助他们了解你的游戏是如何运作的，它的需求是什么，以及他们如何适应你的创作过程。但通常这种时间投入不仅会带来出色的角色、情节和对话，还会带来全新的游戏设计理念。

尽早找到你的作者——最好是在项目开始时。作家融入设计团队以及整体设计过程的程度越高，团队中的每个人以及最终的游戏都会变得越好。只有在很少的情况下，将故事改编进已经完成设计的游戏能带来同样的效果。话虽如此，如果你在开发后期才找到你的作家，也不要惊慌。伟大的作家可以施展魔法，即便只是简单地润色游戏的对话也可以为游戏带来彻底的变革。

你应该期望在整个开发过程中与你的作家或作家群一起工作。有时他们很忙，有时他们无事可做。根据你正在开发的游戏类型，作者的工作可能会在项目完成之前很早就完成了。但在我的游戏开发经验中，新的写作工作一直出现在整个开发过程中，包括环境叙事（关卡中海报或广告牌上的文字，或游戏内物体上的文字），界面设计（名字和收藏品的描述性"风格文字"），以及游戏之外但与玩家体验相关的材料，如开发博客的条目和社交媒体帖子、广告文案和预告片的画外音对话。

也许最重要的是，你的游戏作家应该有权做出创造性的决定。一个对团队没有影响力的游戏作家的决策往往会被其他人所忽视或覆盖，这导致游戏玩法和故事不能很好地结合在一起。游戏的制作人应该支持作家——不是盲目的或无条件的，而是让团队中的每个人都知道他们的工作是值得尊重的，因为它从根本上影响了玩家的体验。

当有疑问时……

讲故事是一种复杂的工作。有些人将一生都献给了它的工艺。作为游戏设计师，你可能对故事完全不感兴趣，这没问题。游戏设计是一种非常广泛的文化形式，并不是每个游戏都需要一个故事。

然而，我坚持我的想法，即我们的大脑，在其大部分正常功能中，通过创造叙事来理解我们的生活。即使游戏没有故事，它也肯定有某种叙事。国际象棋没有故事，但骑士的形状像马是一种叙事元素，两个玩家或两支球队之间的你来我往也是叙事的一种。

所以，在考虑你的游戏的叙事结构时，看看亚里士多德，如果有疑问，就给你的游戏（以及游戏的每个部分）一个好的开头、一个好的中间和一个好的结尾。这听起来可能显而易见，但你会惊讶于我玩过多少游戏（包括我制作的一些游戏），其故事的开头和中间都很好，但结尾却很弱。你不太可能制作一个只有开头和中间，但没有结尾的竞技性游戏（尽管这听起来像是对实验性游戏设计的一个很好的提示），你需要对你的叙事游戏表现出同样的尊重。

这并不是说伟大的故事必须有一个完全解决了所有问题的干净整洁的结局。故事中的开放式结局，让观众对最终发生的事情得出自己的结论，可能与毫无悬念的封闭式结局一样有趣和令人满意。你只需确保以适合情境的方式结束你的游戏，并尊重玩家或者观众给予你的时间。

在下一章中，我们将研究如何使用一种被称为游戏设计宏观方案的轻量级游戏设计文档来规划游戏玩法和故事的上升和回落模式。然后，我们可以使用这个宏观方案来安排游戏的创作进度表，以用在被我们称为全面制作的阶段。

17. 预制作交付物——游戏设计宏观方案

游戏设计文档是对游戏设计计划的记录。在游戏行业的早期，游戏设计文档作为游戏设计的来源，被非常重视。在团队其他成员完成大量游戏开发工作之前，游戏设计师花时间撰写大量游戏设计文档，但几乎没有人读这些文档。一旦游戏在现实中被开发出来，它们最终会被扔掉。如今，游戏的设计通常与垂直切片的制作同时进行，设计师在进行时撰写足够的文档就行。这样好多了。

游戏设计文档是必要且重要的。特别是，在预制作期间，我们确实需要为接下来的项目阶段制订计划，即全面制作。挑战在于撰写一个有足够细节但又不过多的游戏设计文档。在本章中，我们将了解 Mark Cerny 的游戏设计宏观方案概念，以及设计师如何使用它来掌握游戏的范围。

为全面制作制作一张地图

我明智地从一张地图开始，让故事融于这张地图……另一种写作手法是混乱和不可能的。

——J. R. R. 托尔金，《J. R. R. 托尔金的书信选集》，177

托尔金写《指环王》时，首先设计了一张中土的地图，这是他史诗般幻想的背景，"对距离一丝不苟"。将魔戒归还魔多的故事取决于人、动物、物体和信息在这片土地上移动的速度。通过在开始写作之前设置好地图，托尔金能够确定故事的一个关键方面——距离——并能够创造出他的复杂而高度结构化的故事。

想象一张整个不列颠群岛的概览图。你可以看到大城市和规模稍大的市镇，一些山脉和森林，以及高速公路和主要道路——但你看不到大本钟、爱丁堡城堡或我长大的北格洛斯特郡的小镇。但是，你可以使用这样的地图来计划一场穿越英国的旅程，并且可以在旅途中获得更多详细信息。

游戏设计宏观方案是这样的：它是我们游戏设计的概览图，我们可以使用它来引导整个制作过程。通过使用游戏设计宏观方案，我们可以找到制作一款出色而精美的成品游戏的最佳途径。它将有助于引导我们的创造力并防止我们绕圈子。

为什么要使用游戏设计宏观方案

游戏设计宏观方案是一个精简的游戏设计文档。它是一个想法矩阵，代表了我们游戏设计的概述。它以简洁的方式列出了我们游戏的所有重要方面，为我们提供了足够的信息来指导项目。它不会详述细节，因为当我们在开发游戏时总会有新的发现，它们很容易发生变化。我们应该能够从游戏设计宏观方案上一眼看出项目重要的量化方面：游戏有多少关卡或地点，有多少角色，有多少主要目标类型等等。

游戏设计宏观方案的概念来自 Mark Cerny，他在 2002 年的 D.I.C.E 演讲中谈到了他称之为塞尔尼方法的数字游戏开发方法。

在塞尔尼方法中，完全抛弃了传统的设计文档。相反，设计分为宏观和微观设计。宏观设计是一个五页的文档，它提供了适合你的游戏的框架，并且可在预制作结束时交付。微观设计就是你的游戏本身，是在生产过程中动态创建的。通过将这两者分开，你可以制作出一款保持连贯性且充满乐趣的创意游戏。

宏观设计在预制作结束时完成。微观设计是在制作过程中创作的……这种方法用来应对游戏开发中一个最危险的误区："你最初的愿景越明确越好"。

Mark 继续批评了我们需要在开始制作游戏之前编写一个上百页的游戏设计文档的想法。他告诉我们，我们不仅不需要这个文档来开始我们的游戏，我们也永远不需要它。撰写这样的文档是对资源的浪费，并且会让你误以为自己知道的比实际知道的多。而且，正如 Mark Cerny 所说，"无论它多么出色，我向你保证：没有玩家会喜欢你的游戏设计文档。"

不过，我们确实必须制作一些文档——我们不能盲目地投入到全面制作中。我们需要一张地图。我们制作游戏设计宏观方案的基础是我们在制作垂直切片时发现的内容。它包含我们进入全面制作所需的设计信息和设计决策，到此打住。

Mark Cerny 告诉我，游戏设计宏观方案的想法是为《古惑狼 2：皮质反击》(Crash Bandicoot

2: Cortex Strikes Back）发明的。通过研究《杰克 3》（Jak 3，一个我在接近开发尾声时加入的项目）的宏观方案，我详细了解了游戏设计宏观方案的细节。然后，我作为《杰克 X：战斗赛车》（Jak X：Combat Racing）的首席游戏设计师以及我参与的所有三款《神秘海域》游戏，继续为游戏设计宏观方案做出贡献。我相信顽皮狗、Insomniac Games 和其他使用该技术的工作室都创造了质量很好的游戏，清楚地表明了游戏设计宏观方案的有用性。

游戏设计宏观方案和我们的项目目标

游戏设计宏观方案与我们在第 7 章讨论的项目目标有着重要的关系。你可以将宏观方案视为我们在项目目标中设定的体验目标和设计目标的扩展和更详细的定义。

有时，我们的项目目标可能会在预制作过程中发生变化。这可能会发生，因为在我们制作垂直切片的工作中产出的游戏与我们的项目目标不完全匹配，但足够吸引人，于是我们想要遵循一个新的方向。发生这种情况时，重要的是在开始撰写游戏设计宏观方案之前修改你的项目目标。如果你要锁定新的项目目标，你最迟应该在预制作结束时完成，同时完成游戏设计宏观方案。我们总是希望项目目标和游戏设计宏观方案在进入全面制作阶段时保持一致，从而与我们的愿景保持一致。

游戏设计宏观方案的两个部分

在他的 D.I.C.E. 谈话中，Mark Cerny 将游戏设计宏观方案描述为两个部分。第一部分是一个简短的游戏设计概述，总结了游戏的核心元素：游戏的基本元素，游戏最重要的特殊机制，以及游戏情节的简要概述。

宏观方案的第二部分是一个宏观图表，它是一个电子表格，提供了游戏关卡的逐步细分，以及每个关卡内发生的动作、活动和故事节拍。第二部分通常需要更多的设计精力来创作，而在顽皮狗，宏观图表和游戏设计宏观方案两个词几乎是相同的意思。

游戏设计概述

专业游戏开发团队应该在制作垂直切片期间或之后创作游戏设计概述文档。同样，它应该是一个较短的文件：根据项目的规模，在五到二十页之间。它应该包含对游戏中所有最重要的游戏设计和叙事元素的介绍，以及组成游戏方向的其他重要元素。

它应该描述我们在第 10 章中讨论过的角色、相机和控制的"3C"，并且应该讨论游戏的主要机制、动词和玩家活动。如果游戏有一个故事，它应该介绍游戏中的重要角色以及游戏情节的概述。它应该展示或描述游戏计划好的艺术方向、声音设计、音乐和图形设计，并应该阐明游戏的基调和情绪。

游戏设计概述是游戏设计宏观方案的重要组成部分，有助于团队的创意领导向团队成员、项目利益干系人和任何其他相关方表达他们的想法。因此，它代表了一种基于我们在垂直切片中看到的设计元素的社会契约。

（在我为期 15 周的单学期课程中，我没有让我的学生创作游戏设计概述。我们可以在垂直切片中轻松看到、听到和玩到他们游戏的 3C、核心玩法和审美方向，而且我不想在可能是他们游戏开发中最紧张的阶段之一为他们添加负担。但是，如果我的课程持续了一个完整的学年，我肯定会让我的学生写一份游戏设计概述文档，练习撰写清晰、引人入胜的游戏设计文档的能力和为他们的游戏设定方向的能力。）

游戏设计宏观图表

游戏设计宏观图表是通过详细思考游戏的体验流程并将其写在电子表格中而制作的。这是游戏设计宏观方案中最困难的部分，也是最有价值的部分。它有助于我们就游戏中发生的事情达成一致，并且是朝着控制我们的项目范围迈出的重要一步。

游戏设计宏观图表是由十列或更多列组成的电子表格，并且需要尽可能多的行来足够详细地描述游戏。

在这个电子表格中，我们必须描述（用 Mark Cerny 的话说）"游戏中的哪里有哪种游戏玩法"。我们还必须注意"你打算使用的每个机制都应该在此图表中"。我们在制作游戏设计宏观方案时的目标是"了解游戏里计划好的多样性、游戏范围及其高级结构"。

电子表格的垂直轴代表时间，游戏的最早部分在顶部，游戏结束部分在底部（本章后面我将讨论如何使用宏观方案来处理非线性游戏）。电子表格水平轴上的列用于列出对游戏每个部分的设计很重要的信息。

《神秘海域 2：纵横四海》的游戏设计宏观方案是一个大约 70 行长的电子表格，它显示了我们在一年半后发布的游戏结构，几乎精确到 5% 或 10%。因此，宏观图表比任何在预制作期间编写的百页游戏设计都更加具体。它将重要的细节固定到位，但它具有足够的抽象级别，你不会浪费时间设计以后会更改的设计元素。

游戏设计宏观图表的行和列

让我们开始更详细地分解游戏设计宏观图表。我们将从 Mark Cerny 在他的 D.I.C.E. 讲座中给出的一个例子开始。

每行描述其中一个关卡。相关信息因游戏而异，但在一种可能的情况下，它是关卡的区域设置，无论是 3D 还是 2D 关卡，它包含什么"特殊"的游戏玩法，玩家必须收集什么才能进入这个关卡，以及玩家可以在关卡中收集哪些物品。

Mark 的例子来自游戏规模较小的时代。今天，游戏设计宏观图表中的一行只能描述一个关卡的一小部分。但是 Mark 为我们思考宏观图表的每一行提供了一个很好的起点。

每行应描述：

- 那部分游戏的环境

- 环境中的物体和人物

- 那里发生的游戏玩法类型

- 玩家必须做或可以做的事情

对于具有叙事成分的游戏，该行还应该从故事的角度描述发生的事情。

每个游戏都是不同的。当我在南加州大学任教时，我想把游戏设计宏观方案带给我的学生，作为制作游戏设计文档的更佳替代品。但一开始我很犹豫：在我擅长的角色动作叙事游戏品类之外，这个宏观方案是否可以用来描述各种各样的游戏？

令人高兴的是，我发现这个问题的答案是肯定的。大多数游戏类型的设计都受益于预制作结束时在电子表格中进行总结。制作游戏设计宏观方案是检查任何游戏结构并掌握其范围的好方法。

游戏设计宏观图表模板

图 17.1 是帮助你开始制作游戏设计宏观图表的模板。该模板实际上只是一个电子表格，每列都有一个标题。添加尽可能多的行来描述你的游戏。

位置/序列名称	时间/天气/心情	活动简述	玩家机制	玩家目标	设计目标	情绪节拍	遇到的角色（包括敌人）	遇到的物体	需要的其他资产	音频笔记	视觉效果笔记

图 17.1　一个游戏设计宏观图表模板。

不同风格的游戏可能需要不同的游戏设计宏观图表标题，但这个模板是一个很好的起点。请随意制作符合你需求的标题。以下是对大多数列的描述，除了玩家目标、设计目标和情绪节拍之外，我将在最后它们各自的部分进行详细描述。

位置/序列名称

最左边的列通过描述该行的事件发生的位置为我们提供了该行的标题。它可能在"一口老井的底部"或"在气闸内"。我可以想象一个没有地点的游戏，或者游戏事件与地点没有严格联系的游戏，这就是我为这个标题提供了一个替代名——"序列名称"的原因。

时间/天气/心情

黎明，早晨，下午，黄昏，还是夜晚？适中，闷热，还是暴风雨？或者，是什么心情？如果艺术总监需要创作"颜色脚本"以计划游戏中的调色板和情绪进展，那么这一栏很有用。

活动简述

简而言之，从游戏玩法和故事的角度来看，这里会发生什么？这是一个提供非常简要概述的地方，此行中的其他列将对此进行补充。

玩家机制

玩家可以在这部分游戏中使用哪些机制？即使你不期望玩家会全部使用它们，它们也应该在可以在使用的每个部分中列出。列出玩家机制将提醒玩家已经学会做什么和可以做什么。它还可能为游戏的这一部分提供设计机会。

使用颜色编码或粗体显示新引入机制的时间。你甚至可以在一个单独列中列出新机制。思考这部分游戏是否需要花时间介绍和练习新东西是非常有用的。有些游戏在引入后也会去除游戏机制，你也可以在此处指出。

如果游戏随着时间的推移在多个玩家角色之间跳转，你可以指出在此列中使用了哪个玩家角色，或者——甚至更好地——将该信息分解到单独的列中。

遇到的角色（包括敌人）

玩家在这部分游戏中会遇到哪些角色？请记住，敌人也是角色！如果它对你有用（就像在《神秘海域》中对我们有用），请将友好或中立的非玩家角色和敌人分成两到三个不同的列。

遇到的物体

在这部分游戏中可以找到哪些物品？可以解锁的门？钥匙和开关？里面有一分钱的易碎罐子？有弹性的平台？奥术卷轴？播放语音邮件的手机？拼图物品、能量提升道具、武器、盔甲、药水和小饰品都应在此处列出，以及任何提供叙事的物品，如信件、书籍或录音。

需要的其他资产

这里的资产是指完成游戏的这一部分所需的视觉艺术、动画、音频和触觉（控制器振动）设计元素。它们通常只是为了审美价值而存在的东西，也许是在背景中。即使制作它们只是稍微耗时，也请在此处列出。

音频笔记

游戏设计师常常未能及早考虑他们游戏的声音设计。这是一个很大的错误——我们从一开始就应该考虑声音设计，这样才能制作最好的游戏。包含此列有助于从宏观层面详细考虑游戏的音频需求。游戏有音乐吗？还是只有环境声音？制作音效是否会特别困难或耗时？配乐会自适应吗（它会根据游戏中的事件而改变吗）？

在这里做足够的笔记来表明你计划做的音乐和声音设计工作的规模和范围。与声音设计师或作曲家一起完成游戏的过程称为声音或音乐的"定位"，因此请抓住机会与音频人才合作，尽早开始定位垂直切片以帮助你撰写游戏设计宏观方案。

视觉效果笔记

类似地，游戏设计师经常无法及早考虑他们的游戏将包含的视觉效果。制作视觉效果可能很耗时，因此你应该在游戏设计宏观方案中至少列出游戏每个部分的主要视觉效果。

玩家目标、设计目标和情绪节拍

受我朋友 Amy Hennig 的角色动作游戏设计理念的影响，我设计了这些列标题来帮助我们思考游戏设计的分层性质。

玩家目标

当有人玩游戏时，他们会根据游戏告诉他们的信息、他们想做的事情、他们对游戏运作方式的理解以及他们在其他类似游戏中的经历为自己设定目标。这种自我目标设定的过程被 Mihaly Csikszentmihalyi 描述为"自我意识"，他将其与坚持、好奇心、积极性、对经验的开放性和学习意愿联系起来（Csikszentmihalyi 是一位心理学家，因其"心流"概念而为游戏设计师所熟知，"心流"是运动员、外科医生和游戏玩家等高度集中的精神状态）。

简单地说，游戏每个部分的玩家目标是持有控制器的玩家想要做的事情或认为他们应该做的事情。使用你可以使用的所有创造性手段，以及你对人类心理学的理解，对玩家将为自己设定的目标做出最佳预测。如果你熟悉敏捷开发中的用户故事概念或用户体验设计中的用户旅程概念，那么玩家目标包含了两者中的一些内容。

一个优秀的游戏设计师永远不会忘记这样一个事实：当玩家第一次接触游戏时，他们不知道自己能做什么，也不知道他们应该如何去做。玩家可能会带着一些先入之见，并且会根据游戏提供给他们的最微弱的信息痕迹迅速得出结论。但作为设计师，我们有责任塑造我们的玩家对这款游戏的内容以及玩法的理解。很快，通过实验控制和观察游戏环境，我们会逐渐产生理解。

Anna Anthropy 和 Naomi Clark 在她们的《游戏设计要则探秘》（Rise of the Videogame Zinesters）一书中，讨论《超级马里奥兄弟》的"世界 1-1"关卡时，给了我们一个很好的例子。在谈到优秀的游戏设计如何通过游戏来教授游戏的机制和元素时，她们说：

> 1985 年的《超级马里奥兄弟》不需要教程。它使用一种交流性视觉语言和对玩家心理的理解——从观看玩家玩游戏、改变游戏并再次观看游戏中获得——来引导玩家理解游戏的基础知识。那些最初的画面会教玩家需要知道的一切：马里奥从一个空屏幕的左侧开始，面向右侧。漂浮的、闪亮的奖励物体和缓慢但具有威胁性的怪物——以相反的方向与马里奥对立——给了玩家跳跃的动力。

随着玩家继续玩游戏，他们设定了越来越多的目标，不断探索和学习技能。他们可能会决定他们必须去某个关卡中的某个地方，收集一些物品，或者找到一把钥匙来打开一扇门。作为设计师，你的工作是在玩家设定目标时指导他们的体验。在"玩家目标"下，写下你希望玩家理解的内容，作为他们在这部分游戏中的目标（或可能的目标）。在游戏测试期间，你可以跟踪玩家如何为自己设定或不设定目标，并相应地调整你的设计（在这里回想一下我们在第 12 章中讨论的游戏设计师模型、系统映像和用户模型可能会有所帮助）。

游戏的设计者可能会为他们的玩家设定明确的目标。我们可以在关卡开始时用文字气泡告诉他们："收集一百颗星星，在计时器用完之前到达终点线！"或者，也许我们会让玩家自己弄清楚他们必须做什么才能取得进步。在这种情况下，我们必须决定如何（以及在多大程度上）诱使玩家理解游戏的目标。

设计目标

游戏设计师通常希望通过游戏的一部分来实现其他目标，而不仅仅是让玩家设定他们的目标。我们想教给玩家一些东西，让他们有机会练习他们已经学过的东西，测试他们的技能，或者给他们设置一个谜题。我们可能想在游戏的故事中引入一个新角色，建立预先存在的角色之间的关系，或者展示一个标志着重要情节点的事件。我们可能还有其他更复杂的目标。

游戏每个部分的设计目标是设计师试图在游戏的那个部分实际实现的目标。它可能就像向玩家介绍"跳跃"机制一样简单，也可能像让他们发现一种使用现有能力击败终极敌人的新方法一样复杂（塞尔达游戏经常这样做）。

有时玩家的目标和游戏设计师的目标以一种简单的方式排列在一起："到达关卡的尽头，在计时器用完之前收集一百颗星星，并且玩得开心！"但很多时候，玩家想要的东西和设计师想要的东西之间的相互作用更加复杂——并且可以为设计师创造一些极好的创意机会，我们稍后会看到。

因此，在"设计目标"下，写下你作为游戏设计师希望在这部分游戏中实现的目标。在游戏测试期间，你可以跟踪你实现此目标的情况。你有没有教给玩家你想介绍的新机制？你让他们喜欢友好的 NPC 吗？他们是否为自己设定了你希望他们设定的玩家目标？

情绪节拍

当玩家玩游戏的一部分时，他们对那部分会产生主观的体验。回想一下我们是如何在项目构思阶段结束时为我们的游戏设定整体体验目标的。在第 7 章中，我们从思想、记忆、想象、意志、感知和情感的角度讨论了体验，尤其关注情感。我们现在将更加关注情绪，以确定伴随游戏每个部分的"情绪节拍"。你可以将情绪节拍视为一系列子体验目标。

游戏的每个部分都有机会塑造玩家在玩游戏期间的情感和智力体验。通常关注情绪是最好的，这就是游戏设计宏观图表的这一列标题为"情绪节拍"的原因。对于有故事的游戏——或者任何类型的叙事元素——玩家在游戏中的情绪表现是至关重要的。游戏中的每一刻都可能让玩家感到高兴或兴奋、孤独或悲伤，或者 Robert Plutchik 博士的"情绪之轮"（图 7.2）中显示的任何内容。

（如果超越情感去思考其他类型的体验是有用的，那么就这样做。也许你的游戏会以一种令人难忘的方式传达新的想法；游戏的实际教学应用是广泛的。也许它会给你的玩家一种纯粹的感性体验：对橙色这个色彩的生动的、新的欣赏角度，或者是人们从 ASMR 视频中得到的汗毛直竖的感觉。如果你想专注于非情感类型的体验，请考虑添加适当的列，例如"感知节拍"或"概念节拍"。）

计划一系列情感体验对于任何讲故事的人来说都是一项关键技能，并且对游戏设计师来说，也越来越是如此。Matthew Luhn 是一名作家和前皮克斯叙事作者，在创作《神秘海域 2》期间，我们一群顽皮狗的人参加了他的一个研讨会，以提高我们的讲故事能力。在他的书 *The Best Story Wins: How to Leverage Hollywood Storytelling in Business and Beyond* 中，Matthew 描述了产生多巴胺的乐观情绪和释放催产素的悲观情绪的对比模式如何产生强大的情感影响。他以皮克斯的《飞屋环游记》开头为例，影片的前五分钟让许多观众热泪盈眶。Matthew 透露，这个序列之所以如此动人，部分原因是它的快乐和悲伤时刻的快速出现。他说："当我们将这些悲伤和快乐的时刻放在一个故事中时，我们就为人们的心灵建造了一个游乐园。起起落落，紧张和放松，你创造了一个让观众投入全身心的故事。"相同地，很容易看出游戏玩法的起起落落是如何让玩家被优秀游戏的流畅状态所吸引的。

心理学和个人经验告诉我们，最强烈的情感体验会随着时间的推移而建立。想想我们对老朋友、父母或长期伴侣的深爱。想想我们在失去其中之一时可能会感到的深切悲痛。生活的偶然性会产生情感的高度和深度，但在一部优秀的电影或游戏结束时获得的巨大情感回报并不是偶然发生的：电影制作人或设计师已经把你带到了那里。Jesse Schell 的优秀著作《游戏设计艺术》的第 16 章描述了设计师、艺术家和演艺人员如何使用"兴趣曲线"来规划引人入胜的体验序列。

我们将目光投向作为项目目标的持久情感体验，它是由对比情绪的模式组成的。这是人们经常忽略的一点：为了讲述一个关于一种情绪的故事，你必须使用多种情绪。一个悲伤的故事不能全是悲伤的：如果我们没有一路经历一些快乐，我们就不会深刻地感受到悲伤。

因此，在我们的游戏设计宏观方案中，"情绪节拍"一栏描述了设计师希望玩家在游戏中的那个时刻产生的感受。游戏设计师有许多塑造情感的技巧。其中最强大的一项是声音设计（包括音乐创作），但是游戏写作、调色板、视觉构图、灯光、角色设计，当然还有游戏机制，都在塑造玩家的情感方面发挥着作用。

当然，认为我们可以完整且可预测地塑造每个人的情绪是错误的。我们每个人都以自己的方式对艺术品做出情感反应。艺术家塑造的情感的可能性和模糊性是艺术伟大的一部分。这就是在我们每次接触一件杰出的艺术品时都能感受到新鲜和新奇的原因，也正是它使我们有可能随着时间的推移对同一件艺术品产生不同的情感反应。

在游戏设计宏观图表中阐明我们游戏的每个情绪节拍有助于设计师制作更好、更具情感影响力的游戏。它还有助于我们进行宏观层面的规划，要求我们从玩家的主观角度思考游戏的结构，从游戏玩法和叙事的角度来看。

玩家目标、设计目标和情绪节拍之间关系的一个例子

玩家感知到的或为自己设定的目标，游戏设计者为游戏的一部分设定的目标，以及游戏在玩家身上产生的情感体验，三者之间的复杂的关系是游戏设计艺术的关键部分。让我们看一个玩家目标、设计目标和情绪节拍之间关系的例子。

在《神秘海域 2：纵横四海》的开头，我们的主角 Nathan Drake 在一辆失事的火车车厢中醒来，该车厢悬挂在冰冻的喜马拉雅山脉中一个万丈深渊上方的边缘。玩家通过简短的过场介绍认识 Drake，他们看到他受伤了。我们希望他痛苦不堪的脸的特写足以开始引起玩家的同情。

片刻之后，Drake 从座位上滚了下来，从垂直悬挂的火车车厢跌落了 30 米，当他痛苦地从扭曲的栏杆上弹起时，他设法抓住了一根扭曲的栏杆，然后被挂在车厢的最底部。既然玩家了解了 Drake 的困境，那我们接下来便希望能够启发他们帮助他摆脱困境。这很自然地设定了玩家目标。玩家可以清楚地看到 Drake 没有办法安全下落：他下方的悬崖太深了。唯一的逃生方法就是往上爬。

许多（尽管不是全部）电子游戏玩家会自然地推动上的左摇杆，让 Drake 开始移动。栏杆的设计表明他只能向左移动，当他这样做时，他会绕过一个角落。玩家现在可以再次从视觉设计中看到，他们可以让他向上爬。玩家开始实现他们为自己设定的目标。

当然，我们的设计目标之一是让玩家将 Drake 带到安全的地方。但更大的设计目标是教给玩家我们游戏的核心机制。当玩家帮助 Drake 爬上被毁坏的火车车厢时，我们让他们经过精心安排的一系列动作，向上、绕行和穿过火车车厢，使用屏幕提示引入新的按钮，按下按钮以激活 Drake 的各种攀爬、跳跃和摆动的能力。玩家将在接下来的游戏中使用这些能力，这是他们第一次学习的地方。

所以，我们这里的设计目标是为玩家提供一个教程。许多电子游戏都是从教程关卡开始的，你可能想知道这有什么大不了的。这个序列的技巧伴随着这一部分游戏的情绪节拍。Drake 攀爬时发生了意想不到且近乎灾难性的事情：一大块碎片从他身边坠落，一个火车座位在他悬挂时掉落了下来，他紧抓着的一根管子朝一个意想不到的方向摆动。所有这些都会让人产生惊喜、恐惧和兴奋，并以一种乐观和悲观的混合模式加剧玩家的紧张情绪。即使我们的理性头脑知道我们的主人公一定会挺过去，我们情绪化的头脑也会被正在上演的戏剧性场景欺骗，进而产生怀疑的情绪，我们大脑的两个部分都渴望看到接下来会发生什么。这就是讲故事的方式。

通过将"让 Drake 安全"的玩家目标与"教给玩家游戏的核心机制"的设计目标和"惊

喜与恐惧"的情感节奏相结合，我们能够制作一个教程关卡，把玩家带入游戏并教他们一些东西，而他们甚至没有意识到他们正在学习。

在《神秘海域 2》的开头，玩家通常只是认为他们已经进入了一场激动人心的冒险。他们可能永远不会考虑我们这些设计师刚刚教给他们的东西，或者他们将如何在游戏的后期使用这些知识。设计师绝不会冒着疏远玩家的风险，让他们在真正开始玩游戏之前完成一系列严肃的教程。

每款游戏都有这样的机会，以优雅有趣的方式教授新玩家，而扩展可能性在于——在整个游戏中创造精彩的时刻——是无穷无尽的。通过将我们对游戏每个部分的理解和规划分解为对玩家目标、设计目标和情感节拍的考虑，我们可以更深入地了解我们在游戏中想要做什么，并可以发明巧妙的新方法来创造独特的游戏玩法和讲故事的体验。

游戏设计宏观方案的优势

撰写游戏设计宏观方案而不是冗长的游戏设计文档有两个主要优点。一是传达游戏设计理念，二是协助项目全制作阶段的时间调度。

作为沟通工具的游戏设计宏观方案

我在职业生涯之初被要求写的一百页文件从未得到我的同事的欢迎，而文档在他们的办公桌上积满了灰，没被阅读过一次。但是我在顽皮狗工作的游戏设计宏观方案总是被我们团队中的大多数人热切期待，并且被仔细研究其中内含的信息。为什么差别这么大？

游戏设计宏观方案具有很好的可读性。如果它写得好，布局清晰，文字短小易于阅读，那么第一眼就可以看到最重要的细节，第二眼关键信息就能跳出来，仔细阅读可以很容易地发现重要的细节。

使用信息设计技术，如对宏观图表中的单元格进行颜色编码，将某些关键字改为粗体和斜体，仔细调整其列宽，以及冻结电子表格的第一行（因此它永远不会滚动到屏幕顶部之外），这些都可以使游戏设计宏观方案易于阅读。

使用流程图可以使宏观方案更清晰、更易于阅读，就像 Insomniac Games 的导演和设计师 Brian Allgeier 在他的 *Directing Video Games: 101 Tips for Creative Leaders* 一书中所描述的那样。

在一篇题为"提供结构：宏观方案如何保持项目正常进行"的博文中，Brian 使用《瑞奇与叮当的未来：时间裂缝》的设计示例来补充说明了基于电子表格的游戏设计宏观图表的技术。他展示了如何使用概念艺术和屏幕截图来开发"视觉宏观方案"，以及如何使用宏观方案来制作一个颜色脚本，也就是"一个用于'绘制'色调、情绪以及全部体验情感的图像。"

游戏设计宏观方案的游戏设计概述部分对于将项目推销给高级制作人、工作室领导、发行商和其他项目投资人等利益干系人非常有用。这对于在内部向开发团队推销项目也很有用。

宏观方案中，基于电子表格的宏观图表部分对游戏开发团队特别有价值，他们渴望了解他们将要制作的游戏的结构和内容。游戏中有哪些角色？游戏发生在哪些地点？游戏包含什么样的玩法？故事是如何展开的？在多达数百人的大型开发团队中，很难将这些信息传递给需要它的每个人，但游戏设计宏观方案可以帮助每个人通过二十分钟的阅读来获得这些关键问题的一些答案。

以宏观形式呈现游戏设计信息让人不仅可以更容易地理解内容，还可以更容易地理解游戏的计划序列。正如 Mark Cerny 所说，宏观图表让我们更容易看到：

> 是否某种类型的游戏玩法在结尾或者开头聚集在一起？能力和动作的引入和练习是否平稳分布？阻止我进入关卡的障碍是否有合理的解决方向？

游戏设计宏观方案具有传达游戏设计思想的强大力量。起初，当我们在预制作期间对其进行迭代的时候，我们可以使用它来征求有关整个游戏不断发展的设计的反馈。之后，一旦游戏的设计在预制作结束时锁定，我们就可以使用宏观方案来传达我们承诺的设计决策。我们稍后会回到这个想法。

游戏设计宏观方案作为时间规划的辅助

项目的预制作阶段需要自由发挥的时间，不能按常规安排。但是，如果我们想按时完成所有工作，我们需要为项目的整个生产阶段制定进度表。游戏设计宏观方案与我们在预制作期间的经验相结合，是制定进度表的绝佳起点。由于它是一个宏观列表，我们应该能够为我们的日程安排找到足够详细的颗粒度级别，而不会让我们陷入困境，也就是试图列出我们需要制作的许多小资产中的每一项。

在预制作期间，当我们撰写宏观方案时，我们还花时间创作垂直切片，制作并迭代它们，直到它们足够好，才可以称之为完成。正如我们在第 11 章中讨论的那样，这意味着我们可以收集有关团队的产能效率以及我们需要达到的、质量水平让人满意的迭代次数的信息。通过在预制作期间跟踪我们的时间效率来捕获这些信息将有助于我们制定全面制作的进度表。我们将在第 19 章详细讨论时间规划技术。

游戏设计宏观方案是确定的

游戏设计宏观方案在预制作结束时交付，代表了游戏团队的创意领导对项目规模上限及其内容和结构的明确承诺。在预制作结束后，不应将任何重要的功能或内容添加到游戏设计宏观方案中，也无须删除其他内容。

这意味着游戏设计宏观方案是对抗"范围蔓延"的绝佳方法，这是一个古老的游戏开发问题，开发人员对新想法感到兴奋，并在全面制作期间将它们添加到游戏设计中。范围蔓延——以及被称为"特性蔓延"的范围蔓延类型——以不受控制的方式扩展项目，有时会阻止项目完成。我们将在第 28 章再次讨论特性蔓延。

这并不是说在全面制作期间永远不会发生设计更改：我们稍后将研究在全面制作期间我们可以（并且必须）保持灵活思考的方式。但是通过认真对待游戏设计宏观方案，并提醒自己它是确定的，我们朝着控制我们的项目迈出了重要的一步。令人兴奋的新想法总会在预制作结束后出现，但除非我们的设计在很大程度上失败，否则我们应该坚持现有的想法并努力使其变得一流。我们可以为我们的下一个项目保存这些新想法。

此外，由于宏观方案只是以宏观的方式指定设计，因此在开发人员进行的微观设计方面仍有很大的创造力空间。机会是无穷无尽的，可以肯定的是，我们会受到宏观的约束，但正如每个优秀设计师都知道的那样，约束会激发创造力，而不是阻碍创造力。用 Mark Cerny 的话来说：

> 尽管你的预制作可能已经很好，但你仍然会在生产中学到东西。某些技术、相机、游戏玩法可能比其他的更有效。因此，只要你不违反你的宏观设计，你就可以在制作过程中提升游戏的艺术水平，并确信你不会破坏体验的连续性或一致性。

虽然在预制作结束后我们不应对宏观方案添加任何内容，但在非常特殊的情况下，可以删除或移动内容，因为这不会对进度产生太大影响。通过简单地更改游戏中元素的顺序，你可能会找到解决游戏设计问题的创造性解决方案或改进故事的方法。《神秘海域 2：纵横四海》 开头的火车失事序列，原本按时间顺序是发生在游戏中段的，直到预制作结束后的某个时间才被移至游戏设计宏观图表的开头。

游戏设计宏观方案是游戏设计圣经吗

你有时会听到游戏开发者谈论"游戏设计圣经",但要小心,并检查以确保你理解他们在说什么。他们可能在谈论一个过时的、太大而无用的游戏设计文档。或者他们可能指的是游戏设计宏观方案:要么只是游戏设计概述,要么是包含宏观图表的完整宏观方案。

此外,请注意不要将游戏设计宏观方案与电影、电视、漫画书和小说世界中使用的"作家指南"或"故事圣经"混淆。这些是大型的世界建造文件,展示了一个广阔的虚构宇宙的正传历史、故事传说和基调。一个著名的例子是 Gene Roddenberry 在准备制作星际迷航系列时所写的 *Star Trek: The Next Generation Writers'/ Directors' Guide*。

故事圣经在 IP 授权作品的规划中是必不可少的,并且在总结故事、角色和世界的方式上与游戏设计概述有一些共同点,但是它们的大小和范围使它们与用于计划单个游戏项目的重点设计宏观方案大不相同。话虽如此,如果你正在开发一款部分属于创造 IP 的游戏,那么你和你的同事当然应该为你正在计划的新世界创作一部故事圣经。

为你的游戏制订全面计划这一看似艰巨的任务,现在可能会让你感到有些恐慌。在下一章中,我们将介绍一些简单实用的技术,你可以使用这些技术开始制作游戏设计宏观图表。

18. 编写游戏设计宏观图表

在上一章中，我们讨论了游戏设计宏观图表的内容，即游戏设计宏观方案的电子表格部分。读过它，你可能会感到不知所措。我怎么可能开始为我的游戏制订这个伟大的、宏观的计划？我要从哪里开始呢？

不用担心。首先，我将告诉你 Amy Hennig 在顽皮狗开发的一个技巧，然后我会带你回顾在构思阶段所做的工作。很快，你的游戏设计宏观图表的框架将开始出现。

Amy 和我们的合作团队为《神秘海域 2》和《神秘海域 3》准备漫长而复杂的游戏设计宏观方案的过程始于一堆不起眼的索引卡。Amy 会查看我们对地点、角色、游戏场景和故事节拍的想法列表，然后将每一个都写在索引卡上，为清楚起见对这些想法进行颜色编码：地点使用粉色卡片，事件使用蓝色卡片，等等。

我们会将卡片摆在桌子上并开始洗牌，寻找好的组合：倒塌的桥梁序列和喜马拉雅修道院，一群走投无路的记者和饱受战争蹂躏的城市。很快，一系列似乎可以很好地结合在一起的想法就会出现，我们会将它们钉在 Amy 办公室的软木板上（见图 18.1）。渐渐地，游戏的序列开始融合在一起，并且——经过足够的思考和讨论——宏观设计中的一个完整章节就出现了。

这种有趣的、有触感的、安排和重新安排想法的方法，再加上 Amy 和团队在游戏设计和讲故事方面的知识，意味着我们最终能够为整个游戏制订计划。一旦我们确信的序列出现在软木板上，我们就把它写在我们的宏观图表电子表格中。最终，我们有了游戏设计宏观图表（见图 18.2），准备好传递给游戏开发相关的各方人士。

首先，我们会将其展示给顽皮狗的专业职能负责人和团队成员，以获得他们的反馈。这些人为这个过程贡献了想法，并将这个宏伟的计划付诸实施，因此获得他们的意见很重要。然后，在进行更多修改后，我们会将其发送给索尼互动娱乐（顽皮狗的母公司）的制作人和执行制作人，作为我们"预制作结束"里程碑评审流程的一部分。

图 18.1　引导《神秘海域 2：纵横四海》游戏设计宏观图表的软木板索引卡规划。
请注意，在这个开发阶段，Chloe Frazer 被称为 "Jane"。

你可以使用这种物理索引卡，也可以在电子文档中执行类似的操作。还记得你在构思过程中，在电子表格里制作的想法列表吗？这些列表也是开始准备游戏设计宏观图表的优秀素材。复制粘贴你对地点、游戏玩法、故事事件和角色的想法，混合和匹配它们，以寻找能够让它们搭配得好的组合。很快，你将能够开始将它们组合到游戏设计宏观图表的行中。

GAMEPLAY THEME (FOCUS)	Tranq-gun	Pistol-semi-a	Pistol-semi-b	Pistol-full-a	Pistol-revolver-a	Pistol-revolver-b	SMG-a	SMG-b	Assault-Rifle-a	Assault-Rifle-b	Shotgun 1	Shotgun 2	Sniper-Rifle	Cross bow	Grenades	RPG	Rocket Launcher	Turret 1	Pillbox Turret	Mobile Turret	Museum Guards	Light	Medium	Armored	Shotgunner	Sniper	Shield	RPG	Heavy	SLA Easy	SLA Hard	NON-PLAYABLE VEHICLES	CINEMATIC GAMEPLAY SEQUENCES	Vistas
Highly scripted - traversal / L1 + R1 Lock sequence																																	Exploding Tanker - Washing machine sequence	X
Train Traversal / L1 + R1 Tranquilizer guns / Intro Stealth Attacks / Cover as Stealth	X																				X													X
	X																				X													
Train Traversal / Train Shooting / Introduce Stealth Attacks / Cover as Stealth / Forced Melee	X	X																			X													X
Forced Melee / Basic Gunplay / Intro Traversal Gunplay / Grenades		X							X						X						X													
		X							X						X						X													
Basic Gunplay / Traversal Gunplay		X							X						X							X										Helicopter		X
Basic Gunplay / Traversal Gunplay		X							X						X							X				X						Helicopter		X
Basic Gunplay / Traversal Gunplay		X							X						X							X										Helicopter		X
Basic Gunplay / Traversal Gunplay		X							X						X							X										Helicopter		X
Basic Gunplay / Traversal Gunplay		X							X	X					X	X	X					X	X									Helicopter		
Portable Objects use for fending off bugs w/Fire / Water Currents		X							X		X				X							X	X										Collapsing statue	
		X							X		X				X							X	X											

图 18.2 《神秘海域 2：纵横四海》游戏设计宏观图表的一部分。

UNCHARTED 2 Macro Design

LEVELS	LOOK DESCRIPTION	TIME OF DAY/ MOOD	ALLY-NPC	ENEMY MODELS	MACRO GAMEPLAY	MACRO FLOW	Free Climb / Dyno	Wall Jump	Free Ropes	Pendulum	Monkey Bars	Monkey Swing	Balance Beams	Carry Objects Heavy	Carry Objects Light	Traversal Gunplay v.1	Forced Melee	Puzzle	Stealth	Swim	Moving Objects	Push Objects	Bino-culars
Train Wreck																							
Train-wreck-1	Train Wreckage, Dangling cars	Snowy, Transitioning to White out	Bloodied Warm-weather Drake		Stay alive - injured	Highly scripted moments of injured Drake traversing injured through wreckage.	X																
Museum																							
Museum-1	Istanbul, Turkey Museum	Night	Drake-1 Flynn-1 Chloe-1 (cut Only)	Museum Guards	Infiltrate - Stealth - Co-op	Co-op w/Flynn to infiltrate the museum. Helping him steal/decipher an artifact there	X				X	X	X	X			X		X		X		
Museum-2	Roman Sewers Below the Museum	Night	Flynn-1	Museum Guards	Escape	Flynn dicks you over, Run from the authorities through an ancient sewernetwork. Flynnprevents you from escaping - BUSTED!	X										X	X		X		X	
Dig																							
Dig-1	Lush, Wet Jungle/Swamp Lazaravic's dig & campsite structures	Dawn - misty (rainy)	Chloe-2 Sully	Laz Diggers Laz Army HOT Lazaravic Flynn-2	Sabotage - Infiltrate - Fight	Enter Laz dig sight w/Chloe & Sully on radio. Start causing trouble for guards & workers	X										X	X		X	X		X
Dig-2	Lush, Wet Jungle/Swamp Lazaravic's dig & campsite structures	Dawn - misty (rainy)	Chloe-2 Sully	Laz Diggers Laz Army HOT Lazaravic Flynn-2	Sabotage - Infiltrate - Fight	Explosions - Chaos distracts pulls Laz away from "treasure" - Gives Drake clue to find Dagger	X				X	X	X	X			X		X	X	X		
Dig-3	Follow a stream up a mountainside.	Dawn - misty (rainy)	Chloe-2 Sully	Laz Diggers Laz Army HOT Lazaravic-1 Flynn-2 MP'sDeadCrew	Sabotage - Infiltrate - Fight	Get to higher ground after scoping Laz's tent - towards mountain in wide world. Stumble onto a temple																	
Warzone																							
war-1-market	Nepalese city broken & burning	High Noon - War-torn & smokey		Laz Army HOT Freedom Fighters	Explore Traverse Minor Gunfights	Basic Gunplay Traversal Gunplay	X	X			X	X	X			X			X				X
war-2-streets	Nepalese city broken & burning	High Noon - War-torn & smokey	Chloe-2	Laz Army HOT Freedom Fighters	Explore Traverse Minor Gunfights	Basic Gunplay Traversal Gunplay	X	X			X	X	X			X			X				X
war-3-inside war-4-highrise	Nepalese city broken & burning	High Noon - War-torn & smokey	Chloe-2	Laz Army HOT Freedom Fighters	Explore Traverse Minor Gunfights	Basic Gunplay Traversal Gunplay Get to higher ground (hotel)	X	X			X	X	X			X			X				X
city	Nepalese city broken & burning	High Noon - War-torn & smokey	Chloe-2	Laz Army HOT Freedom Fighters	Explore Traverse Minor Gunfights	Skirt close to Laz Army	X	X			X	X	X			X			X				X
city-2	New area unlocked of City	High Noon - War-torn & smokey	Chloe Elena-1 Cameraman	Laz Army HOT Freedom Fighters	Traverse Major Fight	Basic Gunplay Traversal Gunplay	X	X					X			X			X				
temple	Temple complex built in the middle of the city	mysterious	Chloe Elena-1 Cameraman	Laz Army HOT Freedom Fighters Dead Expeditions	Explore Problem Solve Escape	Portable Objectsuse for fending off bugs/Fire Water Currents	X	X			X	X	X	X	X			X		X	X	X	
city third pass	City + Train Yard	high tension	Elena-1	Laz Army HOT Freedom Fighters	Escape/Fight Chase			X					X			X							

图 18.2 《神秘海域 2：纵横四海》游戏设计宏观图表的一部分。（续图）

宏观图表的颗粒度

宏观图表的颗粒度是指它所具有的详细程度。每个游戏设计师都必须对他们的宏观图表的颗粒度做出决定，试图让它足够详细但又不过于详细。

更短的游戏可以有更详细的宏观图表，较长的游戏将需要较低级别的细节。你对宏观图表使用的详细程度取决于你，但请记住，不要将自己的过多精力陷入那些以后可能会改变的细节中。

例如，《神秘海域 2》和《神秘海域 3》的宏观图表中的每一行代表大约十到十五分钟的游戏时间。相比之下，在我的课堂上，学生们正在制作一个十分钟的游戏，宏观图表中的每一行代表大约三十秒到一分钟的游戏时间。对于我的学生来说，这是一个有用的设计练习，与设计一个更大、更长的游戏相比，规划得更细节化，更微观化。

编写宏观图表时使用的一个好的经验法则是避免将太多不同的事件堆积到电子表格的同一行中。尽可能将离散事件拆分为宏观图表中的单独行。如果你发现自己在任何给定的单元格中写了一整段话，这可能表明该行应该分成两行或更多行。

尽量保持宏观图表简洁。Brian Allgeier 建议："宏观设计应该保持高概念水平，并将更详细的信息留给故事脚本和设计文档等支持文档。团队成员需要能够轻松引用它并快速了解游戏元素是如何组合在一起的。"

对游戏设计宏观图表进行排序

编写游戏设计宏观图表可以让你有机会根据游戏的顺序来规划游戏的流程，我们通常从三个方面考虑：（在游戏关卡中，一个游戏事件和叙事事件都发生的空间里）游戏事件的顺序、叙事事件的顺序和地点的顺序。

游戏事件的顺序

考虑游戏事件的顺序时，一个好的起点是介绍游戏机制的顺序以及玩家学习这些机制的方式。在这个过程中也会产生新的创意。假设你的角色可以奔跑和跳跃。大多数游戏都会教玩家在跳之前先跑，但如果我们以某种方式教玩家先跳后跑，会不会感觉更新鲜、更有趣？

当我们介绍游戏机制时，我们将它们组合在一个设置中，以创造有趣的多样性玩法，以及在整个游戏过程中留住玩家。设置是游戏元素的集合，其排列方式可以引起玩家的兴趣。设置是游戏的逻辑单元。一个非常简单的设置可能是一个带有一些尖峰的坑。如果你掉进坑里，重新开启关卡；如果你跳过坑，可以继续游戏。更复杂的设置可能涉及一个平台，该平台承载着一个上下移动的敌人，一些毒镖从前方的道路射过来。你必须仔细安排自己的动作，跳跃，击败敌人，避开毒镖，继续前进。

我们可以通过查看《超级马里奥兄弟》世界 1-1 关卡开头的非常好的设置来清楚地了解设置是什么，如图 18.3 所示。

图 18.3　《超级马里奥兄弟》世界 1–1 关卡开头的设置。图片来源：任天堂。

这种游戏元素的特殊安排创造了一个有趣的情境，提供了一个没有太多危险的挑战。正如 Anna Anthropy 和 Naomi Clark 在《游戏设计要则探秘》中所描述的那样，这款《超级马里奥兄弟》的设置为玩家创造了一个学习机会，学习过程自然、自由且有趣。

玩家可以从下方猛击"问号"块或"砖块"并引起一些反应。他们可以收集蘑菇并变得更大更强。他们可以尝试着从侧面击打蘑菇人并承受一些伤害，或是跳到它们头上来击败它们。设计师精心布置的元素摆放位置与角色能力的设计参数——能跳多远、多高、多快——有关系，这样空间既不会太受限，也不会太开放。取决于你选择跑步和跳跃的地点和时间，你可以优雅地通过此设置，或者陷入困境。

设计师制作了连续设置序列，以随着时间的推移逐渐增加和降低游戏难度，制作游戏设计师经常使用的"上升锯齿"难度模式。Ernest Adams 在他的《游戏设计基础》（Fundamentals of Game Design）一书中这样描述："以比之前一个关卡结束时的难度略低一点的感知难度开始每个新的游戏关卡，并在每个关卡的过程中逐渐增加难度……这种锯齿形难度模式在游戏过程中创造了良好的节奏。"

游戏设计师有时会犯的一个错误是过快地增加设置的难度。因为我们非常熟悉游戏设计的元素，并且非常擅长玩我们自己的游戏，所以我们倾向于跃进到玩家无法处理的复杂程度的设置。使用游戏设计宏观图表进行有条不紊的计划是对抗这种趋势的好方法，并且与新玩家定期进行试玩测试可以确保我们正确衡量了游戏的难度。

还有其他一些游戏顺序注意事项。你的游戏中是否有 boss，它们是如何被使用的？其他特殊的游戏序列如何融入游戏？玩家是可以在开放世界中自由移动，还是被限制在线性路径上？如果玩家角色可以接受任务，是一次只能选择接受一个任务，还是可以有多个任务？如果他们赚取了金钱或经验值等资源，这些资源可以在任何时候使用，还是只在游戏的关键时刻使用？当我们编写游戏设计宏观图表时，我们应当为这些重要问题提供答案。

叙事事件的顺序

在考虑游戏的顺序时，叙事是另一个很好的起点。Mark Cerny 在他的 D.I.C.E. 讲座中谈到宏观图表时说：“你应该指望（在宏观设计完成时）有一个你不打算改变的非常可靠的故事。”这个想法——即游戏设计宏观方案是规划游戏故事的重要场所——在顽皮狗变得越来越重要，因为我们的游戏故事变得更加复杂和情感化。

故事和叙事这两个词具有相似的含义，但不同的人以不同的方式解释。我有自己的定义，我认为在谈论游戏时很有用。对我来说，叙事是以某种方式连接事件的一个报告，以从某处开始并在另一个地方结束的顺序呈现。它为你提供了一些与你将要做的事情有关的信息。相比之下，故事是具有特别强连贯性的叙事序列，通常跟随一个或几个角色，并且这些角色所发生的事情具有隐含的意义或主题。故事从有意义的地方开始，在更有意义的地方结束。总的来说，故事以叙事可能做不到的方式向你传达了一些东西。

所以，对我来说，故事是叙事的一个子集。叙事更松散，故事更具体。对我来说，几乎所有东西都是叙事，因为头脑的思考本身就是一种叙事机制。所以，我可能会向你讲述我的下午是如何度过的，或者我上次玩在线游戏时发生了什么，但这可能不是一个故事。如果我用人物、语气、主题、有意义的戏剧和特定的结论来加强我的叙事，那么它就会变成一个故事。

你对故事和叙事的定义可能与我的不同，尤其是你在文学理论、戏剧或叙事设计等特定领域接受过一些培训时。无论你选择什么术语，当我们将叙事作为事件的集合来讨论，或者像在小说或电影中发现的传统故事来讨论时，它们对于游戏设计师分辨出两者的区别是很有用的。

当我们思考在游戏设计宏观图表中对不怎么像传统故事方式的游戏进行叙事排序时，游戏的叙事隐含在宏观图表对游戏事件的描述中。阅读宏观图表就像阅读有关游戏的叙事，因为它通过其游戏玩法展开。游戏的很多叙事将包含在玩家目标、设计目标和情绪节拍序列中。

对于具有传统故事类型的游戏，你首先必须介绍你的玩家角色、他们的世界以及一两个关键的人物关系。你可能会建立他们的一些动机、需求和目标，让他们继续你的游戏之旅的理由，以及一些会在此过程中产生兴趣的对抗力量。或者你也可以通过其他方式为你的故事创造兴趣，比如让玩家发现散文诗歌的片段，就像《亲爱的艾丝特》（Dear Esther）里的一样，或者发现音乐体验，比如《变形》（Proteus）。正如我们在第 16 章中所讨论的，并非每个有趣的故事都需要由冲突驱动。你将介绍要遇到的角色、要去的地方以及将故事推向新方向的情节点。最终，你需要通过让事件达到高潮、结局和收场来结束你的故事。

无论你的游戏是否有故事，想想我们在第 16 章讨论过的亚里士多德《诗学》和弗赖塔格金字塔的上升-回落、开头-中间结构。这些简单的戏剧模型将帮助你为游戏体验塑造结构。

像我这样的叙事游戏设计师经常被问道："哪一个先出现：是游戏玩法的想法，还是故事的想法？"答案是任何一个都可以先出现，但重要的是故事片段与伴随它们的游戏玩法完美匹配，反之亦然。我认为游戏玩法和故事之间的关系就好像他们是两个玩跳山羊的孩子：第一个跳过第二个，然后第二个跳过第一个，如此循环往复。

游戏的每一刻，即使是学习左右移动这样非常简单的时刻，都提供了一个叙事机会。同样，每个故事节拍都可能与你的游戏玩法的某些元素相匹配。不要浪费这些创造性的机会！游戏玩法和故事之间的紧密对应是游戏叙事的魔力所在。在将它们排列在一起时，我们可以将游戏和叙事紧密地编织成一根和谐、共鸣的"辫子"。

地点的顺序

在对大多数类型的游戏进行排序时，你需要考虑游戏和故事事件发生的地方。电子游戏的关卡设计是一门迷人的艺术。一个精心设计的关卡是一种将要，或者可能会发生在其中的事件的空间实体化。

仔细考虑你的关卡和子关卡，以及它们之间的联系。许多伟大的游戏关卡都是由狭窄的路径连接的开放区域组成的——你的游戏有这种结构吗？游戏的每个部分有多大或多长？游戏总共有多少个地点，它们如何整体结合在一起？它们是按线性顺序串在一起的，它们是分支的，还是围绕一个中心排列的？Boss 和其他特殊的游戏序列出现在哪里？

制作你的游戏发生的地点可能是你的团队所做的最劳动密集型（因此也是最昂贵）的工作之一。使用游戏设计宏观图表来规划你将在游戏中访问的地点是控制游戏范围的重要一步。此外，考虑如何为游戏中的不同序列重复使用相同的地点可以帮助你高效地工作。充分利用这些昂贵的环境资产，并可能引导最佳的创意决策。正如 Tracy Fullerton 所说："改变已有环境的光照，然后用于高潮时刻，实际上可能比创建一个全新的环境更具戏剧性。"

序列中的对比和连续性

在对游戏中的游戏玩法、叙事和地点进行排序时，请考虑对比和连续性。是的，你想要从一件事到另一件事的流程的连续性，但你还需要对比来创造能够吸引玩家兴趣的多样性。

通过一些激烈的动作进行一系列轻松的探索。跟随一个可爱或有趣的角色的形成，并对该角色进行戏剧性的揭示。将宽敞的空间与迷宫般的狭窄通道进行对比。这些对比创造了对玩家体验的调制，感觉就像一个充满兴趣和意义的旅程。多-少-多、平滑-粗糙-平滑、主动-被动-主动的模式是你排序的重要基础。对比的想法部分来自 Bruce Block 的优秀著作《以眼说话》（The Visual Story），我们用它来把《神秘海域》系列中的游戏玩法和故事结合起来。

完成宏观图表

宏观图表应包括游戏的每个部分，包括前端及其所有菜单和界面。这包括游戏的标题画面、团队的动画标志以及你想要包含的任何其他"进场动画"（标志），以展示你的发行商、创意合作伙伴、技术许可方或大学部门的名称。它包括暂停画面、选项画面、加载画面以及你想要包含的任何"游戏结束"画面。它还包括显示游戏开发人员名单的画面或序列。

重申一下：所有这些都属于你的游戏设计宏观图表。当人们意识到制作游戏中所有这些重要的、容易被忽视的部分需要多长时间时，他们有时会感到震惊。最好在预制作结束时意识到这一点，而不是在项目结束时才发现，因为这样我们还有时间计划和制作完成游戏所需的一切。

微观设计

我们正在做的宏观设计工作与微观设计形成对比，后者是我们以后制作游戏时必须做的所有详细工作。我们将把微观设计建立在宏观设计的框架之上。如果我们在一个更大的团队中，这项工作将由我们的游戏设计师与其他技术组的专业人员一起完成。如果我们在一个小团队中，我们会自己做。

微观设计通常通过从宏观方案中提取一行并将其扩展为关卡布局、物体放置、敌人描述和行为、谜题设计和叙事机制的细节。在 1990 年代和 2000 年代，我工作的团队会通过在纸上或在 Adobe Illustrator 中制作详细的关卡布局图来做到这一点。但今天更常见的是在白板上进行一些快速的序列规划，然后在工具中直接制作阻挡墙（白盒/灰盒/暗盒）关卡，使用临时资源来代替游戏元素。随后可以根据需要制作更详细的游戏支持设计文档，通常以流程图和列表的形式。

微观设计通常是在随用随做基础上制作的，这样我们就不会浪费时间开发以后会改变的细节。准时对你的团队意味着什么取决于你。一般来说，我们希望在微观设计方面取得足够的进展，这样我们就不会给团队的其他成员造成瓶颈，尤其是在微设计团队由于某种原因而放慢速度的情况下。

非线性游戏和游戏设计宏观图表

我们来讨论为非线性游戏制作游戏设计宏观图表。显然，电子表格的二维空间很适合规划线性游戏，这些游戏以单向顺序从 A 到 B 到 C。但是，宏观图表也可以被用来规划存在剧情分支的游戏（剧情的流动是从 A 到 B 或 C 的顺序），或者可以按照 B、C 或 A 的任何顺序进行的开放世界游戏。

我很高兴看到我班上的学生将宏观图表用于许多不同类型的游戏，以及不同类型的游戏进程。宏观图表的优点是它的二维空间，元素可以在其中被网格化，在页面上以紧凑的方式全面列出它们并显示它们之间的关系。

对于具有分支结构（A 到 B 或 C）的游戏，很容易将各个分支逐个列出，并找到一种方法来指示它们如何链接在一起。当然，每个分支的内容都可以被描述，就像线性游戏一样。

对于具有开放世界结构的游戏，你可能会以任意顺序遇到关卡 A、B 和 C。你面临的挑战稍大一些，但通常有一些逻辑组，你可以将事物组织成图表。一个好的方法是将宏观图表分成两部分。第一部分包含游戏机制列表和与之交互的对象。第二部分包含地点列表和这些地点包含的对象。如何关联宏观图表的这两个部分将反映当玩家角色获得某些能力时世界向玩家开放的方式。

规划整体游戏

开放世界的动作冒险游戏，其中游戏世界的某些部分由玩家角色在整个游戏中获得的能力所控制，这在预制作期间提出了特殊的挑战。这些有时被称为"整体"游戏，因为游戏设计的每个部分都与其他部分相连。类银河恶魔城游戏是整体游戏，塞尔达系列中的大多数游戏也是如此。

为整个游戏编写游戏设计宏观图表是一项相当大的挑战，因为游戏的更多微观设计需要在预制作期间完成。正如 Mark Cerny 所说，"如果后期的关卡制作很大程度上依赖于在早期关卡中学到的能力——例如，你学习滑翔机械或如何使用炸药——那么设计师将需要大量信息来制作关卡或区域，并让它们适当地相互关联。"

在任何关卡的布局发生之前，所有的能力都需要详细设计，因此我们在第 13 章中讨论的设计参数的微小变化（例如，穿越动作的参数将携带玩家角色移动距离信息）不会导致以后大量的关卡布局返工。对于较小的项目，这通常不是问题；但对于较大的游戏，项目的预制作阶段应该适当延长，以便关卡设计团队可以对他们正在设计的机制的质量和最终确定性充满信心地进入全面制作阶段。

    ❧   ✿   ❧

我希望自己已经向你展示了游戏设计宏观方案的想法。这不是一个非常光鲜或震撼世界的游戏设计理念，但它是实用和务实的。人们经常想知道让顽皮狗的游戏如此出色的秘诀是什么。主要秘诀之一并不是那么秘密：它就是游戏设计宏观方案。

制作一个好的游戏设计宏观方案需要一些思考、努力和经验。当我在顽皮狗的工作快要结束时，制作《最后生还者》的一些团队在会议室里消失了大概八个月的时间，最终带着装满索引卡的软木板出现，如图 18.4 所示。如果你熟悉《最后生还者》，你将能够在这张图片中看到它的宏观结构。团队无法想象最终会进入游戏的每一个细节，但他们能够通过宏观顺序进行思考，这使玩他们游戏的体验非常有影响力。

在预制作结束时为整个游戏制订计划似乎是一项艰巨的任务，但你要尽力而为。相信你的直觉，在构思过程中专注于你最喜欢的想法，不需要担心如何让你的宏观图表更完美。重要的是尝试制订一个你可以付诸实践的计划，该计划有足够的细节。你可以为全面制作制定一个良好的进度表，但也要为自己留下一些回旋余地来锻炼你的创造力。不要想太多。一个不完美的计划总比没有计划好。相信你的直觉，把你的宏观方案记录在电子表格中。

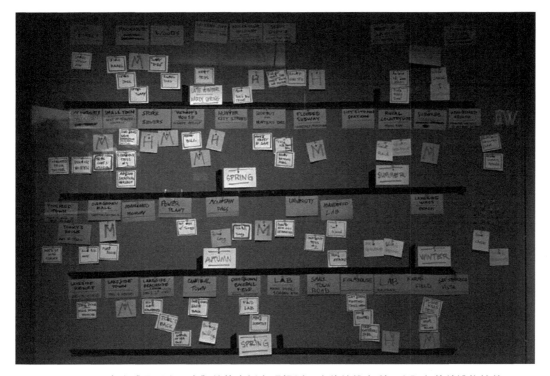

图 18.4　顽皮狗《最后生还者》的软木板宏观规划，在伦敦维多利亚和阿尔伯特博物馆的
"电子游戏"展览中。

你的目标应该是在项目的预制作阶段结束之前的某个时间制作游戏设计微观方案的初稿。这样，你可以获得有关其长度和质量的反馈，并有时间进行至少一轮，最好是两轮迭代。来自设计同行和导师的外部反馈将帮助你在你拥有的时间内制作最好的游戏设计宏观方案。

尝试获得有关宏观图表中的问题的反馈：游戏玩法或故事流程不佳的地方；在图表的单行中发生太多不同事情的地方；宏观方案中任何不清楚的部分。

特别是，尝试获得有关项目规模的反馈。游戏设计宏观图表的创建为控制游戏项目的规模提供了关键机会。游戏开发者极少缩小项目规模。经验不足的开发者特别容易过度界定，因为他们还没有开始了解制作游戏需要多长时间以及在开发过程中会遇到多少问题和障碍。经验丰富的开发人员会直观地了解游戏的设计计划是否适合有限的开发时间。与你经验丰富的同行和导师一起检查，并尽最大努力确保你的项目规模在预制作结束时得到控制。

游戏质量与其提供的体验长度之间的紧张关系是对游戏开发者的持久挑战，也是我们应该一直讨论的问题。我相信玩家宁愿有一个让他们兴奋的、一遍又一遍地玩的、较短的体验，而不是只会玩一次的较长的、低质量的体验。当然，其真理或智慧取决于所讨论的玩家，而了解特定玩家社区的价值观和偏好是游戏设计师工作的一部分。

你不可能在一夜之间学会制作一个伟大的游戏设计宏观方案，但你可以从一个小项目开始并尝试这项技术来磨炼你的宏观设计技能。随着你作为游戏设计师的进步，并且越来越了解你喜欢制作的游戏风格的设计机遇和陷阱，编写游戏设计宏观方案将变得越来越容易，最终你将把这种做法视为你的技能中最重要的部分之一。

19. 排期

项目的预制作阶段在进度上并没有被严格安排。我们一直在通过制作、试玩测试和迭代游戏的垂直切片进行设计，并使用理性和直觉的混合体来挖掘游戏设计的核心。现在是时候换挡了。由于我们开发游戏的时间有限，所以需要通过排期来追踪将要进行的工作。

这并不意味着我们会突然从一种愉快、自由的方式转变为在某种官僚管理制度下辛勤工作。如果我们试图把它限制得太严格，我们的创造力就会消失。但我们又确实需要找到一种方法来确保不会在进入项目的全面制作阶段前就把时间耗完，因为我们将在此阶段完成整个游戏的制作。有两种基本的游戏开发排期方法能做到两者兼顾，我们将在本章介绍。首先，我们将看一个简单但有效的排期方法，然后将描述我最喜欢的先进方法：燃尽图。

由于这些方法将工作分解为以小时为单位的任务，因此它们最适合团队成员相对较少的短期项目。如此精细地分解工作对于具有更多团队成员，更大、更长期的项目可能不切实际——它可能只会造成过多的官僚主义。一些游戏工作室通过将工作分解为以天甚至周为单位的任务来安排要完成的工作。你必须决定哪种方法最适合你的项目。

如果你刚刚迈过游戏设计师和制作人的入门阶段，或者如果你已经处于中级水平并想提高自己的技能，那么我建议你尝试以下方法。如果你将项目分解为两到四个星期的冲刺任务，它们也可以用于更长的项目。冲刺周期（sprint）是来自敏捷开发的概念，其中团队在相对较短的时间内朝着一组集中的目标努力，然后重新组合以评估他们的进度。

简单的排期

我们先来看一个非常简单的排期方法。因为我们写了一个游戏设计宏观图表，所以我们现在有一个文档来描述游戏中所有重要的内容。宏观图表不仅为我们的游戏提供了蓝图，还为我们安排项目的完整生产阶段提供了完美的起点。我们已经知道有多少工作要做，还需要知道我们需要多少时间来完成它们。

我们需要多少人时来制作游戏

专业游戏开发者需要确保他们可以完成项目，并且通常受到时间和金钱的严格限制，无论他们是自己资助项目还是由其他人资助。

没有时间完成游戏是游戏开发者面临的最大问题。如果随着项目截止时间的临近，游戏还不够完整或不够好，我们将面临一个选择：花更多的时间（和更多的钱）来正确地完成它，或更快地完成它，但在品质或内容量上会妥协。

如果在游戏制作过程中更早地了解我们超出了时间范围，我们就可以更好地处理这个问题，而不是在接近尾声时才意识到我们已经没有时间了。在本书中讨论过的几乎每一个工具——从我们的项目目标到同心开发、垂直切片和游戏设计宏观图表——都面向这个目标。我们越早明白我们超出了时间范围，就越早能重新分配我们的资源，并重新调整我们的游戏，这样完成的游戏仍然感觉是完整的且高品质的。

游戏开发者可用的核心资源是人时。这是衡量一个人全神贯注地制作游戏的一个单位。金钱可以等同于人时，因为可以用来支付人力成本。能够了解你的时间具有经济价值是一件好事，特别是当你不习惯珍惜你的时间和使用它的方式时。人们应该因他们投入的时间得到适当的报酬，这一点很重要。

因此，当你完成预制作时，请计算在全面制作期间你有多少人时可用于制作游戏。你可以做一个简单的计算来解决这个问题。首先，决定你将花费多少周的时间进行全面制作，以使你的项目有效完成并准备好继续被完善，即达到 beta 里程碑。你需要知道你的项目中有多少团队成员，以及他们每个人平均每周将在该项目上花费多少时间。如果你弄清楚这一点，那么你将拥有：

$$N =\ 团队成员人数$$

$$P =\ 每个团队成员平均每周工作的小时数$$

$$W =\ 预制作结束与全面制作结束之间的周数$$

要计算 T（时间），即你的项目可用于从预制作结束到全面制作结束的人时数，可以使用以下公式：

$$T = N \times P \times W$$

因此，对于一个两人团队（$N = 2$），每个人决定每周在项目上工作 10 小时（$P = 10$），从预制作结束到全面制作结束之间有 6 周时间（$W = 6$）：

$$T = 2 \times 10 \times 6 = 120（人时）$$

如果团队成员每周可以工作的小时数不同，你将不得不调整计算，但这仍然很简单。对于我班上的一个两人团队，如果一个团队成员每周可以工作 8 小时，另一个团队成员每周可以工作 10 小时，从预制作结束到全面制作结束之间有 6 周：

$$T = (8 + 10) \times 6 = 108（人时）$$

人时数为我们提供了一个具体的起点，可以确定我们的游戏是否大致在范围内。简单地做这个计算让很多人大开眼界，对于任何在无限时间的幻觉中工作的人来说都是非常基础的。正如我们稍后会看到的，当我们开始列出在全面制作期间需要做的所有事情时，这些人时很快就会被吞噬。

现在我们大致知道有多少人时可供使用，可以开始计算我们需要多少人时来完成游戏设计宏观图表中列出的所有事情。

最简单的排期

我喜欢简单的游戏排期方法。制作游戏是一项复杂的业务，我们需要做什么以及所需时间变化得非常快。一个简单的进度表可以让我们知道是否大致在时间范围内，而不会让我们陷入很多官僚主义。

最简单的进度表从一个简单的任务列表开始，我们需要在全面制作期间完成这个列表以完成我们的游戏。我发现这样做的最好方法是列出将出现在游戏中的事物和角色、构成游戏的环境，以及在游戏设计宏观图表中提到的游戏的所有其他部分。有时制作这个列表就像从宏观图表复制并粘贴到另一个电子表格一样简单。

将其他与游戏中的事物、角色或环境不相关的任务添加到简单的进度表中，这一点也很重要。我们知道，我们必须在全面制作期间完成这些任务，例如每周的计划会议所花费的时间，用于为游戏内对话编写脚本的时间，或用于组织和运行游戏测试的时间。

当我们开始列出制作游戏的任务时，很容易面临一个挑战，即我们应该如何详细地列出我们的列表。我的建议是，使用完成每项任务的时间来指导我们。稍后会详细讨论这一点。

每个任务的简单排期信息

现在我们在电子表格中有一个任务列表，我们可以通过向每个任务添加一些信息来让它更接近一个简单的进度表。

在电子表格中添加四个列标题，如图 19.1 所示。在你的任务列表中添加标签"任务"；在"任务"列旁边添加标签"优先级"；在"优先级"列旁边添加"预估小时数"；在右侧添加"分配的团队成员"的名字。

任务	优先级	预估 小时数	分配的团 队成员
Game Object A - Model	1	4	Xavier
Game Object A - Textures	1	4	Yvette
Game Object A - Programming	1	8	Yvette
Game Object A - Animation	2	4	Xavier
Game Object A - Sound Design	2	2	Yvette
Game Object A - Visual Effects	3	1	Xavier

图 19.1　一个简单进度表的开始。

优先级

首先，为每个任务设置优先级。我建议使用三个优先级。最重要的事情：你的游戏在任何情况下都绝对不可或缺的内容，应该被设置为第一优先级，即最高优先级。例如，在角色动作游戏中，这将是玩家角色模型、漫游动画（及其音频和视觉效果）、最基本的控制代码，以及最简单和最重要的美术场景。

游戏需要但你可能会从中进行一些削减的东西被设置为第二优先级。我把次要元素放在这里，比如玩家角色用来与世界互动的动词，比如"捡起"、"扔"和"说话"。我还列出了玩家角色将与之交互的最基本的对象。这可能是要收集的硬币、要与之交谈的角色或要击败的敌人。我还在这里列出了环境美术的下一个最重要的部分。不要忘记列出音频和视觉效果的组件。

在某些情况下你可能会削减的东西应该被设置为第三优先级。这些动作有最好，但并不是绝对需要的。例如，物品和环境美术的多样性是想要的奖励级别，但不是必需的。

许多游戏设计师发现很难将他们的任何任务视为第一优先级之外的任务。我们创造的游戏设计在我们的想象中是以一种完美的结晶体结合在一起的——它们的所有部分似乎都同样重要；没有任何一个是可以单独存在的。我们要如何将一些任务设置为第二或第三优先级呢？

如果我们现在可以为工作设定一些优先级，并且制定第一个进度表，那么稍后，当我们为了我们的项目范围而不得不削减时，我们将更清楚地了解可以做些什么。我喜欢将这种优先级设置视为一种策略游戏，这是我与自己在项目范围内玩的一种游戏。

我当然希望把我认为需要的一切都加入这个游戏中。但作为一名游戏设计师，我足够相信自己——你也应该知道，如果必须减掉一些东西，我仍然能够找到一种方法来使用我所掌握的设计元素让游戏变得更好。我已经看到足够多的游戏被开发出来，知道它们并非生来就是完整的——它们是通过加法、减法和细化的迭代过程才变得完整的。所以花点时间考虑一下你的游戏绝对需要什么，以及它可以没有什么。你绝对需要所有这些关卡或角色来讲述你的故事吗？如果必须让你的游戏只使用一种敌人类型，会怎样？

当然，为任务设置优先级也会告诉你处理它们的顺序。应先完成第一优先级任务，然后完成第二优先级任务，再完成第三优先级任务。回想一下我们对同心开发的讨论，以帮助你在设置这些优先级时给予指导。我试图在完成的列表中取得平衡，其中大约 40% 为第一优先级任务，30% 为第二优先级任务，30% 为第三优先级任务。这需要充分考虑我应该完成的工作的同心开发顺序以及我可能需要削减的内容。

（你可以使用电子表格中的 SUMIF 函数计算出每个优先级中有多少小时的任务。请参阅电子表格的文档以了解如何执行此操作。你需要几分钟才能弄清楚，但 SUMIF 是一个易于学习且有用的函数。）

不用担心：在大多数情况下，你将完成第一优先级和第二优先级的所有任务，以及大多数第三优先级的任务。然而，虽然你已经用最好的直觉来想象一个大小合适的游戏设计，但你还不知道是否在工作范围内。我们正在帮助你解决这个问题。

预估小时数

在本栏中，你应该列出你对完成每项任务需要多长时间的最佳设想。通过将此列中的数字相加，你将了解在全面制作期间计划总共完成多少小时的工作。如果这个数字大于你的团队可用于全面制作的人时总数，那就有问题了。

我们很难估计完成制作游戏的任务需要多长时间。如果我们是第一次在新的游戏引擎或新的硬件平台上执行这种类型的任务，则难度会加倍。估计事情需要多长时间的难度是游戏项目如此难以控制的原因。这就是 AAA 级和独立工作室加班的原因；这是延迟项目和取消假期的原因；这是游戏开发者因不受控制的过度工作而受到伤害的身心健康受损的原因。这是一个令人讨厌和棘手的问题。

然而，一个简单而巧妙的排期技巧就在眼前。在预估小时数下，将自己限制为以下数字：1、2、4 和 8。你可以为任务分配 1 小时、2 小时、4 小时或 8 小时，90 分钟是不允许的，7 小时也不行，只有 1、2、4 或 8 小时。

我从游戏设计师、教育家和作家 Jeremy Gibson Bond 那里学到了这个技巧，他还教了我关于燃尽图的技巧，我们稍后会看到。Jeremy 解释说，人们更擅长准确估计短任务的长度，而不是长任务。游戏开发任务的持续时间越长，我们就越难以准确预测需要多长时间才能完成。

为什么 1 小时是我们被允许计算的最短任务长度？这是为了帮助控制列表的颗粒度——如果你有很多 5 分钟的任务，以及你确定是 5 分钟就可以完成的任务，把它们放在你的日程安排中，集合在 1 小时的一个任务下。这样，你的任务列表就不会变得太长且难以阅读。

如果是我们认为只需要 30 分钟，但属于我们以前从未处理过的类型的更大任务呢？在进度表中给它 1 小时。如你所知，如果你花费大量时间制作电子游戏，那么看起来应该可以快速完成的简单任务通常需要两倍的时间才能完成，这通常是因为一些意想不到的问题需要半个小时的排查工作来解决。

8 小时是我们简单进度表中允许的任务最长时间。由于他们在日程安排中引入了不确定性，因此最好限制你在日程安排中放置的 8 小时任务的数量。一份工作可能看起来需要 8 小时，但很容易最终仅花费一半的时间，或者更有可能花费两倍时间。如果你完全确信某项任务可以在 8 小时内完成，请仅使用 8 小时的任务。机械重复且不需要太多创造性思维或解决问题的任务，或者可以在 8 小时结束时有效地完成时间限制的任务，都是不错的候选者。

最好将较长的任务分解为较短的任务。如果你认为有一个任务需要 16 小时，请将其分解为 2 个单独的 8 小时的任务、4 个单独的 4 小时的任务或 8 个单独的 2 小时的任务。

使用 1、2、4、8 约束可以帮助我们编写一个计划，其中包含我们确信会在预计的时间内完成的任务。它还为我们列出任务的方式提供了良好的颗粒度，列出的任务既不会太多，也不会太少。

分配的团队成员

使用此列来计划哪个团队成员将处理哪项任务。你应该根据谁拥有完成对应工作的技能来分配任务，同时还要考虑谁对制作游戏的哪个部分感兴趣。在顽皮狗工作期间，工作室总裁 Evan Wells 总是鼓励专业职能负责人尽可能将任务分配给对做这些事情充满热情的人。我很清楚，各个团队成员的热情为最终的工作创造了一条通往卓越的直接途径。

同样，你可以在电子表格中使用 SUMIF 函数来记录分配给每个团队成员的任务小时数。当然，你应该尝试确保根据每个团队成员可以贡献的时间来公平地分配工作。如果任何单个团队成员决定每周比他们的同事做更多或更少的工作，只要我们事先就此达成一致，这样我们的共同责任就是达成共识的，并经过了良好协商。不同的人能够根据他们的生活环境和他们承担的其他责任做出不同程度的贡献。

使用简单的进度表确定范围

现在拥有了所有需要的信息来检查我们的目标是否可以实现，以及我们的项目是否在范围内。我们已经计算了从预制作结束到全面制作结束，整个项目可以使用的人时数 T。

现在可以使用电子表格中的 SUM 函数把我们在简单进度表的预估小时数列中的数值加起来，以计算目前计划在全面制作期间完成多少工作。我们称这个数字为 W（代表工作 Work）。

如果我们的工作内容比时间多，项目范围就会扩大，我们就会有麻烦！如果我们有比工作更多的时间，那没关系。

如果 $W > T$，那么我们就超出了范围！

如果 $W \leqslant T$，那么我们在范围内。

当然，这里涉及的计算是不精确的——这种方法给了我们一个最好的猜测，如果 W 比 T 大不到 10% 左右，我们可能仍在范围内。但是如果 W 明显大于 T，可以确定我们超出了范围。这时要么需要增加团队成员，要么增加全面制作的持续时间来增加 T，或者我们必须从游戏中削减一些特性和内容以减少任务数量和 W。这意味着回到游戏设计宏观图表，看看我们可以做些什么。

如果 W 远小于 T，那么要么我们有时间在游戏中加入更多的东西，要么可以利用额外的时间进行润色。但更常见的是，当人们制定第一个进度表时，W 比 T 大——有时大得多——我们必须缩小游戏的范围。有时，一些简单的决定可以将事情控制在范围以内。仅仅削减一个层次，并战略性地将它的一部分移动到另一个层次，可能就足够了。有时需要在游戏设计宏观图表中重新制订计划，这是更加困难的。

这就是项目范围界定的本质，这个过程没有争议。不管你多么喜欢你的游戏设计宏观图表，如果你的简单进度表表明没有时间制作整个游戏，那么你必须找到一个更好的计划。

不肯正视问题，指望到时候用加班来解决问题，或者奢望事情进展得比你估计的要快，这是非常不明智的。不肯正视问题显然是不合理的。正如每个有经验的游戏开发者都知道的那样，奢望事情进展得比你估计的要快是不现实的。指望加班更糟糕，因为很容易导致在第 15 章中讨论的那种加班问题。

如果你确实计划通过延长工作时间将你的项目控制在范围内，请记住，人们可以长时间工作的连续周数非常有限，并且很快就会出现生产力损失和倦怠。正如 Sarah Green Carmichael 通过研究，在她为《哈佛商业评论》撰写的文章中所说的那样，我在第 15 章中也提到："即使你喜欢自己的工作并自愿长时间工作，当你感觉到累时，也更容易犯错。……工作太努力，你也会忽视大局。研究表明，当我们精疲力竭时，更容易迷失在杂草中……过度工作的故事实际上是一个收益递减的故事，即继续过度工作，你会在越来越无意义的任务上逐渐变得更加愚蠢。"[1]

确定项目范围的另一个原因是未来的不确定性，以及每个项目因健康状况不佳、家庭紧急情况、软件许可证过期或硬件损坏等不可预见的事件而损失的几天或几周时间。至关重要的是，当进展到项目的关键最后三分之一时，当我们试图将游戏的所有支线与最后几个重要的设计决策结合在一起时，我们一定不能筋疲力尽、脾气暴躁和缺乏动力，而加班的人很容易变成这样。我们需要在项目结束时保持良好的身心健康，这样才能做出正确的决定，让游戏顺利完成。

在热情的驱使下，人们试图投入超出自己可支配范畴的时间来创作一款大型游戏，具有讽

---

[1] Sarah Green Carmichael, "The Research Is Clear: Long Hours Backfire for People and for Companies," Harvard Business Review, August 19, 2015.

刺意味的是，他们往往只会制作出糟糕的游戏，或者根本就制作不出游戏。范围界定通常归结为一个简单的选择：你可以制作一款没人想玩、容易被人遗忘的大型游戏，或者制作一款被人们喜欢、记住和喜欢玩一遍又一遍的小游戏。

使用简单的进度表跟踪项目

你可以使用我们建立的简单进度表来跟踪你的项目，只需从列表中检查任务即可，如图 19.2 所示。每次完成一项任务后，请使用电子表格中的删除线格式将该行从列表中划掉。

任务	优先级	预估小时数	分配的团队成员
~~Game Object A - Model~~	~~1~~	~~0~~	~~Xavier~~
~~Game Object A - Textures~~	~~1~~	~~0~~	~~Yvette~~
~~Game Object A - Programming~~	~~1~~	~~0~~	~~Yvette~~
Game ObjectA - Animation	2	4	Xavier
Game ObjectA - Sound Design	2	2	Yvette
Game ObjectA - Visual Effects	3	1	Xavier

图 19.2 将任务从一个简单的进度表中剔除。

如果你也将已完成任务的预估小时数更改为零，这将更新你使用 SUM 和 SUMIF 进行的计算，以及每个优先级、团队成员的剩余总小时数和项目总小时数。

但是用这种简单的方法跟踪你的进度可能是有风险的。几周后，事情会比预期的要好，你会跑得比进度表快。其他几周，事情会进展缓慢，你会落后。如果你有一个工具可以帮助自己确定是领先还是落后，那不是很好吗？好消息：你可以拥有这样一个工具，它被称为燃尽图。

燃尽图

Ken Schwaber 是一名软件开发人员和产品经理，他帮助制定了敏捷开发框架 Scrum。Ken 发明了燃尽图作为规划工具，以帮助 Scrum 团队预测他们的项目进程。他于 2000 年在他的网站上首次描述了它们。[①]

在南加州大学游戏项目任教期间，我看到利用燃尽图成功完成了一百多个项目。我目睹了雄心勃勃的游戏开发者实现了他们的梦想，而没有让自己筋疲力尽；这仅仅通过在几周的时间观察图表上的一条线，就轻而易举地完成了。

燃尽图创建了一个图形来表示：在游戏完成之前还需要完成的工作，你完成工作的平均速度，以及你是否会用完所需时间。因此，当制作电子游戏的复杂创作过程涉及不确定性和未知因素时，它有助于我们掌握项目范围。

从头开始设置燃尽图可能具有挑战性，但你可以在网上找到许多示例和模板，包括在本书的网站上。许多在线项目管理工具提供了自动燃尽图系统，使燃尽图更易于使用。

使用燃尽图

燃尽图通常包括两个部分：电子表格或图表，在其中输入有关项目任务的数据；信息图，我们可以在其中一目了然地看到自己是否有可能达到里程碑。

输入有关项目任务的数据很像我们在上一节中制作的简单计划。我们在电子表格或图表中填写了在此项目阶段或冲刺任务中必须完成的任务列表。（如果项目阶段超过 4 周，我们可以将其划分为更短的冲刺周期。）我们给每个任务一个优先级，使用我在简单进度表中所描述的完全相同的标准，旨在大致平均分配优先级为一、二、三的任务。估计我们认为完成每项任务所需的小时数，只分配值为 1、2、4 或 8 的任务长度。我们将每项任务分配给一个团队成员，尽量公平地分配工作，并与每个团队成员在这个冲刺周期中可以投入项目的时间保持一致。大多数燃尽图会显示我们在每个优先级中有多少小时的任务，并分配给每个团队成员。

燃尽图的设置是为了知道我们计划开始冲刺任务的日期。在图 19.3 所示的示例中，冲刺周期将于 7/20（7 月 20 日——你可以在下面的第 8 行看到这个日期）。此示例燃尽图针对从 7 月 20 日到 8 月 2 日的两周冲刺任务设置。

---

① "What Is a Burndown Chart?," Agile Alliance, accessed December 12, 2020.

Nickname	TOTAL (by dev)	Priority	TOTAL (priority)
X	21	1	18
Y	22	2	14
	43	3	11
			43

Features & Content	Priority	Hours est.	Assigned	7/20	7/21	7/22	7/23	7/24	7/25	7/26	7/27	7/28	7/29	7/30	7/31	8/1	8/2	Remaining
																		31
																		6
																		14
																		11
Example Feature 1	1	4	Y	4	0	0	0	0	0	0	0	0	0	0	0	0	0	0
Example Content 1	1	4	Y	4	4	2	2	2	2	2	2	2	2	2	2	2	2	2
Example Feature 2	1	2	X	2	0	0	0	0	0	0	0	0	0	0	0	0	0	0
Example Content 2	1	8	X	8	8	4	4	4	4	4	4	4	4	4	4	4	4	4
Example Feature 3	2	4	X	4	4	4	4	4	4	4	4	4	4	4	4	4	4	4
Example Content 3	2	4	Y	4	4	4	4	4	4	4	4	4	4	4	4	4	4	4
Example Feature 4	2	2	X	2	2	2	2	2	2	2	2	2	2	2	2	2	2	2
Example Feature 5	3	4	Y	4	4	4	4	4	4	4	4	4	4	4	4	4	4	4
Example Content 5	3	1	X	1	1	1	1	1	1	1	1	1	1	1	1	1	1	1
Example Feature 6	3	4	X	4	4	4	4	4	4	4	4	4	4	4	4	4	4	4
Example Content 6	3	2	Y	2	2	2	2	2	2	2	2	2	2	2	2	2	2	2

图 19.3　燃尽图电子表格示例。图片来源：Jeremy Gibson Bond、Richard Lemarchand、Peter Brinson 和 Aaron Cheney。

随着冲刺任务的推进，我们会更新燃尽图，以说明每个列出的任务还剩下多少工作要完成。我们通过沿日期查找对应于今天的列来做到这一点（再次，在图 19.3 所示的示例中，向下数第 8 行）。这个燃尽图的设置是为了让我们每天都可以更新它，并且目前为止它只在 7/21 和 7/22 中被更新。

当我们从今天这个日期往后工作时，我们会查看最左边一列中列出的每个任务。如果我们已经在该任务上完成了一些工作，并且现在我们认为剩下的时间比最初估计的要少，就插入新的最佳猜测，即该任务在同一行中还剩下多少小时，并且对应于今天这个日期列。有些人在更新剩余小时数时选择坚持 1、2、4、8 的限制，而有些人则放宽限制以使用任何整数。如果任务完成，我们在相应单元格的电子表格中输入一个零。

这就是燃尽图的部分亮点发挥作用的地方。燃尽图并不关心我们本周在一项任务上做了多少工作——它只关心还有多少工作要做。这并不是说你不应该记录自己每周做了多少工作（以防止你因工作太努力而筋疲力尽），但燃尽图不是保存记录的地方。

信息图

一旦更新了今日的电子表格，我们就可以查看燃尽图的另一部分了。这是一个信息图，可以帮助我们了解我们是否正在按计划在冲刺周期结束之前完成所有的事情，或者我们是否落后了。

燃尽图信息图通常看起来像图 19.4 中的图表。这是图 19.3 中电子表格的信息图，它显示了几个关键信息。

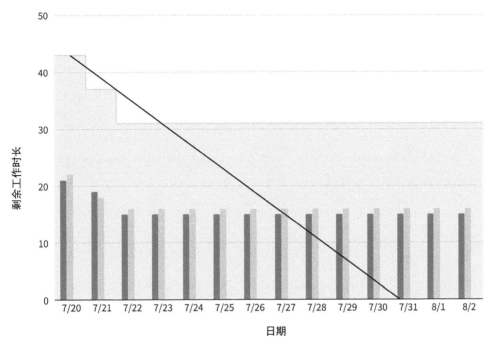

图 19.4　燃尽图信息图示例。图片来源：Jeremy Gibson Bond、Richard Lemarchand、Peter Brinson
和 Aaron Cheney。

　　在我们的示例中，背景中有一个浅灰色区域，一组并排的垂直条和一条对角线。你可以看
到横轴沿底部标有之前看到的那些日期。纵轴表示在我们完成燃尽图中的每一项任务之前剩余
的工作小时数。图 19.5 进一步分析了我们的信息图，这次带有一些解释性标签。

　　条形图显示了每个团队成员的工作总小时数。（在这个例子中，只有两个团队成员。）当我
们沿着横轴向右移动时，可以看到这些条变短了，因为任务被标记为正在进行或已完成。

　　灰色背景显示剩余工作的总小时数。它在横轴上任何给定点的高度等于团队成员的条形高
度之和。当我们完成项目时，将任务标记为完成，灰色背景将以阶梯模式向下并向右穿过图形。
最终，当我们完成所有的工作时，团队成员的栏和灰色背景的楼梯将到达底部，垂直剩余工作
时间轴等于零。

　　现在让我们谈谈对角线，因为它是信息图中最重要的。这条线表示我们工作的速度，以及
还有多少工作要做。这条线到达横轴位置时，纵轴等于零，展示了燃尽图预测可能完成所有任
务的日期。

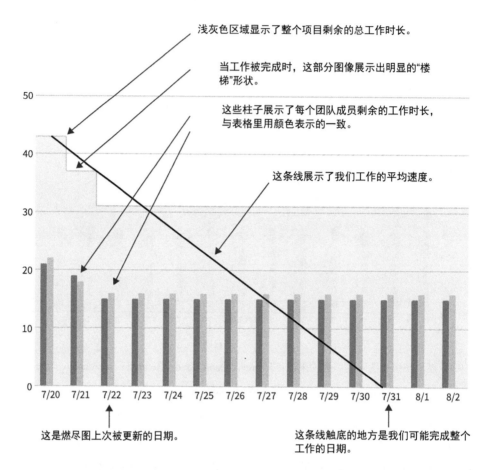

浅灰色区域显示了整个项目剩余的总工作时长。

当工作被完成时，这部分图像展示出明显的"楼梯"形状。

这些柱子展示了每个团队成员剩余的工作时长，与表格里用颜色表示的一致。

这条线展示了我们工作的平均速度。

这是燃尽图上次被更新的日期。

这条线触底的地方是我们可能完成整个工作的日期。

图 19.5　燃尽图信息图示例，带注释。图片来源：Jeremy Gibson Bond、Richard Lemarchand、
Peter Brinson 和 Aaron Cheney。

　　我会让它沉淀一会儿。燃尽图知道已经过去了多少时间——它有一个引用今天这个日期的公式——它知道到目前为止总共完成了多少工作。它还知道我们还有多少工作要做。因此，该图表可以通过计算以预测未来，向我们展示如果继续以与迄今为止大致相同的速度工作，我们什么时候可以完成所有的工作。当我们完成更多的工作时，它会将结果往更好的方向上平均，反之亦然。线与图表底部接触处的日期可以让我们估算完成时间。

　　这意味着，当我们完成项目的一个冲刺任务甚至整个阶段时，可以持续地知道平均是落后于计划还是提前于计划。然后，我们可以就项目范围做出明智的决定。我们是否需要进一步缩小范围？（那时我们为每项任务设置的优先级变得非常有用。）我们应该让更多的人加入团队

吗？我们是否可以采取其他步骤——更早地而不是更晚地采取行动——以确保我们有时间把所有的事情都做好到一个好的水平？

在图 19.6 中，你可以看到图 19.4 和图 19.5 几天后的燃尽图信息图。两位团队成员都设法完成了更多的工作，但他们的速度已显著放缓。你可以看到，灰色背景中的阶梯向右走时变浅了很多。也许每个同事在工作中都遇到了意想不到的问题，导致每项任务花费的时间比预期的要长得多，或者他们生活中的其他事情阻止了他们有很多时间来完成这个项目。

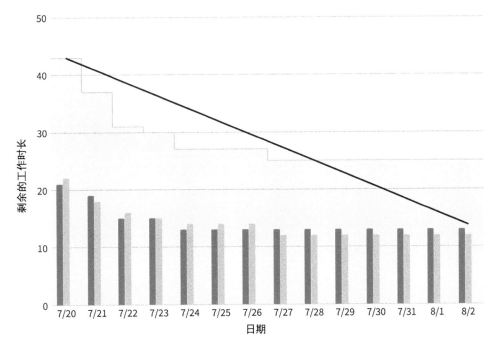

图 19.6　几天后，同样的燃尽图图表示例。图片来源：Jeremy Gibson Bond、Richard Lemarchand、
Peter Brinson 和 Aaron Cheney。

现在这条线没有触及信息图的底部，这意味着在这个冲刺任务期间计划需要完成的所有工作都不太可能完成。如果我们在这条线到达信息图右侧时查看纵轴，可以看到，如果团队继续以相同的平均速度工作，那么在 8 月 2 日，即冲刺周期的最后一天，还有大约 12 个小时的工作时间。

该团队现在必须制订计划，使项目重回正轨。他们的项目目前超出了这个冲刺周期的范围。他们可能需要从冲刺周期中删除一些任务。他们可以再等几天，看看他们的工作效率是否会有所提高。也许他们高估了接下来几项任务所花费的时间，他们的平均工作效率将再次提高。尽管如此，他们应该开始为他们可以削减的内容制订计划，以便重回正轨。

决定可以削减什么

几乎每个游戏项目在全面制作期间都会遇到范围界定的问题。削减特性和内容便于将游戏带回框架范围是每个游戏设计师必须学习的关键技能。当我们决定削减内容时，优先级较低的任务是第一批候选者。在确定优先级时考虑了游戏的设计，我们开始弄清楚自己可以不做些什么。（请注意，根据项目的结构，我们可能会完全从游戏中删除一些东西，或者可能只从当前的冲刺周期中删除一些东西，并可能将它们包含在未来的冲刺周期中。）

然而，并不是每一个低优先级的任务都很容易被削减，有些会比其他的更容易削减。一些相对低优先级的任务实际上可能通过它们与游戏其他部分的关系牢固地融入游戏设计中，而其他任务可能更独立于整体设计。正如 Mark Cerny 最近提醒我的那样："重要的是，你要知道哪些部分可以去除，哪些不能。如果某个场景是叙事或角色发展所需要的，则无法删除……因此，不断评审项目状态并根据那些必须保留的知识来调整设计，这一点非常重要。这样你仍然可以在开发后期进行调整，而不会对游戏造成伤害。" 每种类型的游戏都有自己的考虑因素，即哪些内容可以被轻松删减，哪些内容必须保留，并且随着游戏设计实践的发展，你将更好地区分一件事和另一件事。

在燃尽图中重新排期

当我们意识到当前冲刺周期的范围过大并且已经决定要削减的内容时，我们应该从图表中删除削减的任务。执行此操作的最佳方法是在电子表格中使用删除线格式标记任务，并将其预估小时数减少为零。（在某些燃尽图中，删除一行会破坏图表。我希望能够看到被删减的内容；删除线可以实现这一点。）这将从燃尽图正在进行的计算中删除任务，并且应该使斜线更靠近左侧，因为现在在冲刺周期结束之前要做的工作变得更少了。

如果你发现自己严重低估了完成任务所需的时间，或者你需要完成未预料到的新任务才能继续，那么你需要做出选择。在冲刺周期中间将任务添加到燃尽图或增加 Hours Estimated 数字通常是不好的，因为它会影响计算。你可以继续工作，直到完成你低估的任务，将其时间设置为零，从冲刺周期中减少足够的其他任务以使你重回正轨。不过，这会让你失去方向。通常最好在周末开始一个新的冲刺周期，那样会有更好的任务列表和更好的估算。

燃尽图是一种现成的计算工具。这不是一种确切地了解未来的方式，但它是一种非常强大的工具，可以让我们更好地了解在我们努力完成游戏时可能发生的事情。根据我的经验，游戏开发者（包括我！）并不擅长预测工作何时完成。隐藏在燃尽图中的数学可以让我们很好地掌握我们的进度。我从来没有找到一种与燃尽图一样有效的排期方法，尤其是在安排相对较短的项目或较短的冲刺任务周期时。

非常感谢 Jeremy Gibson Bond，他开发了这些示例的原始燃尽图，并教会了我如何使用这个有价值的工具。你可以在他的优秀著作《游戏设计、原型与开发》（Introduction to Game Design, prototyping, and Development）中找到有关使用燃尽图的更多见解。[①]（这本书的序是我写的。）

使用燃尽图营造信任和尊重的氛围

制作方式和排期工具有时会让人感到压抑。就个人而言，当我觉得自己的表现受到无情的评审时，我就不会尽我最大的努力来工作。优秀的项目经理使用可以帮助每个开发人员自信地工作的方法来管理团队，并且会避免创建让开发人员感到不被信任和尊重的系统。

因为燃尽图只记录了我们还有多少工作要做，而不是我们已经完成了多少工作，所以它永远不会人感觉它被用来检查团队成员每周投入了多少小时。如果一个团队的领导感觉有人没有履行他们对项目所做的承诺，那将是一个需要以自己的方式解决的特殊问题。但大多数游戏开发者都是善意的、认真的，并且对从事创造性工作感到兴奋。

让人们发挥最大作用的方法是信任他们，并通过尊重他们来证明这种信任。相信大家每周都投入了工作时间，即使他们看起来没有取得太大进展，也是对他们表现出一种尊重的姿态。燃尽图是一种排期工具，利用该工具可展示对团队开发人员的尊重，并因此建立彼此的信任。

   ❧   ❀   ❧

这里介绍了两种安排项目的方法：一种简单，另一种更复杂。对于刚开始应对如何更好地控制自己的时间的挑战以及正在学习承担项目范围责任的创意人士来说，这些简单的方法是一个很好的起点。

---

① Bond, *Introduction to Game Design*, 227.

一旦你掌握了本章讨论的基础知识，还有更多关于为数字游戏项目排期的知识。大型团队中的专业制作人经常使用复杂的排期系统，你可能想了解甘特图，它用于跟踪任务之间的依赖关系。你可以在 Clinton Keith 的《游戏项目管理与敏捷方法》（Agile Game Development: Build, Play, Repeat）和 Heather Maxwell Chandler 的 *The Game Production Toolbox* 等书中找到有关项目排期的进阶想法。

你还可以查看 Asana、Basecamp、HacknPlan、Jira Software、Monday 和 Trello 等软件项目管理包中包含的排期工具。Meredith Hall 在她的 Gamasutra 文章"为游戏开发选择项目管理工具"中讨论了这些工具以及更多的内容。[1]你还可以在线找到适用于敏捷团队的低成本或免费项目管理工具，例如，opensource 网站上列出的"敏捷团队的 7 大开源项目管理工具"。[2]

我相信游戏开发团队中的每个人都应该参与到管理团队时间的工作中，而不仅仅是制作人和项目经理。我们制作游戏所花费的时间与我们有趣的、迭代的创造过程密不可分。如果团队中的每个人都深思熟虑地参与其中，那么整个团队就会以实现项目目标的方式执行项目。

无论你采用哪种排期方法，我都祝你好运。尽可能早地弄清楚你的项目何时超出范围，并在你完成全面制作的过程中继续关注范围。保持你的方法，以充满信任和尊重的团队文化为导向，并以尽可能少的官僚主义来跟踪项目的现实情况。如果这样做了，你将履行一个高效制作人的关键工作职责：帮助你的同事尽可能地做好他们的工作。

---

[1] Meredith Hall, "Choosing a Project Management Tool for Game Development," Gamasutra, June 29, 2018.
[2] "Top 7 Open Source Project Management Tools for Agile Teams," Opensource .com,January 13,2020.

20. 里程碑评审

许多网络社区有丰富的游戏文化，从如何制作游戏到如何评价游戏等各个层面，无所不及。专业的游戏评论员发布评论，为游戏购买者的购买决定提供信息。游戏玩家在评论网站和游戏分发网站上发布用户评论。主播在直播玩游戏时谈论游戏。在评审自己付费开发的游戏项目以外，发行商和其他利益干系人还有许多不同的方式向开发团队提供反馈。游戏开发团队对其进行中的项目进行内部评审。我们在本书中一直在讨论的"设计—开发—游戏测试—分析—设计"的迭代循环中有一个评审过程。（它是术语"分析"的一部分。）例如，团队中的每个人在制作自己的游戏部分时都会不断地回顾他们的工作，我们将在第 23 章讨论。

在本章中，我们将重点关注在整个项目的主要里程碑期间发生的对项目全范围的评审。我们将研究一种评审类型，它让游戏开发团队（或团队的某些成员，包括其最资深的成员）与一群来自团队外部的人一起研究游戏，并提供一些指导建议。

何时运行里程碑评审

在我们的趣味制作流程中，里程碑评审发生在以下主要里程碑阶段：

● 预制作结束。

● alpha 里程碑。

● beta 里程碑。

这些里程碑为暂停和全面地开展评审工作提供了一个好的节点。当垂直切片、游戏设计宏观方案和进度表被交付时，预制作结束，这是检阅正在实现的游戏的绝佳时机。通常在这个时间点，我们很清楚一个强大的设计是否已经出现且正在向前推进，或者是否需要把游戏的核心设计考虑得再清楚一些。我们将在以后的章节中介绍 alpha 和 beta 里程碑。在项目完成时还会进行一种特殊的评审，即进行项目后评审。我们将在第 36 章看到这一点。

在周期较长的项目中，每个里程碑之间的间隔超过几周，应该在这些里程碑之间进行额外的评审。根据我的经验，游戏开发团队每三四个月进行一次项目全范围的评审通常较为适宜，可以确保事情进展顺利。在某些情况下，以在线服务游戏为例，应该在游戏发布后继续举行里程碑评审会议，讨论游戏玩家社区的反应，因为游戏设计随着打补丁和更新在不断发展。

内部和外部里程碑评审

本章将重点关注外部里程碑评审会议，这些会议让团队外部的人参与进来就游戏发表意见。但在每个重大里程碑到来时，整个团队也应该聚在一起讨论项目。通过召开一个内部的里程碑评审会议，团队可以就游戏开发过程中运行良好的内容，以及需要解决的问题达成更多共识和明确认识。每个人或团体也将更深入地了解同事对游戏的看法。

如果一个团队太大以致无法与在场的每个人一起进行内部评审，那么可以召开多个会议，包括专业职能会议（美术组、开发组等），以及由各专业职能的成员组成的跨专业组。专业职能人士带来的高度专业化和跨专业观点的合作、协同思维在每个里程碑阶段都非常有价值。

举行里程碑评审

举行里程碑评审需要开发团队尤其是他们的领导层做一些准备。如果一个项目运行良好，为每个里程碑所做的工作自然与评审所需的工作相吻合。对于提交者，会有一些额外的工作，但可能不会太多。

首先，要为里程碑评审留出一些时间。对于一个短小的游戏，这可能只有十五或二十分钟。对于大型游戏，这可能需要一整天或更长时间。选择一个舒适的带有音/视频设备的会议室或教室，确保有可饮用的水——评审中会有很多让人口干舌燥的谈话。然后，开发团队（或他们的领导）将准备展示工作。我们稍后会看看他们应该准备什么。

接下来，应该召集一群人进行评审工作。该评审小组将就游戏设计中新完成的可行和不可行的内容提出建议。在游戏行业中，里程碑评审组通常由项目利益干系人组成，即那些为创作游戏而投入资金的人。我们将在下面的"向项目利益干系人展示"一节中更详细地讨论这一点。

工作室的负责人通常会出席，其他领导成员和开发人员也会出席。工作室之外的人——董事会成员或顾问也可能受邀。如果评审游戏的人是游戏开发者自己，也就是了解游戏制作过程来龙去脉的人，那么评审过程会很顺利。在一个正在开发多个游戏的课堂上，团队的同学、导师和学生助理都是优秀的评审组成员。

当里程碑评审的时刻到来时，大家一碰面，评审过程就开始了。典型的里程碑评审会议将按如下流程进行：

1. 开发者简要介绍游戏并总结项目进展。

2. 在评审团面前进行游戏 Demo 展示或者游戏试玩。

3. 如果可以，评审小组的高级成员开始给予反馈。

4. 其他评审组成员参与并做记录，对游戏发表评论。他们之间可能会进行激烈的对话。

5. 评审时间到了，游戏开发者感谢评审小组的反馈。

6. 在评审多个项目的场景中，例如，季度商务会议或游戏开发课程，我们将继续进行下一个项目。

让我们更深入地研究这个过程。

1. 开发者简要介绍游戏并总结项目进展。

a. 团队通常会使用演示幻灯片这种有效的方式介绍游戏。

b. 以游戏的当前名称介绍该项目。即使它只是一个工作代号，也要这样介绍。

c. 团队描述了游戏的受众。他们可以使用第 7 章中我们介绍的简单定位陈述："我们游戏的可能受众是……"

d. 团队简要描述项目目前的状态。他们可能会描述最近完成的一项主要工作，或者他们当天展示的内容。如果工作与里程碑紧密联系，他们会明确表示自己是否已达到或超过里程碑的要求。如果没有达到里程碑，他们也会说明还缺少什么。

e. 他们描述了游戏的任何已知问题，包括他们知道会在评审过程中突然出现的任何大问题。这可以帮助评审小组根据问题的性质决定是提供建议还是拒绝在已知问题上浪费时间。

f. 如果合适，他们会表明评审小组的何种反馈是有用的。

g. 评审的初始演示部分应尽可能简短——我们希望尽快开始查看游戏。

2. 在评审团面前进行游戏 Demo 展示或者游戏试玩。

a. 根据游戏内容及其状态,游戏团队将通过自己玩游戏来展示游戏,或者他们会要求游戏测试者在评审组面前玩游戏。

b. 通常情况下,我们最好在游戏处于较早期的状态时进行演示,以充分暴露有可能让玩家受挫的显著问题。当团队希望评审组看到游戏的更多内容时,最好的方法是演示游戏。

c. 有时游戏会有一个转折或令人惊讶的结局,这时展示者可能因为害怕"破坏"体验而不愿透露。虽然游戏的最终玩家应该避免被剧透,但评审组不应该。他们在那里提供帮助,因此需要了解有关游戏结构的所有信息才能进行良好的分析。

d. 当第一次看到游戏时,评审组可能会选择将其评论保留到最后。然而,随着评审组在连续的审核会议上对特定游戏越来越熟悉,可能会在游戏演示时"实时"提供评审成员的评论。

e. 这种现场评论的方式仅适用于某些特定类型的游戏,而不是所有的游戏。如果实时评论会影响评审组其他成员体验游戏的方式(例如,在特别紧张或情绪化的游戏中),那么最好在游戏展示完成之前保留评论。

3. 如果可以,评审小组的高级成员开始给予反馈。

a. 在工作室,在场的最资深的非团队成员——工作室总裁或设计总监——可能会先给予反馈。在课堂环境中,教师可能也会这样做。这对于为接下来的讨论定下基调,或立即确定(至少对高级成员而言)值得特别讨论的任何重要问题都很有用。

b. 这一刻为高级评审小组成员提供了使用"三明治法"法(见第 6 章)和"我喜欢,我希望,如果……会怎样?"的机会(见第 12 章)。这样做的目的是为游戏设计师树立信心,对他们的工作表示尊重,并提供经过合议的、具有建设性的评价。

c. 高级成员应该让自己的发言相对简短。以自己看到的重大问题为框架,高级成员的目标是尽快在其他评审组成员之间展开对话,甚至是辩论。

4. 其他评审组成员参与并做记录，对游戏发表评论。他们之间可能会进行激烈的对话。

a. 评审组成员可能会自发发言，也可能会举手让游戏团队或主持会议的人点名。

b. 游戏的对话通常会很自然地发展下去。评审小组的成员会借鉴——有时甚至不同意——彼此的意见。当评审小组的成员彼此不同意时，一些（保持礼貌、尊重的）辩论接踵而至。深入挖掘评审成员在游戏中看到的问题，会让评审非常有成效。

c. 一名演示团队成员记笔记（或在评审组许可下，录制音频或视频）以记录评审组的评论。

d. 开发人员可能会重新展示评审组特别感兴趣的游戏部分。如果游戏时间很短，他们可能会再次展示整个游戏，这可以促使人们对游戏的这个或那个部分进行深入讨论。

e. 在讨论过程中，游戏的设计师很快就了解了他们作品的优缺点，正如评审组所看到的那样。他们还会发现是否有不同的人，以不同的方式看待他们游戏的任何方面。

5. 评审时间到了，游戏开发者感谢小组的反馈。

a. 对游戏开发者来说，感谢评审小组的时间、关注和专业知识是一种常见的礼仪。

b. 这一行为还为结束会议创造了一个良好的氛围，并为评审组下次检查游戏建立了一个隐形的桥梁。

6. 在评审多个项目的场景中，例如季度商务会议或游戏开发课程，我们将继续进行下一个项目。

a. 在我的课堂上，为了公平起见，我们将可用于评审的时间平均分配给各个项目。有些游戏的游戏时间比其他游戏要长，我们会根据具体情况进行调整。

b. 如果时间到了，还有更多有用的对话，那么开发团队和评审组成员可以在会议之后继续跟进。

c. 我们花在每款游戏上的时间通常会随着开发的进展而增加。

    i. 在预制作结束时，我们会花十五分钟时间查看每款游戏。我们正在查看的垂直切片通常很短，可能只需要两到三分钟就可以玩完。这让我们有足够的时间进行讨论。

ii. 在 alpha 版和 beta 版里程碑中，我们会逐渐花更长时间查看每款游戏，每款的查看时间至少增加到三十分钟。

皮克斯智囊团

下面要讲的过程或者它的一些变体适用于大多数类型的里程碑评审。它的部分灵感来自 Ed Catmull 和 Amy Wallace 在他们的著作《创新公司：皮克斯的启示》中讨论的智囊团过程。我们可以在世界各地的创意社区中找到这种方法的变体。

皮克斯智囊团的有趣之处在于，它对正在接受评审的创意人员没有直接的干预权力。它是一个同行评审小组，来自不同项目的导演、叙事作家和艺术家以合作的方式聚集在一起评审正在进行的作品，他们没有权力要求接受评审的团队必须对给出的点评采取行动，如何应对点评取决于团队自己。

同时，正在接受评审的团队确实有责任解决已确定的问题。如果在连续的里程碑会议上一遍又一遍地出现同样的问题，那就是一个危险信号，表明项目存在更大的问题，也许要通过取消项目或改变其领导层来解决。

对于智囊团，该书作者描述为："它最重要的特点是能够分析电影的情绪节拍，而不会让任何成员自己变得情绪化或有防卫心。"作者还提到：

> 由于智囊团的结构化方式，被告知明显缺陷或需要修改的痛苦被最小化。团队负责人很少会采取防御措施，因为没有人会利用自己的身份来告诉别人该做什么。电影本身而不是电影制片人被放在了显微镜下。如果你过于认同自己的想法，当它们受到挑战时，你会很生气。要建立一个健康的反馈系统，你必须消除权力走向对局势的影响——换句话说，你必须让自己专注于问题，而不是人。

很多时候，因为游戏团队周围还存在复杂的权力纷争，游戏在里程碑式的评审中并没有得到很好的反馈。工作室总裁或发行商想要某些功能或内容，达不到目的，就可能会惹上大祸，尤其是在商业环境中，游戏团队的领导层通常必须处理此类情况，对此将在下面的"向项目利益干系人展示"中进行讨论。

因此，在开发游戏时，我们越能将皮克斯智囊团的思维模式带入评审游戏的过程，效果就越好。从评审过程中消除权力纷争使我们能够专注于游戏的客观质量，以及游戏是否满足项目目标。

什么是好的点评

点评（note）是一种反馈，你会发现这个术语用于许多不同的创意领域。我给你的关于你的工作的点评，无论是对电子游戏、剧本还是绘画，都是我对你正在进行的工作的看法、想法、感受和见解之类的评论，我希望你能从中找到有用的信息。根据我是你的同事、你的老板还是你的朋友，我的点评可能有特定的个人风格或力量。伟大的游戏设计师总是在寻找可以帮助自己改进游戏的好点评。

一个里程碑评审小组会给出很多点评，覆盖他们在游戏中看到的几乎所有的内容。他们可能会提到他们喜欢的事情。他们可能会就不清楚的事情提出问题，或者提出让事情变得更好的建议。他们可能会识别出游戏中的弱点或问题点。有些点评很有帮助，对改进工作的方法充满洞察力，而有些则不然。那么，什么是好点评呢？

直接

首先，点评应该是直接的。它应该诚实地提供它必须提供的有用信息。三明治方法和"我喜欢，我希望，如果……会怎样？"都是以友善和尊重的方式沟通点评的绝佳技巧，但不要拐弯抹角，说出你必须说的话。

大多数人都重视诚实并渴望诚实，但诚实会带来困难。你可能不确定别人听到你的想法会做何反应，而完全诚实可能是残酷的，它可以伤害、激怒别人或削弱别人的动力。在我生命中的某个时候，我发现自己必须强迫性地、反射性地诚实，但这通常对我或其他任何人都没有多大帮助。

我仍然想直截了当地说出我的想法，但随着时间的推移，我找到了更好的实现诚实的方式，通过深思熟虑地选择我的措辞，通过关注参与其中的每个人的情绪，以及选择合适的时机说出我要说的话。例如，有时与某人私卜谈论敏感话题很重要。《创新公司：皮克斯的启示》将这种方式称为"坦诚"。

从彻底、残酷的诚实转变为更友善、体贴的直接，我变得对他人更有用，我也帮助了自己。

我现在更善于以一种容易被接受的方式直接与人们进行交流。如果你在交流时专注于委婉的直接，那么你就不会错得太远——无论是在提供点评还是在生活中。

具有建设性和时效性的批评

有用的点评，必须具有建设性和及时性。关于这一点，《创新公司：皮克斯的启示》的作者这样说：

> 一个好的点评说明了什么是错的，什么是缺失的，什么是不清楚的，什么是没有意义的。好的点评是及时的，不会拖到来不及解决问题。好的点评不会提出要求，它甚至不必提供对应的解决方案。如果提供了，则只是为了举例说明问题，而不是给出一个答案。不过，最重要的是，一个好的点评是明确切题的。"无聊透顶"不是一个好的点评。

这短短的一段话里蕴含了很多智慧。下面详细解读它。

"一个好的点评说明了什么是错的，什么是缺失的，什么是不清楚的，什么是没有意义的。"里程碑评审小组正在寻找他们评审的游戏中的问题：他们可以看到游戏开发人员看不到的东西。可能是出了点问题或遗漏了一些东西：游戏变得太难太快或变得不够难，或者游戏没有给玩家学习如何玩游戏的机会。在游戏设计中，问题通常与缺乏清晰度有关：我无法理解这些游戏系统是如何工作的，该资源是做什么的，或者这个角色是谁。可能是游戏没有创造出设计师想要的情感体验。当设计师希望它看起来非常严肃时，它可能会无意中变得有些好笑。

如你所见，这些可能的问题中的大多数都取决于设计者的意图。评审组成员通常会在给出说明之前询问游戏设计师的意图。有时游戏设计师的意图是合理的，有时则不是。我只考虑游戏设计师明智地聆听点评的情况，而不管他们的意图如何。

"好的点评是及时雨，不会拖到来不及解决问题。"我们越接近项目结束，点评的这一方面就越重要。在早期的里程碑中，当所有问题都可以解决时，我们对这方面考虑得较少。评审小组在垂直切片中看到的所有问题几乎都至关重要，因为我们希望项目的设计基础牢固。但是我们不能在 alpha 里程碑（见第 28 章）之后添加任何功能，我们也不能在 beta 里程碑之后添加任何内容（见第 31 章）。因此，评审小组应依据这些游戏制作的现实情况进行点评。

"好的点评不会提出要求，它甚至不必提供对应的解决方案。如果提供了，则只是为了举例说明问题，而不是给出一个答案。"有些人认为，要使点评具有建设性，就必须为问题提供解决方案，但有时仅仅识别一个问题就足够了。在皮克斯，智囊团评审小组没有权力，也不会试图告诉任何人该做什么，《创新公司：皮克斯的启示》揭示这就是它运作良好的原因。对于所有类型的艺术家来说，最有用的是了解别人在观看他们的作品时遇到了什么问题。这为解决问题开辟了一个交流空间，我们可以在其中进行迭代，直到最终找到正确的解决方案。

"不过，最重要的是，一个好的点评是明确切题的。""无聊透顶"不是一个好的点评。我在顽皮狗的时候就认识到这个原则，在那里我们总是试图让反馈集中在屏幕上看到的、通过扬声器听到的，以及通过手中的控制器感受到的内容上。给予一个具体而明确的点评，避免抽象或概括，只批评游戏设计，而不是设计师，是推动游戏设计对话的最具建设性的方式。

《创新公司：皮克斯的启示》引用导演 Andrew Stanton 的话总结了良好的点评和建设性的批评：

> 批评和建设性的批评是有区别的。对于后者，你在批评的同时也在建设。你一边拆一边建，用新砖瓦来填你刚刚拆毁的漏洞。这本身就是一种艺术形式。我总是觉得，你给的任何点评都应该能让对方迸发出灵感——如果你的问题是："我怎样才能让那个孩子想要重做他的家庭作业？"那么你必须像老师一样行事。有时你得用五十种不同的方式谈论问题，直到有一句话让他们眼前一亮，就好像他们在想，"哦，我想做这个。"

在里程碑评审期间，展示游戏开发者应该做什么

正如我们在第 12 章中所讨论的，我们的记忆通常是错误的，并且带有强烈的情感色彩。因此，负责展示游戏的开发者应该做每个游戏设计师在收到反馈时都应该做的事情：把它写下来。（或者在获得评审组许可的情况下进行录音。）我们要记录在里程碑评审期间收到的每条点评，在团队中的游戏设计师讨论如何对评审小组的建设性批评做出反馈时，可以拿出来分析。

当任何游戏设计师展示他们的游戏时，他们都应该尽量避免采取防御措施。接收反馈可能是一个情绪化的过程，但变得激烈并开始为自己的工作辩护是无济于事的。

在团队试图弄清楚如何回应评审组的反馈时，还会有时间进行讨论。负责演讲的游戏设计师在会议期间争论太多会浪费宝贵的时间，因为他们本来可以得到很多高质量的点评。有时候，游戏设计师解释游戏中的某些内容是适当且有用的，可以帮助评审组成员完善他们的反馈。我鼓励人们解释得恰到好处，以使点评突出重点。

向项目利益干系人展示

到目前为止，我们一直在讨论皮克斯智囊团式的里程碑评审，该评审非常适合能够引入值得信赖的同行来对游戏提出看法的团队，以及用在游戏设计课上，让学生对同学的游戏进行建设性的评论。然而，正如我们在本章中多次提到的那样，当项目的利益干系人（资助项目的人）将游戏视为正在进行的工作时，就会发生游戏行业中一种非常常见的里程碑评审。过去，游戏项目的利益干系人通常是游戏发行商。如今，随着游戏产业的发展和多样化，资金可能会来自各种金融和创意机构的游戏投资项目。

在里程碑评审会议上，利益干系人可能想要检查游戏的完成进度，或者他们可能对自上次里程碑评审以来的游戏设计的方向忧心忡忡。利益干系方的战略计划或领导层可能会发生变化，并且可能会出现关于游戏或其市场前景的新问题。游戏的未来资金——以及工作室工作人员的生计——很可能取决于里程碑评审的结果，糟糕的评审结果可能会导致里程碑付款延迟、预算削减或项目取消。由于经营一家实体游戏工作室需要日常管理费用，如果没有太多现金储备，里程碑的延迟付款可能会导致工作室破产或关闭。

针对项目利益干系人的里程碑式评审会议与智囊团式评审是不同的情况。因此，开发团队的领导可能会被要求解释或证明团队迄今为止所做的设计决策。为里程碑评审会议制定明确的议程可能有助于保持会议正常进行，并确保会议期间没有任何棘手的意外。双方领导层成员之间的预审讨论可以帮助解决这个问题。准备好游戏在测试期间所获积极反馈的经验数据，也可以帮助开发人员以最好的方式展示他们的游戏。

在项目利益干系人的里程碑评审会议期间，对可能发生的所有事情进行全面讨论，这超出了本书的范围。围绕向项目利益干系人进行里程碑评审演示而发生的任何冲突的关键参与者，都需要强大的谈判技巧、出色的商业头脑和广泛的合同法知识，以便能够为每个人创造最佳结果和引导会议。

在信任和尊重的基础上，开发团队和利益干系人之间的关系越好，里程碑评审过程就会越顺利。健康的关系是宝贵的，需要时间来培养，这就是为什么开发商和发行商之间经常有多个项目的合作。如果你是一名游戏开发者，请从以公平交易著称且众所周知会支持合作方的利益干系人那里为你的项目寻求财务支持。严格避开任何有捏造理由扣留或拒付里程碑款的记录的发行商。这种选择是对商业诚信的简单"嗅觉测试"。此外，游戏开发人员应避免在里程碑交付物方面过度承诺，以免给业务合作伙伴造成他们在里程碑评审中会看不到交付物的不好印象。

　　当你发现自己面临着向项目利益干系人展示里程碑评审报告方面的挑战时，请向经验丰富的游戏行业领导团队成员寻求专家建议。遇到困难时，导师和董事会成员通常很乐意提供帮助。

关于里程碑评审过程中的情感

　　当我们向其他人展示我们的作品时，可能会觉得有很多风险——如果游戏未来的资金取决于里程碑评审，那么可能确实是的。展示未完成或有问题的工作可能导致控制不住自己的情感，因为我们与我们所做的创造性事物有着紧密关系，而且工作可能涉及财务风险。

　　因此，我们应该花点时间考虑里程碑评审过程中的情感问题。首先，我认同，作为里程碑评审的一部分，你所感受到的情绪是真实的。我永远不会告诉你应该把它们收起来，把它们咽下去，或者让自己坚强起来。根据我的经验，这只是将情绪转移到一个隐藏的地方，在那里它们会凝结和发酵，积蓄力量。被阻塞的情绪不可避免地会在以后悄悄蔓延到你身上，并在不恰当的时候给你一个令人讨厌的意外。

　　在整个开发过程中，控制情绪是有帮助的——不是压抑情绪，而是管理情绪，以免它们对我们正在进行的游戏设计工作产生负面影响。以不受控制的方式表达的强烈情绪（例如愤怒或恐惧）可能会对合作方造成伤害，尽管你不应该觉得自己必须向同事完全隐藏自己的感受。他们会知道你是否不高兴；你需要做的是尽你所能缓和你的感受。如果你必须通过发泄来释放情绪——通过向他们表达出你的愤怒或恐惧——那么找一个合适的时间和地点发泄，在那里你和你的同事能保持一定的距离。你的非工作关系的朋友或家人可能会为你提供这种支持，因此你可以更好地回到工作中，并准备好专注于你的游戏。

　　在我工作过的团队中，我一直强调我们都在为我们游戏的伟大而共同努力。以一种在团队成员之间建立牢固协作关系的方式工作是通向卓越游戏设计的可靠途径，没有什么比在尊重和信任你的同行中以最佳能力工作更令人满意的了。如果我们保持同样的开放态度并感激给予我们的点评，这种良好的感觉可以延伸到里程碑评审小组的成员那里。

　　里程碑评审建立在信任、尊重和同理心的基础上时效果最好。正在被评审工作的游戏开发者与正在给予反馈的评审小组之间建立的信任越多越好。一些评审过程可能是残酷的，甚至是残忍的。我敢肯定，你听说过关于艺术创作的批评会议曾让人们流泪。以我的经验，这种过程很少有建设性。作为评审者，我们应该努力做到友善、尊重和支持。艺术创作已经够难了，我们应该以一种能够被接受的方式表达我们的批评。在我的职业生涯中，我必须学会表达我的想法，以便改进设计，但我也需要仔细地选择我的措辞和时机，以便我的反馈会传达给需要听到它的人，而不是被他们的防御墙挡住。

作为游戏设计师和开发者，我们需要深入审视我们的工作以改进它，这可能意味着我们会接触到我们觉得难以接受的意见。谦逊和自我之间的张力对每位创意人士来说都是重要的。我们需要一定的自我来创作有趣的作品，但如果要出类拔萃，也需要谦虚，以对新的想法、机会和解决方案保持开放的态度。

尽管我们做出了许多努力来让我们的里程碑评审过程是合作的，并且不受权力纷争的影响，但批评过程通常明显或暗中受等级制度影响。忽视工作室负责人或专家的权威，或者忽视非常资深、有魅力、受欢迎的评审小组成员的权力，这是一种天真的想法。与享有特权的人相比，来自边缘化社区的人可能会以完全不同的方式接受批评。每个创意社区和评审小组都必须找到自己的方式来解决这个问题。回到尊重、信任和认同的基本原则可能会有所帮助。

当今的游戏设计师，从独立游戏到 AAA 级游戏，都会定期联系他们的朋友和同行，给他们发送游戏版本或邀请他们到工作室以获取反馈。对于游戏设计师来说，从游戏设计专家那里获得大量关于游戏的同行反馈是非常有利的，这些专家在他们的游戏中没有任何形式的利益关系（财务、情感或社交）。

随着评审小组和开发者相互了解，如果建立了相互尊重和信任的纽带，评审小组就会成为游戏开发团队最强大的资源之一。不要错过在项目的整个生命周期中接收这些宝贵意见的机会，尤其是在你达到项目的每个主要里程碑时。

21. 预制作的挑战

项目的预制作阶段给我们带来了巨大的挑战。预制作结束时将交付三大成果：垂直切片、游戏设计宏观方案和进度表。它们必须在相对较早的时期创建，通常在约为项目总时长前三分之一的阶段，在此期间，我们必须对我们的游戏做出大量重要的决定。

构思阶段和预制作阶段为这个决策过程创造了一个良好的入口。正如我们在第 15 章中所讨论的，最好在项目的中期最努力工作。为到达预制作终点新增的额外努力，自然地映射出我们在经历构思和预制作过程中逐渐增强的动力。

大多数创意项目会随着工作的开展积聚动力。我们做的工作越多，对自己的想法就越投入，越了解我们正在使用的设计元素。制订的计划变得越来越清晰，使用工具和推进工作流程也越来越流畅，与同事的沟通也更加有效。一些创意人士太过沉迷于自己的上升势头，以至于忘记了他们做的工作是否在项目范围内。这就是我们制定宏观方案和制订进度表的原因，而且这些事情最好在项目过半之前完成，在还有大把时间可用的时候规划时间才有意义。

正如将在本书的下一部分中看到的那样，我们会讨论项目的全面制作阶段，即使在预制作结束时写下了宏观方案和进度表，也可能需要一些时间让其沉淀，成为一个可靠的、最终的计划。因此，不要被创建游戏设计宏观方案的挑战所困扰，或者将其误认为是官僚、僵化和棘手的东西，在全面制作阶段仍有回旋的余地。

致力于设计

我是"是的，并且"这种沟通和协作风格的拥趸，我们基于彼此的想法建设性地推动设计向前发展。在每次创意讨论和项目的各个阶段，我都会尝试说"是的，并且"。

然而，每个领域的设计师——不仅仅是游戏设计——都不得不说很多"不"。设计师必须能够判断一个想法是否存在致命缺陷。这是设计过程中不可避免的一部分，当考虑一个设计想法时,我们必须从许多不同的角度来思考,分析是否可行及其原因。也许两个设计元素之间的交互会破坏我们试图创造的体验。例如,导致某人在虚拟现实中撞墙或在过马路时看手机。也许需要花费大量的时间或金钱。

我们必须致力于那些没有发现任何重大问题的想法。当进一步工作时,很可能我们仍然会发现问题,但如果我们从看起来不错的想法开始,那么至少已经走上了一条好的道路。因此,在预制作开始时,你可能发现对于游戏设计没有太多需要说的。当然,你要确保存在分歧的原因基于逻辑和理性,而不是品味差异、试图获得权力或唱反调。

在预制作进行到一半时,你希望确保游戏设计达成的共识多于分歧。你需要转变更多致力于设计的想法,做到这一点的一个好方法是,将看似不同的概念综合成可以很好地结合在一起的新想法。作为游戏设计师,我们都有一种自然的倾向,即希望将最终决定推迟到我们掌握更多信息并有更多时间思考的时候。然而,这并不是我们成为更好的游戏设计师的方式。

我们通过做出一些可靠的决定,然后实践它们,并致力于在此基础上创造更多的想法,从而成为更好的游戏设计师。即使我们犯了错误,至少我们是在设计,而不是在空转我们的轮子。

如果预制作不顺利就取消项目

在 Mark Cerny 的 D.I.C.E. 峰会演讲中,他花了一些时间讨论了预制作阶段一个困难但重要的方面:如果预制作不顺利,就取消一个项目。在塞尔尼方法中,预制作过程中最重要的高潮阶段就是游戏的审批过程,作为预制作的结果,垂直切片和宏观方案将被呈现给项目的利益干系人,即为完成项目提供资金的人。由利益干系人来评估他们所看到的,并决定这是否是他们认为会在市场上取得成功的游戏。

如果利益干系人认为该项目会成功,那么该项目将获得额外的资金,并可以进入全面制作。如果利益干系人有理由怀疑项目不会成功,那么要么开发团队用更多的时间和金钱来解决利益干系人看到的问题,要么项目被取消,开发团队改做其他工作。

制作一个垂直切片并不便宜。2002 年,Mark Cerny 估计前期制作可能要花费 100 万美元,而今天的成本可能远不止于此。Mark 承认,为一个可能无法通过审批的项目花费大量资金进行预制作听起来可能只是为了挥霍大量现金,但他坚持认为这是该过程中一个重要且最终可以节省资金的部分——

由于在预制作期间的成本较低，相对于游戏的实际制作成本，实际上你的效益还是可观的。那是因为，如果它不成功，你只会花掉一百万美元，不这样做可能损失更多，相信我。

在撰写本书时，商业电子游戏的开发成本可能在 1500 万 到 1.5 亿美元之间，并且可能需要额外的等量营销支出。将大型游戏的一小部分开发和营销预算用于制作垂直切片，以证明我们是否可以做出好的东西，而不是将游戏推向市场，然后让它失败，前者是否好很多？我们可以探索冒险但令人兴奋的新游戏风格和故事主题，而不是依赖同样熟悉的、久经考验的方法。令人高兴的是，发行商似乎终于开始接受这种思维方式，尽管我们还有很长的路要走。

当然，这种红绿灯一刀切的过程可能会导致开发人员失望甚至沮丧。全心全意地投入到一个项目中，结果却似乎被否绝了，这当然很难接受。Mark Cerny 对一个没有获得绿灯的项目团队有一些安慰的话，主要是帮助他们消除不切实际的幻想：

> "项目被取消是管理不善或团队不佳的表现。"不，实际上！项目被取消有时是一件非常值得骄傲的事情。不管团队的天赋如何，如果你不能做出令人信服的第一个可玩"垂直切片"，那么是时候终止项目并继续前进了。伙计们，你们刚刚为自己节省了几百万美元和团队一年的生命。[1]

Mark 在这里对开发团队的时间表现出的尊重是令人钦佩的，也是游戏创作文化中经常被忽视的一个方面。尊重彼此的时间，无论我们是游戏开发者还是游戏玩家、游戏营销人员或游戏商务人员，最终增加信任和制作更好的游戏都会使每个人受益。

进入全面制作

既然我们已经使用垂直切片游戏制作了一个可靠的核心设计，并且开始使用游戏设计宏观方案和进度表来控制我们的项目范围，那我们已准备好投入全面制作。

本书的下一部分将分享如何从预制作转向全面制作。我将描述站立会议这个帮助团队在工作时保持信息同步的简单技巧。我将讨论进一步规范游戏测试过程的方法，以便对我们正在制作的游戏越来越有信心。我会告诉你通过构建工具来深入了解玩家体验和游戏设计的度量指标。

---

[1] Cerny, "D.I.C.E. Summit 2002," 26:48.

然后将讨论有助于我们深刻理解项目的两个重要里程碑：alpha 和 beta。

预制作交付物摘要

表 21.1 展示了游戏项目预制作阶段应交付成果的简短摘要。

表 21.1　游戏预制作阶段交付成果摘要

交付物	交付时间
游戏设计宏观方案——初稿	当还有足够的时间在预制作结束前进行多轮迭代的时候
垂直切片	接近预制作结束，但在游戏设计宏观方案终稿完成之前。当宏观方案定稿之时，我们已经可以对游戏核心设计有清晰的理解
游戏设计宏观方案——终稿	接近预制作的尾声
排期表	在预制作结束之时，游戏设计宏观方案终稿之后，因为排期表基于前者

第 3 阶段
全面制作——制作和发现

22. 全面制作的特点

游戏项目的全面制作阶段是完整地把游戏制作出来的一段时间。它有两个主要的里程碑：alpha 里程碑和 beta 里程碑。每个里程碑之前都有一个同名的阶段：alpha 阶段，它通向 alpha 里程碑，而 beta 阶段，则通向 beta 里程碑。

alpha 里程碑通常会在全面制作过程的三分之二左右出现，而且以一种有趣又不确定的灵活方式出现，它通常也出现在整个项目的三分之二左右。beta 里程碑标志着妙趣横生的游戏制作之旅的全面制作阶段结束（见图 22.1）。我们将在后面更多地讨论 alpha 和 beta，每个里程碑在本书后面都有自己的章节。

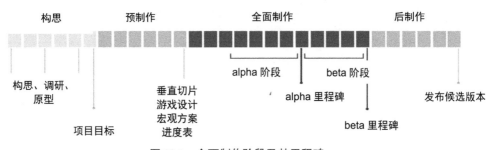

图 22.1　全面制作阶段及其里程碑。

图片来源：Gabriela Purri R. Gomes、Mattie Rosen 和 Richard Lemarchand。

展示垂直切片和游戏设计宏观方案

全面制作阶段通常开始于展示团队制作的垂直切片、游戏设计宏观方案和进度表。根据具体情况，团队的领导层可能已经向项目的利益干系人（执行制作人、发行商或其他财务支持者）展示了这些交付物，以便获得反馈并获得进入全面制作的绿灯。如团队规模很大，最好将交付物重新展示给团队成员，以确保每个人在全面制作开始时都获得一样的信息。

分享我们的工作是启动全面制作的好方法。我们可以看看在项目的前两个阶段所取得的成就——通常很多。我们确保团队成员都达成了共识，并且开始了解哪些部分已经运行良好，哪些部分需要更多关注。我们现在准备开始实现游戏的其余部分，并参与持续进行的试玩测试和设计评审，这是妙趣横生的游戏制作流程的特点。

完成任务列表

预制作阶段是随心所欲、非结构化、相对无迹可循的时间以及直观的设计制作阶段。它与全面制作阶段是不同的。还记得在第 9 章中谈到的装配线吗？全面制作与此有点类似。多亏了我们的宏观方案和进度表，我们现在有了一个任务列表，必须完成这些任务才能制作出游戏，我们可以开始着手处理它。我们将逐步制作需要的机制、角色和关卡，从列表中核对任务，直到游戏完成。

但我们不应该盲目地按照我们的计划行事，需要对我们的游戏设计保持警惕。游戏是一个整体系统——我们添加或删除的每一件小事都会影响整个游戏。我们的游戏设计宏观方案是对设计方向的指导，需要遵循它，尽管可能不用严格遵循。我们已经对游戏设计做出了足够多的决定，可以满怀信心地向前推进，但这些只是宏观方面的决定。当我们完成详细的微观设计工作时，仍有足够的自由空间来塑造游戏。

我并不是允许你在全面制作的中途改变对游戏的宏观设计。如果你在全面制作的过程中经常改变你的宏观设计，那么你的游戏可能不会很好地融合在一起。你会像在草地上追逐蝴蝶的一只小狗，一会儿往这儿，一会儿往那儿。虽然像那只小狗一样会令人愉快，但是，在全面制作过程中，我们更希望像一只精力充沛的狗，直接冲向它即将捕捉的飞盘。

有时，当你完成全面制作时，宏观方案中的内容会以新的方式展现出来。你可能会在宏观方案中发现一些之前没有意识到的新的想法。或者，你可能会在全面制作的过程中找到能改变游戏整体体验的重大发现，这些发现不会破坏你所做的设计工作，而是会增强它。我们将在下面的"何时在全面制作期间冒险"一节中探讨这种现象。

从预制作到全面制作的转变

突然改变你的工作方式可能很困难，而且这种在预制作和全面制作之间的态度转变可能需要一些时间来适应。当你开始根据任务列表工作时，请注意你的工作习惯是如何适应的。如果你是一位更凭直觉的开发人员，喜欢即时做出决定，则可能需要一些努力。采用简单的流程管理可能会有帮助，例如，通过任务列表跟踪进度，每天固定时间完成一个任务，甚至更频繁地查看任务列表。

在全面制作开始时经常发生的一件事情是，游戏设计宏观图表（宏观方案的电子表格部分）需要额外注意，对于我从事过的每一个项目来说都是如此。我过去常常为此感到有压力，认为这意味着预制作在某种程度上失败了。如今，我只能接受它作为从预制作到全面制作的转变过程的一部分。我尝试优雅地处理它，接受游戏设计宏观方案需要更多的精力才能将其提升到高质量水平，并尽快给予它关注。使用里程碑评审反馈，并寻求有关你的宏观方案是否需要优化的建议。

但是，当你着手制作游戏的其余部分时，请避免不停地摆弄宏观图表。你可能熟悉这句话，"完美是优秀的敌人。"成为一名成功的创意人士的关键之一是：学会知道什么时候已经在一项任务上做了足够多的工作，然后应该转向做其他事情。

检查项目目标

每当你需要解释你的游戏设计宏观方案时，或者，如果你在尝试解决设计问题而陷入困境时，请回头参考你的项目目标。你的体验目标和设计目标几乎总是会引导你找到解决方案。以我的经验，那些目标与最初构想大相径庭的项目只是偶尔会取得好成绩。与你最初计划做的事情保持联系是大多数设计过程中的一个健康指标。但是，随着你对游戏的了解更多，偏离你的项目目标与完善你的目标以使其更加具体是有区别的。一种适得其反，而另一种则是设计过程的核心。

在第 11 章中，Tracy Fullerton 谈到，我们在通过游戏测试和迭代对原有的游戏设计有了新的发现时，要打磨和细化项目目标的价值。Tracy 告诉我，正如她所见，"锁定你的项目目标，永远不要根据游戏的现实情况重新考虑它们……这是一个会阻碍开发的僵化过程……随着游戏从你正在做的工作中浮现出来，它开始更清楚地解释和说明你最初陈述的目标的本质。就像你在构思一个想法时重写一个句子或一个段落一样，打磨你的体验目标，可以为制作过程带来越来越多的关注。"

回到第 11 章，Tracy 告诉我们，保持项目目标的可实现性是其有用性的重要组成部分。

因此，全面制作的开始提供了一个很好的机会来打磨和细化我们的项目目标，使其与我们发现的一切保持一致。这将使项目目标保持最新状态，因此，每当我们需要项目目标来指导未来的设计工作时，其仍然会为我们提供很好的建议。

站立会议

如果你还没有将站立会议作为游戏开发实践的常规组成部分，那么，项目的全面制作阶段的开始是一个很好的启动时机。站立会议是一种基于小组的交流活动，旨在帮助团队成员就他们的职责、目标、成就和问题保持定期沟通，以确保项目顺利进行。

站立会议在敏捷软件开发的世界中非常重要且无处不在，你有时会发现它们被称为早上点名会议、每日站会（daily scrum）或每日会议。会议是站着进行的，目的是使会议简短。这是一个聪明的技巧，因为人们很自然地想坐下来，这提醒每个人在会议中要保持他们的评论简短而中肯。会议以三个问题为中心，每个团队成员都必须回答这些问题：

- 自从我们上次见面以来，你在做什么？

- 在我们下次会议之前你打算做什么？

- 你面临哪些阻碍你前进的问题？

对谁在做什么，团队很容易产生理解上的分歧。团队可能改变了对工作计划的想法并就此偏离轨道，或找到他们必须解决的问题的想法。同步每个人做了什么以及将要做什么，有助于建立清晰透明的团队。

第三个问题——你面临什么问题？——可能是三个问题中最重要的一个。当我们快速而简明地总结在完成工作中面临的问题（有时称为障碍或阻碍）时，至少会做三件事：

1. 我们确定存在的问题。

2. 仅仅通过向某人大声描述问题，我们也许可以更清楚地了解问题的确切性质。

3. 我们创造了一个机会，以获得一些帮助来解决这个问题。

同样，即使是一个非常小的团队，也很容易无法就阻碍他们进步的问题进行持续讨论。人们倾向于挣扎着渡过难关，不愿寻求帮助，认为他们应该能够自己面对挑战。站立会议迫使我们将面临的问题摆在桌面上。如果小组中的任何人认为他们可以提供帮助，他们会主动提出帮助，并且在站立会议结束后继续讨论。

在专业团队中，站立会议通常在每个工作日举行。传统上，会议应该每天在同一时间和同一地点举行，通常是在一天的开始时举行，这能促进规律、稳定的持续讨论和进展。无论环境如何，尽可能多地举行站立会议，并注意即使不是所有团队成员都在场，也应该举行。

站立会议对于保持团队信息同步总是很有价值的，你可能希望从项目的一开始就实行，直到最后。当运作良好时，站立会议会促进责任感，并在团队中营造尊重、信任和认同的氛围。因为我们会清楚地就我们正在做的工作进行沟通，认可每个人的努力，并互相帮助克服困难。这为进一步讨论我们的流程奠定了基础，并有助于确保我们都能接受共同努力的发展道路。如果你致力于这种简单、省时的做法，站立会议将为你的团队增添巨大的活力。

全面制作的里程碑

在全面制作期间有两个主要里程碑：alpha 和 beta。我们将在接下来的章节中详细介绍它们，但现在提前了解它们会很有用。

在 alpha 里程碑，我们的游戏将是"特性完备"的，即所有的活动部件都已到位。任何在游戏中发挥作用的东西都应该在 alpha 版本中，至少以粗略的形式存在。将所有功能独特的东西融入游戏尤为重要——例如，玩家角色和其他角色的能力、游戏的机制和核心循环、世界中对象的基本行为，以及类似于界面元素和选项屏幕的游戏部件。此外，在 alpha 里程碑中，我将使用在顽皮狗中采用的技巧，即成品游戏中的所有关卡都应该在 alpha 里程碑中呈现，至少以粗略的形式呈现。

随着 alpha 里程碑临近，我们将逐渐放弃使用同心开发，并将开始放入临时占位资源内容（placeholder content），以便可以构建游戏。alpha 里程碑是制订计划的好时机，想想我们将如何找到想要玩游戏的人，并告诉他们我们可以提供这个游戏。我们将在第 29 章和第 30 章讨论这些问题。

在 beta 里程碑，我们的游戏也将是"内容完整"的，此时整个游戏已经到位。所有的美术、动画和音频资产都将至少以第一次质检合格的质量水准呈现，并且游戏的每一个部分都将被构建出来并可以运行。游戏可能满是缺陷并存在平衡问题，但通过在 beta 中锁定其内容，我们可以将不确定的目标变成稳定的内容，然后对其进行打磨。

如果你曾经——也许在高中时——参与过一些戏剧工作，将 alpha 视为技术排练可能会很有用。我们不太担心表演的质量，但我们会专注于演员们在正确的时间出现在正确的地点，以及把灯光和声音的提示记录下来。然后，你可以将 beta 视为彩排，我们现在确实关心表演和其他一切，尽管它们仍然会有点粗糙。我们进行这些排练，以便把一些尚未准备好的内容改正过来，为第一晚来看我们表演的观众做好一切准备。

alpha 和 beta 里程碑是通往项目最终候选版本里程碑之路的标志。在发布候选版本里程碑时，游戏已最终完成并准备好在发布前进行彻底测试。

游戏应该按照什么顺序构建

随着预制作的结束和全面制作的开始，我们面临着下一步要构建游戏的哪个部分的决定。我们刚刚通过垂直切片构建了一个具有代表性的游戏组成部分，其打磨过的版本通常最终会成为游戏早期的一部分。现在我们必须决定接下来是制作游戏的开端、中段还是结尾。根据我的经验，建议你使用戏剧结构（act structure）从大致均衡的四个部分来考虑你的游戏：

1. 第一幕：开端

2. 第二幕上半场：中段

3. 第二幕下半场：中段

4. 第三幕：结尾

然后按照这个顺序构建你的游戏（见图 22.2）：

1. 第二幕上半场

2. 第一幕

3. 第三幕

4. 第二幕下半场

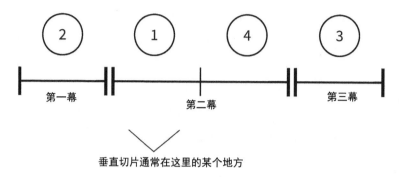

图 22.2　游戏构建顺序。

　　先制作第一幕很少会成功（在第 11 章中谈到了这一点）。在游戏的开端有很多复杂的工作要做，要教玩家如何玩，还要设置游戏的叙事和基调。它还必须非常出色，才能引起轰动并吸引新玩家。如果你从垂直切片开始（你希望可以在成品游戏中使用它而不需要做过多的改变），然后制作第二幕上半场的其余部分，那么，你可以继续掌握游戏的基本元素——核心循环和二级玩法循环，以及重要的叙事元素——但你不必太担心如何让玩家上手。一旦你对游戏的核心有了更多的了解，而不是仅仅了解垂直切片所传递的内容，那么你就可以制作一个真正优秀的开场序列来完美地吸引和留住新玩家的注意力。

　　我们总是很想把第三幕所需的工作（即游戏的结尾）放到项目结尾来做。但根据我的经验，这是一个错误。结尾和开端一样重要——从戏剧的角度考虑更是如此——如果把游戏的结尾留到最后，就有可能面临危险：耗尽了时间但仅创造出一个不令人满意或未打磨好的结尾。当然，并不是每一种游戏都有结尾，但很多游戏都有某种结束或结局。我遇到过一些游戏设计师，他们认为游戏的结局并不那么重要，因为不是每个玩家都会到达结局。这似乎很愤世嫉俗。我的游戏设计方法是，我想对我的每一位玩家都表示尊重和体贴，即使只有一个玩家到达游戏终点，我也希望有一些优秀的东西供他们玩。

　　根据我的经验，就其内容和长度而言，第二幕的下半场是最柔韧和可塑的。这是线性或叙事游戏体验的一部分，它开始将我们在游戏前半部分投入的所有游戏玩法和故事串联起来或缩短。我们通常有机会像六角手风琴一样扩展或收缩游戏的这一部分，这取决于我们还剩下多少时间。如果我们在处理前面的部分之前已经完成了游戏的结尾，那么，我们心中就有了一个目标，这就是对设计师非常有用的约束。这项工作听起来很简单，但我希望你不是这么认为的。塑造"中段的后半部分"以达到特定的结局，可能是你在项目中所做的一些最严格的设计工作，并且每款游戏都会带来独特的挑战。

　　当然，这里没有硬性规定。电影制作者经常不按顺序拍摄和组装电影，并且由于不同元素之间的相互依赖关系，任何不按顺序的制作都会带来独特的挑战和机遇。作为游戏设计师，处理这些依赖关系的能力是你技能成长的另一个方面。

游戏感和多汁性

　　全面制作的开始是检查项目的游戏感和多汁性的好时机。游戏感是"操控过程中的愉悦感、掌控感或者笨拙感，以及和虚拟物体交互的触感"。[①] 这是电子游戏设计的一个重要方面，但在 Steve Swink 的开创性图书《游戏感：游戏操控感和体验设计指南》问世之前，我们很难讨论这个问题。我强烈建议你阅读这本书。Steve 非常清楚地分解了让游戏感觉"漂"、"反应灵敏"或"反应迟钝"的因素，并确定了打造良好游戏感的要素：实时操控、模拟空间和视听表现。

　　据我所知，多汁性这个概念最早是由卡内基梅隆大学 ETC 实验游戏项目的成员 Kyle Gray、Kyle Gabler、Shalin Shodhan 和 Matt Kucic 在 2005 年的 Gamasutra 文章《如何在 7 天内制作游戏原型》中提出的。根据他们的说法，多汁性是"持续而丰富的用户反馈"。

　　　　多汁的游戏元素会在你触摸它时弹跳、摆动和喷射，并发出一点声音。多汁的游戏让人感觉充满活力，并对你所做的一切做出响应——只需最少的用户输入便带来大量的连锁动作和反应。它使玩家感到强大并控制了世界，并且它会基于玩家每一次的交互，不断地让玩家知道自己的表现如何，从而指导他们掌握游戏规则。[②]

　　多汁性通过动画、声音设计、视觉效果和交互设计表现出来，为玩家创造了丰富的体验。多汁性还会反馈到游戏感中，对输入进行强调，创造强烈的反应感，创造感官愉悦，并鼓励进一步互动。多汁性的原则和实践，以及它在游戏设计中的适用性，在 Martin Jonasson 和 Petri Purho 于 GDC 欧洲 2012 独立游戏峰会上的演讲 *Juice It or Lose It* 中得到了很好的阐述。[③]

---

① Swink, Game Feel, 10.

② Kyle Gray, Kyle Gabler, Shalin Shodhan, and Matt Kucic, "How to Prototype a Game in under 7 Days," Gamasutra, October 26, 2005.

③ Martin Jonasson and Petri Purho, "Juice It or Lose It," GDC Vault, 2012.

同心开发有助于在我们的游戏中提升良好的游戏感和多汁性，让我们在进行过程中关注实施的细节。但请注意，不要像爱丽丝那样掉进兔子洞：如果我们不小心，游戏感和多汁性就很容易占用我们的实现时间。当你的游戏暂时已经足够好的时候，要能够意识到。

全面制作的重点

一旦投入全面制作，最好将注意力集中在 Tanya X. Short 所说的游戏的"易用性"上，我们在第 12 章中已讨论过这一点。[①]人们只是通过观看和聆听来理解我们的游戏有多容易？他们能通过尝试控制来弄清楚如何玩游戏吗？他们是否了解游戏在玩法和故事方面的重要概念？重视易用性有助于我们完善游戏设计的许多不同方面。它将帮助我们制作一款能够通过多种渠道与和它互动的人进行清晰沟通的游戏，就像任何出色的设计作品一样。

设计良好的电话或椅子要具备形式和功能的统一性，同样的原则也适用于精心设计的电子游戏。正如在第 12 章中所讨论的，我们通过观察、聆听、触摸来了解如何使用事物，并从这些交互中收集意义。保持这种专注有助于我们像用户体验设计师一样思考，这对于游戏设计师来说始终是一种有价值的思考方式。我们将在接下来的几章中更详细地介绍这种方法。

一旦投入全面制作，我们应该继续使用同心开发。我们应该以一种不断完善游戏玩法和生产价值的方式来制作游戏，包括视觉、音频和触觉设计以及可用性。我们将努力做到这一点，使我们的游戏始终可以很好地被玩和操控，并且没有可用性问题。保持对易用性的关注也有助于我们提前计划，为游戏上手制作的系列教程因精心设计而如此有趣，以至于玩家甚至意识不到自己正在学习，正如在第 17 章中讨论的那样，玩家甚至不会意识到他们正在被教导一些东西，只能感受到游戏体验。

尽管我们现在处于全面制作阶段，仍然有可能延续尽早失败、快速失败和经常失败，因为我们致力于项目详细的微观设计，不断邀请团队以外的人对游戏进行测试和连续几轮迭代设计。请记住，在没有别人测试你正在制作的内容的情况下，不要做太多的工作。找别人来试玩你的作品，这将为你创造无数机会来对你的设计方向进行小幅调整。这样做，你可以继续朝着你的项目目标和体验目标前进，同时也避开了路径中的任何障碍。同样，每当你遇到困难时，请回头参考你的项目目标。如果你只是重新关注体验目标，那么问题的答案可能还需等待。

---

① Tanya X. Short, "How and When to Make Your Procedurality Player-Legible," December 21,2018.

在全面制作期间何时冒险

正如我之前所说，你可能偶尔需要偏离游戏设计宏观方案来制作能力范围内的最佳游戏。我可以举一个创作《神秘海域：德雷克船长的宝藏》的例子，这是第一款《神秘海域》系列游戏。我们的瞄准机制还不够完善，游戏设计师（现为游戏总监）Neil Druckmann 提出了一个想法，以弥合我们正在使用的第三人称自动瞄准系统与第一人称游戏中使用的更精确的瞄准系统之间的差距。我们正处于全面制作的阶段，就在 alpha 里程碑前几个月，我们制作了一个新的瞄准系统的原型，并且对结果非常满意。

这个单一修改对我们游戏的设计产生了深远的影响。突然之间，《神秘海域：德雷克船长的宝藏》中的敌人遭遇变得栩栩如生：它们更具挑战性，但并不太难，而且非常重要的是，它们更具戏剧性，因为你必须始终直视敌人，并试图打败他们。这场战斗突然变得更加"亲密"，更像一对一，而不是一对多。

更好的是：这个变化并没有破坏游戏。在全面制作阶段对游戏设计进行重大更改总是存在风险的。关卡布局需要重做吗？现在还有哪些其他游戏系统需要改变以应对这种变化？这是否会引发进一步变化的多米诺骨牌效应，从而耗尽你宝贵的全面制作时间？在大多数情况下，这种从自动瞄准到过肩手动瞄准的特殊变化并没有破坏我们的关卡布局，也没有对其他游戏系统产生不良的连锁反应。对我来说，这是一个完美的例子，说明：如果游戏在预制作结束前还没有完全融合在一起，有时应该在全面制作过程中尝试冒险。

我从其他游戏设计师那里听说，有时他们的游戏设计直到接近开发结束时才完全确定，通常是添加、删除或修改一个主要元素才最终使游戏变得非常有趣。Zach Gage 说这曾发生在 Choice Provisions Inc. 的基于骰子的策略游戏《塔尔西斯》（Tharsis）上。[1] Ryan Smith 说 PlayStation 4 的《蜘蛛侠》蛛网射击机制也是如此。[2]这些经验告诉我们，我们应该有条不紊地完成任务列表来构建我们的游戏，但我们也应该时刻关注，如何从根本上改变游戏设计，使其变得更好。

请谨慎行事。以《神秘海域：德雷克船长的宝藏》为例，这是我们在全面制作期间对游戏机制所做的唯一重大更改。如果我们允许自己做太多像这样庞大而迟缓的改动，我们的游戏几

---

① The Spelunky Showlike, "Episode 8: Designing Tharsis with Zach Gage," December 20, 2018.

② Ryan Smith, "The 2019 GDC Microtalks," October 28, 2019,

乎可以肯定最终不会融合到一起。把它想象成你手里只有一两张的百变卡。你一定想把它们留给特殊场合，而不是冲动地用完。

๛ ❀ ๛

如果构思阶段是游戏时间，而预制作阶段是冲刺，我喜欢将全面制作阶段视为一场更长的赛跑，甚至可能是一场马拉松。我们不能再以最快的速度冲刺了，否则我们会筋疲力尽的。我们必须适应节奏并始终如一系统地工作，并调整自己的节奏，以便我们有一些精力来克服在项目最后阶段会遇到的障碍。

我们必须睁大眼睛看清前进道路上的障碍。即使是很小的失误，也可能导致崩溃。我们必须继续寻找有助于游戏设计取得巨大飞跃的机会，即使我们完成了游戏的制作。在接下来的章节中，我们将着眼于正式的游戏测试过程，这将帮助我们注意到障碍和机会，让我们走在通往优秀游戏的道路上。

23. 测试类型

正如我们在本书中一直在讨论的那样，游戏测试在健康的游戏设计和开发实践中起着核心作用。但是，游戏团队在不同的开发阶段使用了许多不同类型的测试。将它们进行归类梳理是很有用的：

- 非正式试玩测试

  - 自己进行的非正式试玩测试

  - 与我的同事们进行的非正式试玩测试

  - 与设计同行进行的非正式试玩测试

- 设计过程测试

  - 正式试玩测试

  - 用户测试

  - 焦点测试

- 质量保证测试

- 自动化测试

- 面向公众的测试

让我们一一来看看。

非正式试玩测试

非正式试玩测试是开发人员在设计和开发游戏时自己进行的试玩测试。通常在办公桌前和闲谈中就可以做，没有正式试玩测试所特有的严格控制的情况。

自己进行的非正式试玩测试

当我在开发游戏的某个部分时，我会时不时地运行游戏以查看正在制作的内容。我会玩一段时间，体验刚刚实现的东西，评估我设计的游戏玩法、操控、图形、声音以及所有其他方面。也许我想了解游戏的整体体验，或者专注于一个小细节。这是一种基础且约定俗成的试玩测试方式。

但是这也容易出问题。以这种方式调整游戏的难度几乎是不可能的。在开发游戏的过程中，我——设计师——玩游戏的时间可能会比几乎任何人都长得多，通过重复磨炼出技能，并能从内部视角理解游戏的运作方式，我渐渐变成一名超级玩家。这让我很难正确评估游戏的难度，以及它的易用性（人们理解游戏机制或故事的难易程度）等其他因素。

游戏设计师可以在一定程度上学会克服这些障碍。据说，宫本茂最伟大的游戏设计能力之一，就是每天早上他都能像从未见过一样接近他正在制作的游戏。做到这一点需要很强大的自律能力，但只要成功，就会对项目产生积极的影响。每个领域的伟大设计都是让自己站在第一次遇到某事/某物的人的角度。培养这种思维习惯，将会为你进行非正式试玩测试提供支持。

与我的同事们进行的非正式试玩测试

当你正在开发你的游戏并需要一双新的眼睛时，自然而然地，你会让坐在你旁边的人来进行非正式的试玩测试。在大多数优秀的游戏工作室中，每个人一天的一部分时间都花在玩同事正在制作的东西，这是大家一致接受的。一边玩游戏，一边谈论游戏，这在正式的试玩测试中是不合适的。在为同事进行非正式的试玩测试时，游戏设计师个人的思考能力就会显现出来。提供反馈也需要三明治法（见第 6 章）和"我喜欢，我希望，如果……？"的基本沟通技巧（见第 12 章）。

作为一名允许自己的工作成果被同事测试的设计师，我必须抵制任何想要防御的冲动。我需要用倾听技巧来听听别人对我的游戏的真实评价，而不能用"他们就是不明白"或"他们玩得不对"来解读别人的言论。我必须培养自己理解评论的能力，并在设计中找出问题的真正根源。与不同的人一起进行测试有助于理解这个过程。

与设计同行进行的非正式试玩测试

我所说的设计同行，是指经验丰富的游戏设计师，以及与你有相同的兴趣和感受的人。打电话给你的设计同行，让他们玩你的游戏。当你遇到一些设计问题时，这种类型的试玩测试特别有用。你的设计同行可以公正地看待你的游戏，并给你一些建议。

设计过程测试

我将接下来的三种测试称为设计过程测试，因为它们与我们用来使游戏尽可能好的设计过程有关。你可能会发现这三种测试类型之间存在一些重叠甚至混淆，即使在专业工作室也是如此，但我认为承认它们之间的区别是一件好事。

正式试玩测试

这是一种试玩测试类型，即设计师在严格控制的条件下观察从未玩过游戏的人，以此验证玩家在家玩一款新游戏时的体验。设计师们正试图看看这些全新的玩家是如何接受游戏的。他们能学会怎么玩吗？他们喜欢玩吗？游戏是否给了设计师希望创造的体验？玩家遇到了哪些与游戏设计相关的问题，而这些问题导致他们无法获得想要的体验？

这种试玩测试是要尽可能客观的，因为我们可以在所有复杂的人为因素的范围内进行测试。顽皮狗经常使用正式的试玩测试，我在工作室的八年中，大部分时间都密切参与了游戏的正式试玩测试的运作过程。我们将在第 24 章和第 25 章更多地讨论正式的试玩测试。

用户测试

这是游戏设计师从"可用性"和"UX"（用户体验）的设计中沿袭下来的测试类型。用户测试的核心是界面的设计和使用（尽管它的范围远不止于此）。而在软件工程中，"可用性是指特定消费者可以使用软件来实现获取的有效性、效率，以及在一个可量化的使用环境中的满意度。"[①]

---

① "Usability," Wikipedia.

从某种角度来看，电子游戏中的一切都是界面。不仅仅是菜单和抬头显示，还有角色、游戏世界的视野和操控方案——"三个 C"——的设计，都在传达信息、塑造交互模式并创造体验。

所以，也许你会经常发现"用户测试"这个术语用来描述我们将在第 24 章和第 25 章看到的正式试玩测试，这并不奇怪。我们使用的正式试玩测试过程，部分源自可用性和人机交互（HCI）学科。许多优秀的游戏工作室雇用具有 HCI 背景的人员来运作他们的正式试玩测试，并且许多游戏教学项目都有可用性的课程或教师。南加州大学游戏名誉教授 Dennis Wixon 帮助微软游戏工作室开创了《连线》（Wired）杂志所称的"新游戏科学"。① Dennis 和他的同事用来改进游戏设计的科学严谨性和设计过程，是我们在顽皮狗进行的正式试玩测试工作的灵感来源。

但是，我认为将用户测试和正式试玩测试完全混为一谈是错误的。正如我们将在下一章中看到的那样，正式试玩测试是有点主观的一种做法，设计师经常被要求根据他们的直觉或艺术感受做出决定。相比之下，用户测试是一种非常严格、彻底、明显的科学实践，我们可以通过应用启发式方法并以客观的方式测量结果，来确保实现特定的设计结果。

焦点测试

令人困惑的是，一些游戏工作室可能将他们的正式试玩测试和用户测试过程都称为"焦点测试"，但是它们有很大不同。焦点测试是市场营销专业和市场营销学学科的一部分，是与客户建立关系并满足客户的业务流程。

焦点测试通常将一个焦点小组聚集在一起，其成员是根据心理和/或人口统计信息从公众中选择的，这些信息将他们标记为正在测试的产品、服务、概念或广告的潜在客户。焦点小组成员通常按时间收费。焦点小组会议由受过专门训练的研究人员主持，他在受控条件下向成员提出精心设计的问题，记录小组的反应，并鼓励小组之间对话。他们谈论对被测试事物的看法、意见、信念和态度。测试结果稍后由研究人员分析，并由项目中的利益干系人进行讨论。

在游戏开发的早期，当我们想要检查对游戏的想法是否会被潜在用户接受时，焦点测试可能很有价值。如果我们的游戏预算非常多，并且希望确保我们明智地花钱，焦点测试尤其有价值。用户研究员和游戏设计师 Kevin Keeker 在 Tracy Fullerton 的《游戏设计梦工厂》的文章《充

---

① Clive Thompson, "Halo 3: How Microsoft Labs Invented a New Science of Play," Wired, August 21, 2007.

分利用焦点小组》中提供了很多关于有效使用焦点测试的好建议。

质量保证测试

在任何游戏工作室，测试工作的先锋都是其 QA（质量保证）部门，有时也称为测试部门。QA 是一门高技能的专业学科，拥有游戏开发中最成熟的一套流程。QA 测试人员的工作首先是寻找缺陷：对玩家体验产生负面影响的技术问题和内容问题。这些缺陷可能很难找到，因为它们仅在游戏中出现一些罕见的事件序列或某些不寻常的元素组合在一起时才会发生。QA 测试人员能够以单个开发人员根本无法做到的方式探索游戏的巨大可能性空间。在这样做的过程中，QA 使我们能够实现我们喜爱的游戏。

QA 通过遵循已经制订好的游戏测试计划及特定问题的测试计划来测试游戏。当 QA 发现问题时，他们会将这些问题记录在与游戏的其他开发人员共享的错误数据库中。QA 经理根据对"谁将修复缺陷"的评估，将缺陷传递给专业职能负责人（首席美术设计师、首席程序员等）。这些缺陷可能是工程师需要修复的代码问题，也可能是游戏设计师的设计问题，或者可能是游戏美术需要纠正的错误映射纹理。

然后，专业职能负责人将缺陷传递给他们小组中的各个开发人员，由他们来修复这些错误，将更改"签入"（check in）到团队的版本控制系统，并将每个缺陷标记为"已修复"。（如果他们无法修复，找不到报告的缺陷，或者不同意这是缺陷，那么他们可以适当地标记缺陷，然后进行进一步的评估。）在下一个版本构建中，如缺陷被标记为"已修复"则返回 QA，然后进行"回归"测试，再次检查以确保问题确实已经消失。

缺陷数据库最终会成为每个团队成员生活的重要组成部分，修复缺陷数据库中报告的问题将占用每个开发人员一天的大部分时间。QA 测试人员不仅仅是缺陷发现者和修复检查者，他们更是游戏设计智慧的极好来源，并且能够深入了解游戏为玩家带来的体验。以游戏 QA 为职业的人通常对游戏充满热情且知识渊博。他们通常是具有较强的游戏设计敏感性的分析思想家，并且拥有许多优秀的想法。我一直很重视在我的工作室寻找从事 QA 工作的人，向他们致以敬意，询问他们的工作，并努力向他们学习。

QA 是一门开发学科，从事 QA 工作的人是游戏开发人员。根据本书的哲学，即每个接触游戏的人都是游戏设计师之一（在第 4 章中概述过），我们应该记住，从事 QA 工作的人也是游戏设计师。我们应该在每个阶段都邀请 QA 人员参与设计和制作过程，和他们紧密有效地合作，尽我们所能制作最好的游戏。

自动化测试

几乎从计算机科学存在的时候开始，软件开发人员就一直在创建机制来自动测试他们编写的代码。在自动化测试中，特殊的软件被编写出来以测试其他软件，或者以无错误的方式快速、有效地执行重复的人工任务，或者执行人类根本难以执行的测试。

单元测试、集成测试和服务器负载压力测试是自动化测试的著名示例。在这些示例中，模块、代码和数据组被测试，以查看它们是否正常工作。游戏的自动化测试可能会通过控制器、键盘和鼠标或触摸屏模拟人类对游戏的输入。自动化测试可能使用编程接口完全绕过输入系统，并直接与代码和内容交互。

自动化测试现在是游戏程序员工具包中公认的重要组成部分。当我在顽皮狗时，工作室才华横溢的工程团队开始使用"冒烟测试"（也称为信心测试、健全性测试和版本验证测试），来确保我们的夜间构建版本没有任何与内存相关和关卡加载的问题。这确保了我们的 QA 部门每天早上都会有一个没有任何基本问题的版本可以进行测试。

鉴于游戏开发是一个以人为中心的艺术领域，我认为自动化测试不太可能完全取代人工测试，但代码可以比人类更快、更彻底地检查某些类型的问题和错误，这是有道理的，因为计算机擅长以完美无瑕的精度完成注重细节的、无聊的、重复性的任务。我希望机器学习能够帮助我们以新的方式测试游戏，就像它已经开始在我们生活的各个领域（如语音识别和图像处理）发挥作用一样。

面向公众的测试

面向公众的测试是指我们在游戏还未完成之前将其发布给公众进行的测试，也许是以某种有限的形式。这将包括公开 beta 测试、抢先体验测试，以及在全球发布之前将游戏发布到小型测试市场。

在公开 beta 测试中，游戏开发商或发行商允许普通大众在游戏达到 beta 里程碑之后下载游戏并进行试玩，但通常是在游戏完成的几周或几个月前。（在公开 beta 版中更常见的是不发布整个游戏，而只是发布其中一部分，也许是演示级别的内容。）

　　开发人员会从公开 beta 测试中收到许多不同类型的反馈。他们可以再次检查服务器负载压力测试的结果，以确保他们的服务器可以同时处理成千上万（或数十万）玩家下载和玩游戏的负载。开发人员可以收集有关玩家在游戏中活动的指标数据，这样做可以检查游戏的设计是否按预期工作。他们可以寻找与帧速率或延迟有关的性能问题以及安全问题。早期用户通常会探查游戏中的安全漏洞，目的是看看是否可以破解他们的分数。开发人员还可以通过调查问卷或采访的形式，从参与游戏公开测试的人那里获得对游戏体验的直接反馈，就像我们在正式试玩测试中所做的那样。

　　在抢先体验测试中，游戏在特性完备或内容完整之前就已发布，甚至可能已售出。这种做法现在在专业游戏设计领域很常见，例如，Steam 抢先体验销售和 Itch 官网等平台，使游戏开发者可以使用社交媒体，更早、更轻松、更大规模地将玩家带入设计和开发过程。面向公众的测试还可以帮助游戏创建社区，增加游戏趣味性。

❧　　　❀　　　❧

　　现在我们已经了解了一些不同类型的测试，在接下来的两章中将更深入地了解正式的试玩测试。正式的试玩测试为游戏设计师提供了一个有价值的工具，该工具有助于他们的设计过程正常进行。

24. 准备正式的试玩测试

在趣味制作流程开始的构思和预制作阶段，我们设计和构建游戏的方法是非常自由和有艺术性的，并且其结构化程度刚好可以帮助我们在正确的时间做出正确的决定。现在我们已经投入全面制作中，我们并没有停止根据自己的直觉来工作，但是，我们遵循着已制订的宏观方案和进度表计划——转向了一种更理性的工作方式。

我们现在正走向主要里程碑：其中，alpha 说明游戏将是特性完备的（其所有主要机制都将在游戏中的某个地方），beta 说明游戏将是内容完整的（游戏中的所有内容都存在了，并且已准备好在后制作中被润色）。当我们从主观转向客观，从直觉转向理性时，我们如何才能确定自己正在顺利地进行转变？正式的试玩测试可以帮助我们解决这个问题。

顽皮狗的正式试玩测试

我带着对试玩测试的热情加入了顽皮狗团队，很高兴能与 Evan Wells 和 Mark Cerny 一起工作。他们已经帮助工作室帮助建立了一套很棒的正式试玩测试流程。在其生命周期的大部分时间里，顽皮狗（及其母公司索尼互动娱乐）一直在进行正式试玩测试。通过在线广告招募普通大众，将他们带入工作室，并付费请他们玩正在制作中的游戏。这些游戏试玩者事先并不知道他们将要玩什么游戏或谁在制作他们将要测试的游戏。我们希望人们来玩这款游戏时，没有带着积极或消极的先入之见。

当我在顽皮狗团队时，我们与第三方代理合作，该代理检查了所有回复了广告的人所提供的信息，并为每次的正式试玩测试提供了十名游戏测试员。游戏测试者的游戏经验和人口统计信息，反映了我们认为该款游戏在不同年龄、性别和游戏经历范围内会吸引的玩家类型。像许多游戏开发者一样，我们将这些人称为"面巾纸"游戏测试员——就像面巾纸一样，我们只会使用他们一次。在正式试玩测试中，你需要那些以前从未玩过你的游戏的人，以便在试玩的当下得到他们准确的反应。

当我加入顽皮狗团队并与他人协力完成《杰克和达斯特 3》时，我们在整个项目过程中大致进行了四到五次试玩测试。《神秘海域 3》是我在顽皮狗完成的最后一款游戏，在游戏开发过程中我们对它进行了二十一次测试——大约从项目结束前六个月开始——平均每周一次。我们在内部专门的游戏测试室进行了正式的试玩测试，我们沿着一堵墙布置了一排（十个）游戏测试站点。每个测试站点都有一台电视、一台联网的 PlayStation（上面有我们正在测试的游戏版本），以及一副插入电视的耳机，这样每个玩家只能听到他们所在测试台的游戏的声音。随着游戏测试的进行，游戏设计师会坐在房间的一旁，看着游戏测试者玩游戏。今天，顽皮狗有一个专门的游戏测试实验室，带有一面单向镜子，将游戏测试者与观察他们的设计师分开，这是为进行用户研究而建的"观察套件"的共同特征。

对于《神秘海域 3》的试玩测试，我们使用联网的数码录像机，在测试者玩游戏时，录像机将游戏视频捕捉下来传到我们的网络上。我们可以稍后查看此视频，以便更仔细地观察特定玩家在游戏中的行为。当我们发现游戏特定部分的问题的模式时，或者试图弄明白特定玩家遇到特定问题时所发生的情况时，例如卡在游戏的某个部分的时间过长，我们会这样做。注意，这些方法是由从事用户测试的 HCI（人机交互）研究人员发明的，它们在被游戏行业采用之前已经被使用了一段时间。今天，顽皮狗还拍摄了试玩测试者的面部、手部和整体姿势，这段录像可以与游戏录像一起播放，以提供一个更广阔的视角，了解玩家在游戏中的每一刻所做的事情和当时的感受，同时视频可以传输到工作室中任何有兴趣了解游戏测试情况的人的电脑桌面上。

我们在测试站点之间放置了屏风，这样玩家有意无意都不会看到彼此的游戏画面。如果你的邻居在游戏中领先于你，比如看到他们解决了一个谜题、以特定方式使用武器，甚至只是爬上窗台，你的游戏过程和能力进步很容易受到影响。

我们会要求玩家在试玩测试期间不要说话。因为我们希望测试过程尽可能科学，所以会毫不留情地从不给他们任何帮助。在玩家玩游戏时，游戏会记录有关游戏体验环节的某些信息，并将其发送到我们网络上的数据库中。我们称之为指标数据，我将在第 26 章讨论它。

在试玩测试结束时，我们会让游戏测试者填写一份关于他们的体验的调查问卷，然后我们会进行一次体验后访谈，将其记录下来以供日后参考。我们从调查中获得的数字信息（定量数据）帮助我们跟踪玩家在每次测试中对游戏的看法的变化。我们几乎总是会看到缓慢的、渐进的改进，知道游戏正在逐渐变得更好有助于我们保持清醒。我们还会从体验后访谈中获得一些有趣但不那么客观的游戏设计观点（定性数据）。指标数据将为我们提供更多关于游戏可玩性的客观信息。

在本章的剩余部分和接下来的两章中，我将详细介绍所有这些过程，向你展示一个正式的试玩测试过程，每个人都可以使用它来确保自己的游戏尽可能的优秀。

适合所有人的正式试玩测试练习

在第 5 章中，我们制定了一些指导方针来帮助我们进行试玩测试。为了给整个项目过程引入一个可以采用的严格的试玩测试实践，我们在第 12 章中扩展并加强了这些指导方针。

当我们在游戏制作过程中来到某个关键点时（通常就在 alpha 里程碑之前），切换到一种更严格的试玩测试形式变得很重要，我们可以依靠这种形式来提供有关游戏的清晰信息。我们希望获得有关游戏的客观事实和主观观点，以便我们可以对游戏设计方向进行任何必要的最终修正。随着时间的推移我们可以跟踪这些设计更改，以确保我们所做的最终修正是在改进游戏，而不是让游戏变得更糟。我们将这个过程称为正式试玩测试，我们用这个过程使自己更加自信，因为我们的游戏会以我们希望的方式在玩家身上落地。我们可以完成从凭直觉制作到客观评估的过渡，并可以为发布游戏做准备。

定期的正式试玩测试随后成为了游戏开发过程的重要组成部分，使我们能够有条不紊地解决较小的设计问题，让我们有时间探究更重要的游戏设计主题。正如 Mark Cerny 最近向我描述的那样："一旦在制作阶段安排定期试玩测试，团队内外的对话就不再是'你认为玩家会理解 XYZ 吗？''这里的难度合适吗？'或'按住 L1 然后按 CIRCLE 是否足够直观？'这些话题探讨起来可能很耗时，但由于知道试玩测试会很快解决这些问题，我们现在可以自由地将时间花在游戏中更大的结构性问题上（例如， 玩家与玩家角色建立了足够的同理心吗？），而不是这些细节。"

所以现在是时候为第 12 章描述的试玩测试过程添加一些额外的指导方针了。新的指导方针在下面的列表中以粗体显示。

- **准备一个健康的游戏版本进行测试，确保没有缺陷和重大游戏体验问题。**

- **使用正式的试玩测试脚本。**

- 如果需要，使用测试前调查问卷。

- 为游戏测试者和设计师提供耳机。

- 如有必要，准备一份操控备忘单。

- 准备书面提示或文件，以帮助玩家了解任何已知的游戏体验或功能问题。

- 建议你的游戏测试者"放声思考"和"放声感受"。

- 适当时使用内容警告。

- 开始试玩测试。

- 观察你的游戏测试者的游戏体验。

- 观察游戏测试者的言行并记录下来。

- 完全不要帮助你的游戏测试者。

- 如果需要，在试玩测试期间录制游戏和测试者的音频和视频（应该在征得游戏测试者的同意后）。

- 使用遥测来捕获有关试玩测试环节的指标数据。

- 注意时间：你需要时间进行问卷调查和体验后访谈。

- 在测试之后和任何对话之前，给游戏测试者一份正式试玩测试调查问卷。

- 调查问卷环节结束后，使用准备好的体验后访谈问题进行访谈。

- 写下或录下体验后访谈的答案。

- 不要成为游戏解释者。

- 不要气馁。

如你所见，我们在游戏开发的大部分过程中一直使用正式的试玩测试流程，这很好！意味着我们在试玩测试的方法上一直很严格，也为我们下一阶段的工作奠定了坚实的基础。让我们来看看这些新指南，它以三个新工具为中心：脚本、调查问卷和一些准备好的体验后访谈问题。

准备一个没有缺陷和重大游戏体验问题的健康游戏版本进行测试，

在游戏测试之前——通常至少提前三天——我们应该准备一个稳定、健康并且没有任何会妨碍游戏试玩测试的问题的游戏版本。这个准备阶段经常给经验不足的游戏开发者制造一个巨大的"陷阱"——开发人员通常会在游戏测试之前一直对他们的游戏进行更改，引入的问题会破坏游戏，使其无法测试，并使安排游戏测试所花费的所有时间、金钱和精力都付诸东流。因此，当务之急是创建一个足够稳定和健康、可以进行游戏测试的游戏版本，并在游戏测试之前检查主要问题。如果开发人员希望在游戏测试前几天对游戏做小幅改动，那么他们之前准备和检查过的稳定的、健康的版本将成为"安全版本"，必须在测试当天完成安装并准备好使用，以作为测试的备用方案，防止后期的更改引入破坏游戏测试的问题。

使用正式试玩测试脚本

在正式的试玩测试或用户研究环境中，运作测试的人通常使用书面脚本来确定要对每个游戏测试者说的话。有一个脚本可以遵循，意味着每个游戏测试者都会收到完全相同的信息。你可以在之后阅读到有关此内容的更多信息。

如果需要，使用测试前调查问卷

一些研究人员也使用测试前调查问卷，为每个游戏测试者设置基线，然后将其与从测试后调查问卷中收到的数据进行比较。例如，我们可能会询问游戏测试者的感受，看看他们在测试前后是否处于不同的情绪状态。如果使用测试前调查问卷，请将你想调查的内容写入你的试玩测试脚本。

如果需要，在试玩测试期间录制游戏和测试者的音频和视频（应该在征得游戏测试者的同意后）

我们可以使用软件来录制游戏运行时的音频和视频，以及游戏测试者玩游戏时的音频和视频。游戏测试者的视频可以通过笔记本电脑内置的摄像头或其他摄像头录制。确保在使用音频和视频设备录制游戏测试者的行为之前征得他们的同意，以免侵犯隐私。如果你有足够的资源，我建议你以这种方式记录你的试玩测试环节。如果你做不到，别担心——你可以通过观察和做笔记来获得很多有用的信息。

使用遥测来捕获有关试玩测试环节的度量数据

我们在游戏中创建代码，来捕获有关玩家在游戏中所做的事情、他们完成游戏的每个部分需要多长时间等信息。我们将在第 26 章中详细讨论这一点。

注意时间：你需要时间进行问卷调查和体验后访谈

我们在第 12 章中谈到了在试玩测试期间要注意时间。我们现在有一个额外的理由去这样做：在正式的试玩测试中，我们必须在玩家完成游戏之后以及游戏测试结束之前，使用调查问卷并进行体验后访谈。

在测试之后和任何对话之前，给游戏测试者一份正式试玩测试调查问卷

一旦我们的游戏测试者玩完游戏，我们就要给他们一份调查问卷供他们填写。在此之前，不要开口询问他们的体验。这项调查问卷将询问他们的体验，并会以一种可控的方式进行。我们的调查将使用心理学家那套成熟的技术方法来准备问题框架，以便我们能够获得尽可能客观的答案。

调查问卷环节结束后，使用准备好的体验后访谈问题进行谈话

我们在整个试玩测试过程中一直使用体验后访谈。在第 12 章中，我为你提供了 Marc Tattersall 的五个开放式体验后访谈问题来作为一个起点。当我们进行正式的试玩测试时，我们通常会在体验后访谈过程中调查一些具体问题。为了获得最好的结果，我们应该提前准备和评审我们将提出的问题，并在访谈中询问每个游戏测试者。

写下或录下体验后访谈的答案

我们的游戏测试者在体验后访谈中所说的话，通常充满了对游戏设计富有智慧和洞察力的见解，但我们的记忆容易出错并且容易受到情绪的影响——你会记得一些游戏测试者说的话，但通常只记得那些最令人高兴或最令人沮丧的事情。为了全面了解人们对我们游戏的微妙反应，我们应该捕捉他们所说的一切。为方便日后查看，我们可以对体验后访谈做笔记、录音或录像，还可以将音频或视频转录为文本。（转录服务越来越便宜，尤其是自动化服务。）

现在我们已经列出新的指导方针，可以开始学习如何制作即将使用的工具：正式的游戏测试脚本、正式的游戏测试调查问卷，以及体验后访谈问题。

准备正式试玩测试脚本

正式试玩测试脚本准确地指定了运作测试的人在游戏测试的每个阶段该说什么。正式试玩测试脚本通常按以下方式运行。

- 问候游戏测试者。"你好，欢迎来到我们的试玩测试！感谢你今天加入我们。"

- 邀请他们坐下。"请坐在这里。"

- 如果你打算使用操控备忘单，请向他们展示。"你可以将此表用作游戏控制的参考。"

- 告诉游戏测试者你是在测试游戏，而不是在测试他们的技能。无论他们的技能如何，只要自然地玩就可以了。（为这一点以及以下所有要点编写你自己的脚本。）

- 告诉游戏测试者，运作测试的人在试玩测试期间将无法为他们提供任何帮助。

- 向游戏测试者提供任何适当的内容警告，以提醒他们可能存在他们希望避免的任何类型的内容。

- 向游戏测试者提供适当的健康警告，例如，游戏中闪烁的图像或明暗对比模式可能会造成光敏性癫痫，或某些类型的虚拟现实游戏会导致晕动病。

- 如果要在试玩测试期间对游戏测试者录音或录像，请向他们说明并获得他们的同意。

- 告诉他们如何准备游戏（例如，戴上耳机并拿起控制器）。

- 告诉他们在一切准备就绪后开始游戏。

- 脚本应该包含这样的内容：如果游戏测试者寻求帮助，你应该告诉他们什么。此外，还要礼貌地提醒他们，运作测试的人不允许提供帮助。

- 例外情况是，使用书面提示或帮助文件帮助玩家处理游戏中的已知问题。开发团队应在试玩测试前决定何时使用书面提示。协调员可以在每个游戏测试者到达游戏的某个部分时，将其提供给他们；也可以仅在游戏测试者遇到问题时提供给他们；或者仅在某位游戏测试者请求帮助时提供给对方。按照哪一种情况来提供最合适，将取决于问题的类型。我们应该在脚本中编写一部分内容，用来控制使用提示或帮助文件的时机，并说明在使用时我们要说什么。

- 脚本不应该告诉游戏测试者关于游戏的任何信息。

- 当游戏时间结束时，使用脚本要求玩家停止玩游戏。

- 要求游戏测试者填写正式试玩测试调查问卷。

- 体验后访谈通常一开始会严格按照脚本进行，但随着时间推移，脚本会用得越来越少，正如我们将在下面讨论的那样。

- 体验后访谈结束后，脚本就不那么重要了，但要在其中记下试玩测试结束时你想要做的所有事情，例如感谢游戏测试者。

编写好脚本后，大声朗读它，以确保它流畅，并视情况进行更改。

准备正式试玩测试调查问卷

在试玩测试之后，赶在任何讨论之前，我们立即会给我们的游戏测试者一份调查问卷，以供他们填写。我在顽皮狗的时候学会了为正式试玩测试做调查问卷，使用的是我的朋友 Sam Thompson 给我的调查问卷模板，他是索尼互动娱乐的优秀制作人。

Sam 向我介绍了李克特量表调查（Likert scale survey）的方法。该调查以它的发明者、美国社会心理学家 Rensis Likert (1903-1981) 的名字命名。李克特量表调查用于衡量人们对主观事物的态度和感受，这种方法可以使不同人对每个问题的理解在很大程度上具有客观性。李克特量表问题，常用于社会科学的调查，如营销和客户满意度等商业活动的调查，也用于其他与人们态度变化相关的研究项目。我们首先通过形成一个肯定的陈述句，来创建一个单独的李克特量表问题，大概类似于：

"我喜欢这款游戏中的画面质量。"

请注意，这是一个非常简单的陈述句。问题中最重要的部分是要突出的，这样他们就会在读者面前跳出来。很明显，这个问题是在问你对游戏画面质量的看法。它确实依赖于一些专业知识：读者必须了解游戏的哪个部分被称为"画面"，并且必须有"形成对其质量的看法"的基础。确保你使用的概念能被目标受众和试玩测试玩家充分理解。

回答问题的人随后将面对一个选项列表，列表通常按以下方式呈现。

1	2	3	4	5
强烈不赞同	不赞同	不赞同但是也不反对	赞同	强烈赞同

回答的人只需根据以上陈述，选择最符合他们感受的文字上方的数字。

在调查的一开始，询问每个游戏测试者的姓名（或一个唯一标识符，如果测试出于某种原因是匿名的），以便你可以将调查结果与你在游戏测试期间收集某个玩家的体验的其他信息相关联。

你还可以向玩家收集其他人口统计数据，例如他们的年龄或性别。（如果你的确要询问性别，请记住性别是一个范围，而不是二元的！）我认为传统的人口统计数据，如年龄、性别和种族，像玩家的心理数据那样有用，比如游戏测试者喜欢什么类型的游戏、喜欢什么样的媒体。如果要询问玩家的人口统计信息和心理变数信息，请在调查结束时进行，这将帮助你避免对游戏测试者产生与内隐刻板印象（implicit sterotype）相关的偏见。

在顽皮狗，我们通常会在正式试玩测试环节结束时使用这样的调查问卷来询问十到三十个问题。李克特量表调查的一大优点是人们通常会填写得很快。由于问题的措辞方式（对于肯定的陈述，受邀者只需表示同意或不同意），人们通常一看到问题就知道该如何回答。

在创建正式试玩测试调查问卷时，最好有一个模板作为入门工具包。你可以在接下来的几页中找到一份调查问卷模版，如图 24.1 所示。你也可以在本书的网站上找到更多模板。你可以更改问题以适用于自己的游戏，但要尽可能保持肯定陈述，并在构成每个问题的陈述中将关键词突出。

你会注意到，自己模板中的问题 4 打破了其他问题从"非常不同意"到"非常同意"排序的模式。相反，它要求游戏测试者按照"太容易"到"太难"的顺序对游戏的难度进行评分。在这样的调查中，如果因为某些问题太复杂而难以询问，那么提出一些打破常规的问题是可以接受的。但是，问卷内不要包含太多破坏既定模式的问题，否则，你可能会创建一个不太客观的调查问卷。

测试名字
测试问卷
<测试日期>

你的名字：_____

请仔细阅读以下调查中的每个陈述或问题，并通过在量表上圈出一个数字来给出您的反馈。

例如，对于一个陈述，您应该表明您同意或不同意该陈述的程度。您应该按以下方式理解这些数字：

1. 我强烈不同意该陈述。

2. 我不同意该陈述。

3. 我既不同意也不否认该陈述。

4. 我同意该陈述。

5. 我强烈同意该陈述。

这个例子展示了如果你"同意"该陈述，你应该如何回应：

我喜欢这个游戏的图形质量。

1	2	3	4	5
强烈不同意	不同意	既不同意也 不否认	同意	强烈同意

请记住始终圈出数字，而不是文字。

当你准备好开始的时候，请翻到下一页。

（a）

图 24.1　调查问卷模板。

1. 我喜欢这个游戏的图形质量。

1	2	3	4	5
强烈不同意	不同意	既不同意也 不否认	同意	强烈同意

2. 我非常享受这个游戏的玩法。

1	2	3	4	5
强烈不同意	不同意	既不同意也 不否认	同意	强烈同意

3. 总体来说，我觉得游戏的控制方法是容易的。

1	2	3	4	5
强烈不同意	不同意	既不同意也 不否认	同意	强烈同意

4. 请为游戏的总体难度打分。

1	2	3	4	5
太简单	简单	一般	难	太难

5. 总体来说，我享受我在以上给出评价的游戏难度。

1	2	3	4	5
强烈不同意	不同意	既不同意也 不否认	同意	强烈同意

下一页继续

(b)

图 24.1　调查问卷模板。(续图)

6. 我认为游戏的控制方法很容易学习。

1	2	3	4	5
强烈不同意	不同意	既不同意也不否认	同意	强烈同意

7. 游戏的摄像头总是以帮助游戏玩法的方式运行。

1	2	3	4	5
强烈不同意	不同意	既不同意也不否认	同意	强烈同意

8. 总体来说，我享受游戏的魔法系统。

1	2	3	4	5
强烈不同意	不同意	既不同意也不否认	同意	强烈同意

9. 总体来说，我享受游戏的故事。

1	2	3	4	5
强烈不同意	不同意	既不同意也不否认	同意	强烈同意

10. 总体来说，我认为独角小猫咪是非常酷的。

1	2	3	4	5
强烈不同意	不同意	既不同意也不否认	同意	强烈同意

下一页继续

（c）

图 24.1　调查问卷模板。（续图）

你的年龄：_____

你最爱的游戏：_____

你最爱的电视剧：_____

你最爱的电影：_____

你最爱的书籍：_____

任何其他你想告诉我们的，关于你自己的事情：_____

感谢您回答我们的问题！

请告诉测试管理员您已经完成。
感谢您参与这次游戏测试！

《游戏名字》游戏测试调查问卷　　　　　　　　　　第 4 页，共 4 页

（d）

图 24.1　调查问卷模板。（续图）

调查问卷可以打印出来，由游戏测试者用铅笔或钢笔填写，也可以用电子版。如果你在网络上搜索"在线李克特量表调查"（online likert scale survey），会发现许多工具，这些工具可以让你使用计算机或移动设备收集游戏测试者的回答。

准备体验后访谈

在每位游戏测试者填写完我们的调查问卷后，我们将进行一次体验后访谈。作为顽皮狗正式试玩测试流程的一部分，我们会创建一个有优先级的问题列表，并以此询问每个游戏测试者（在我们的例子中是每组游戏测试者——稍后会详细介绍）。

体验后访谈可能是正式试玩测试过程中最具有挑战性的部分。我们可能很难理解从自然的语言对话中收到的游戏反馈。我们通常会寻找与我们试图解决的设计问题相关的明确信息，但我们在体验后访谈中收到的信息可能非常不明确。

在顽皮狗的正式试玩测试中，我们会同时在十个人身上测试我们的游戏。在试玩测试结束时，由于我们没有足够的资源单独采访每个游戏测试者，我们会在一个大组（或有时在两个较小的组）中采访他们。由于小组讨论中社会因素和心理因素的影响，这样做会给我们收到的反馈带来额外的复杂性。我们经常发现，小组成员倾向于认同他们之中最有魅力、最有影响力和最直言不讳的。这是很自然的，是一种被称为社会期许误差（social desirability bias）的现象，人们往往希望给出会受到他人好评的答案。

由于社会期许误差，你们最好让团队以外的人来进行体验后访谈。如果你（游戏的设计师）直接与游戏测试者交谈，并且他们知道（或猜到）你制作了他们刚刚玩过的游戏，那么他们就不太可能坦诚表露对你的游戏的想法和感受。这就是为什么最好聘请一位专业的用户研究人员来运作你的试玩测试的原因。

只要有可能，最好在一对一的基础上或最多四人的小组中进行体验后访谈，以便更清楚地了解我们的游戏是如何与每个游戏测试者发生碰撞的。出于某些实际原因，开发团队的成员有时必须亲自为自己的游戏运作试玩测试并进行体验后访谈。我们应该记住，当游戏测试者直接与制作游戏的人交谈时，社会期许误差就会发挥作用，这时，我们应该相应地给我们收到的信息以更少的权重。无论何时，只要我们可以避免这种情况，我们就应该尽量避免。例如，我们可以在课堂试玩测试环境中交换游戏，这样我就可以为不属于我的游戏运作试玩测试，而让我的一个同学为我的游戏运作试玩测试。

在创建体验后访谈问题列表时，我们还应该决定如何记录我们收到的答案。如果我们可以足够快地书写或打字，也许我们只用在笔记本或移动设备上做笔记。在专业环境中，如果我们能够在一个安静的地方进行体验后访谈，我们会对从游戏测试者那里收到的针对自己设置的问题的口头回答进行音频或视频录制。当然，如果我们要录制音频或视频，则需要在试玩测试之前进行一些额外的准备，以获取、设置和测试我们的录制设备。同样，请确保在使用音频或视频设备之前征得游戏测试者的同意。

设计体验后访谈问题

体验后访谈的复杂性使得我们必须做好充分的准备，以提出好的问题。我在第 12 章中提供的 Marc Tattersall 的五个开放式体验后访谈问题，通常在开发早期使用效果最好，那时我们的游戏设计仍在进行中。当我们到达 alpha 里程碑时，我们应该已经对已知的 Marc 问题的答案感到非常自信。相反我们应该提出关于游戏更有针对性的（但仍然是开放式的）问题，以检查它是否如我们所期望的那样有效，并揭露出我们知道并想要进一步探索的问题，或我们还不知道的任何问题。

除了发明李克特量表调查，Rensis Likert 在 1930 年代还开发了开放式访谈和"漏斗深入技术"（funneling technique），即研究人员从开放式问题开始，逐渐转向更狭义的问题。漏斗深入技术是一种先进的技术，经验丰富的体验后访谈员可以使用它来深入挖掘玩家如何体验游戏的细节。

因此，最好在体验后访谈中加入一系列精心准备的开放式问题，这些问题将帮助你以广泛而深入的方式探索人们对游戏的体验。请记住，开放式问题需要我们的游戏测试者深入回答问题，而不仅仅是提供一个简单的"是"或"否"的回复。我通常会准备一份包含五到十个问题（也许更多）的列表，这取决于我们有多少时间进行访谈。我的问题集中在我不确定的领域或想了解更多的领域，而连续性问题则可以更深入地挖掘特定的领域。我可能会创建有条件的问题，不过我只会在我的游戏测试者对前一个问题给出特定答案时才会问这些问题。

我会使我的问题尽可能详细和具体——我尽量不提出太模棱两可或包含模糊概念的问题。我用一个简短的句子总结每个问题，并注重清晰和简洁。如果游戏测试者没有理解我的问题，他们将很难解释他们给出的答案。每个问题都以简短对话开始：我允许自己在游戏测试者回答时提出后续问题（可能是我此刻想到的问题），以引导或深入挖掘他们的回答，使其朝着对我有用的方向发展。

以下是一些体验后访谈问题示例，可以作为参考，以帮助你开始编写自己的问题清单：

- （游戏中的一个特定片段）让你感觉如何？

- 请描述如何在游戏中执行一些动作，如打开一扇门。

- 请描述游戏的某些部分（如经验值系统）如何运作。

- 告诉我：他们（游戏中的某些角色）是谁，你对他们有什么感觉？

- 请告诉我游戏中让你感到困惑或失落的部分。

试玩测试对于被测游戏的设计者来说，可能是一种智力上和情感上都压力巨大的体验。作为一名创意人员，很容易在创作过程的任何阶段感到迷茫或困惑，这在试玩测试期间尤其可能发生，特别是在测试结果不如我们预期或希望的情况下。通过向每位游戏测试者询问一组常见问题，可以确保在试玩测试结束时，获得大量关于我们关心和关注的游戏内容的信息。

重点测试游戏的标题、关键艺术和标志设计

在 alpha 里程碑时期开始的正式试玩测试，创造了一个很好的机会，让我们可以再次检查游戏标题、关键艺术和标志设计。可能在整个开发过程中，我们一直围绕这三个方面开展工作。我们可以在体验后访谈期间，使用本书网站介绍的技术，集中测试这三个方面。

为正式试玩测试日做准备

如何运作正式试玩测试取决于你所处的环境：是专业团队在做游戏开发，还是为了娱乐自己制作游戏，抑或是在学校学习游戏开发？你是否有场地来测试游戏？场地位于哪里？你是否需要专门的设备或环境来运行游戏？你需要多少时间来测试游戏？

你需要仔细考虑你的实际情况，以便为当天的试玩测试做好准备。确保你在正确的时间到达正确的地点，准备好测试的游戏，并已配备你需要的游戏测试者来测试。我建议你在团队中指定一个人，来负责正式试玩测试的所有细节，这样就不会忽略任何事情。

运作正式试玩测试的任何人都需要密切注意时钟，以便使事情顺利进行。因此，请确保进入试玩测试时使用与游戏测试者的计算机或设备分开的计时器，以便你可以定期检查时间。任何观察者都应该记录他们记录的事件发生的时间，所以他们也需要一个计时器。

要准备试玩测试，请确保你拥有以下清单中所需的一切：

✓ 一个用来测试的健康的游戏版本，没有缺陷和重大游戏体验问题。

✓ 用来运行游戏的计算机或设备，带有所需的任何特殊硬件（例如，游戏控制器或虚拟现实眼镜）。

✓ 用于清洁控制器和虚拟现实眼镜的清洁湿巾。

✓ 一个让游戏测试者和观察者都能够看到的、足够大的屏幕。

✓ 给游戏测试者使用的耳机。

✓ 让游戏测试观察者能够收听游戏声音的物件（例如，耳机、立体声的音频分配器和延长线）。

✓ 在试玩测试期间记录自己观察结果的工具（纸质笔记本和笔，或电子设备）。

✓ 如果需要，准备一种录制玩家屏幕和/或玩家面部和手部的音频和视频的方法。

✓ 试玩测试脚本的纸质副本或电子副本。

✓ 操控备忘单的副本（如果打算使用备忘单）。

✓ 书面提示或帮助的副本，以帮助玩家解决任何已知的游戏体验问题或功能问题（如果打算提供）。

✓ 调查问卷的纸质副本或电子副本。

✓ 用于纸质调查的钢笔或铅笔。

✓ 体验后访谈问题的纸质副本或电子副本。

✓ 一种记录体验后访谈答案的方法。

✓ 一个钟表。

既然已经拥有所需的一切，就说明我们准备好运作游戏测试了。

25. 运作正式的游戏测试

非正式环境中的正式游戏测试

在一个理想的情况下，我们会在一个专门的可用性套件中运作每一个正式的游戏测试，该套件是为了保证自然的游戏试玩时长、玩家及其显示屏的音/视频反馈而设计的一个环境，过程中游戏会将指标数据发送到中央服务器。

但是即使只有一间会议室或一间教室，并且在同一空间同时测试许多不同的游戏，即便在这种最不正式、最拥挤、最嘈杂的环境中，我们也可以捕捉到正式游戏测试的精神，因为我们有第 12 章"游戏测试"、第 24 章"准备正式游戏测试"和本章给出的指导。

通过谨慎对待我们与游戏测试者的互动方式，并且确保我们不会无意中向他们提供所谓的"特权"游戏知识（特殊的提前或幕后信息），我们可以在他们周围制造一个能带来安全感的"客观性泡泡"。然后，我们就可以从我们的游戏测试者那里获得很多清晰、高质量的游戏反馈，就像我们在经科学控制的可用性测试环境中获得的一样。

寻找游戏测试者

为正式的游戏测试寻找从未接触过游戏的"面巾纸"游戏测试者可能不无挑战性，即使是在游戏工作室或游戏教学项目中也是如此，按说在这里可不缺渴望玩游戏、想要帮助那些游戏设计师的人。你的团队寻找测试者的正确方式视情况而定。如果是一家专业公司或有预算的学术研究项目，并且你有足够的资源为游戏测试者付酬，那么就很好办——人们的劳动理应得到补偿，即使这种劳动是令人愉快的；如果预算很少，以实物形式支付可能会奏效——也许是游戏发布时的副本，或者是在游戏测试当天提供的食物。

在游戏项目中，有一种说法是，在正式的游戏测试中担任游戏测试者，对于即将成为设计师的人来说，是很好的学习体验。每个游戏设计师都需要培养自己大胆思考的能力，将其作为职业实践的基本部分。而被困在游戏中，以及被游戏设计师拒绝提供帮助的经历，在轮到自己成为设计师的时候将会成为宝贵的记忆。

我使用了许多方法将"面巾纸"游戏测试者带入我的课堂进行正式游戏测试。我使用海报和邮件列表公告来邀请我们大学社团的人，并且我要求测试游戏作品的学生每人邀请一两个朋友。当我要求人们使用在线表格注册游戏测试时，他们似乎更愿意加入，而在游戏测试之前或之后提供零食有助于确保不被放鸽子。当学生带朋友来时，我尽量避免让他们测试他们朋友制作的游戏。这可能会有些令人失望，但我认为不这样会存在太多的社会期许误差。

请记住，如果某个游戏测试者低于特定年龄（取决于你所在地区的法律），你将需要他们的父母或监护人签署同意书。确保自己正确研究了与此相关的法律要求，并在游戏测试之前做好这些准备。

寻找地点、安排时间并设定游戏测试协调员

为你的游戏测试找到一个适合你的团队情况的场地。如果你是专业团队，也许你可以在工作区使用会议室或公共区域。如果你是学生团队，你应该能够找到教室或公共休息室来使用。如果你是某个游戏制作俱乐部或团体的成员，也许可以使用集体的公共空间，还可以租用共用工作空间（coworking space）的会议室。对于大多数类型电子游戏的测试，你需要一个可以放得下桌、台和椅子的场地。确保你有足够的椅子，让游戏测试者和运作游戏测试的人员都能坐得下，并检查场地是否提供饮用水和洗手间。

在该场地留出足够的时间。你需要多少时间取决于你的游戏时长、你想要测试的时间、你可以使用的设备数量（请参阅下面的"准备场地"）以及游戏测试者的数量。正式游戏测试的目标是让至少 7 名，最好是 10 名游戏测试者参与整个游戏，并给他们留出足够的时间来试玩整个游戏（或大致完成游戏全程）。

要决定谁来监督游戏测试，以确保游戏测试的正常运作及与游戏测试者的交谈。我们称此人为游戏测试协调员，协调员最好是开发团队成员以外的人。如果别选择，团队成员也可以担任此角色。对于大型游戏测试，可能需要几个协调员来分别负责管理场地和设施、与游戏测试者交谈、对测试进行观察以及在必要时进行干预的职责。

⅋   ✿   ⅋

大多数正式的游戏测试分七个阶段进行：

1. 准备场地

2. 游戏测试者的到来

3. 游戏测试即将开始前

4. 试玩环节

5. 总结环节

6. 游戏测试后清理

7. 分析游戏测试结果

准备场地

安排好时间、场地和游戏测试者后，请确保你尽早到达该场地以架设游戏测试相关设备，并带上你准备的所有东西，可以使用第 24 章末尾"为正式测试日做准备"部分的列表进行检查。

我们通常将每个运行测试用游戏副本的独立设备称为一个站点（有时也称为座位）。视情况和资源不同，你可能只有一个或有多个站点。例如，如果你的游戏是单人游戏或在线多人游戏，并且你有五个站点，则可以同时让五名游戏测试者一起进行测试。如果你的游戏是一个双人制本地多人联机游戏，则需要十名玩家来测试五个站点。

如果你同时在多个站点上测试同一个游戏，请在站点之间设置隔板，以免游戏测试者看到"邻居"的屏幕。你可以用纸箱板或泡沫芯板轻松、廉价地制作隔板。需设置游戏测试站点并检查所有准备工作。这需要一些时间，因此请在测试者到达之前完成如下设置。

- 安装好计划测试的稳定、健康的游戏版本。如果后期有过更改，还请额外准备之前检查过的没有大问题的安全版本。

- 检查屏幕和扬声器是否工作正常。

- 检查每一个特殊硬件（例如，游戏手柄或虚拟现实头显）是否正常工作。

- 检查游戏是否正常运行，如果发现问题，请使用安全版本或采取其他适当的步骤解决。

- 在第 26 章中，我们将讨论游戏会收集的玩家在游戏中的行为指标数据。如果你使用的是游戏指标系统，请检查它是否正常工作。

- 如果你使用站点分隔器，请检查从每个站点都看不到相邻的屏幕。

- 检查你在观看测试时用于听取玩家反馈的方法。

- 确保你的记笔记的方法便捷有效（确保你的数字设备已充电并打开，或者纸质笔记本有一些空白页、笔还有没用完的墨水）。

- 确保所有音频和视频录制设备都已充电，并且确保所有设备和软件工作正常。

- 如果你使用纸质调查问卷，请检查其是否已准备好，可以连同钢笔或铅笔一起分发下去。

- 检查体验后访谈的问题是否在手边。

- 将操控备忘单（见第 12 章）放在每个试玩者座位前面的桌子上。

- 如果因为游戏存在一个明确问题（见第 12 章）而计划使用书面提示或帮助，而且只允许游戏测试者在特定时间阅读，请将其放在他们看不见的地方。否则，将其放在每个测试者座位前面的桌子上。

- 检查你的计时器是否显示正确的时间，并且在整个游戏测试过程中易于查看。

游戏测试者的到来

当测试者到达时，协调员应该使用测试前剧本迎接他们并感谢他们的到来。给他们一个舒适的候场空间，并提供饮用水和洗手间。如果你要使用测试前调查问卷，现在是让测试者填写的好时机。

使用测试前剧本向你的游戏测试者提供所有对游戏测试成功至关重要的任何信息（内容警告、健康警告、有关同意视频录制的说明等）。严格遵循游戏测试指南，尽量减少剧本规定之外的互动，但要保持礼貌。如果你需要脱离剧本，请在说话前考虑片刻，以免泄露会导致偏见的信息。

游戏测试即将开始前

协调员应将每位游戏测试者引导到他们将要试玩的站点并让他们安顿下来。仍然按照剧本，为他们提供准备试玩所需的任何帮助。向每位游戏测试者展示操控说明（如果你打算使用的话）。如果合适，鼓励测试者大胆思考。不要告诉游戏测试者剧本中没有的、关于将要试玩的游戏的任何内容。

尽量避免让任何游戏测试者在站点等待的时间比其他人更长。我们希望每个游戏测试者对我们的游戏都获得相同的印象，包括他们花多长时间看标题。一旦游戏测试者和协调员都已准备好，协调员就会要求游戏测试者开始试玩，然后游戏测试正式开始。

试玩环节

正式的游戏测试的第一部分称为游戏环节，这是游戏测试者试玩游戏的部分。协调员——以及任何其他观察游戏测试的人——应该记下游戏开始的时间。

在试玩过程中，每个游戏测试者都应该使用自己的设备，并且可以用自己的方式玩游戏。根据我们的游戏测试指南，协调员和任何其他观察员应观察（a）每个游戏测试者在游戏中所做的事情；（b）他们所说的关于自己的想法和感受的任何内容。即使是进行音视频采集的游戏测试，观察者仍然应该通过做笔记来尽可能多地捕捉信息。

如果我使用的是纸质笔记本，我会在页边空白处画上星星和圆圈，分别用来创建"潜在行动"和标注供进一步讨论的问题。如果我正在使用电子表格或文档，我会使用粗体和斜体来做同样的事情。游戏测试录制软件套件通常允许开发人员用注释来标记视频片段，从而非常快速、轻松地创建问题日志。在正式的游戏测试中，我几乎会像机器人一样记录我所看到的一切，以便当我稍后回顾我的笔记时，游戏存在的问题会立即扑面而来。

即使游戏测试者寻求帮助，协调员也应该完全袖手旁观。在游戏测试者提出需要帮助的情形下，协调员应该道歉，并按照剧本提醒测试者，他们是不允许提供任何帮助的。如果合适，可以展示事先准备好的小贴士。

协调员应该留意时间。最后必须留出足够的时间进行游戏测试的第二部分——总结环节，可以使用调查问卷和体验后访谈问题来总结。这可能意味着在游戏测试者看到游戏所有内容之前，就需要提前结束游戏试玩环节。在必要情况下，这也是协调员的责任。

有时在试玩过程中会出现困难。硬件可能会出现故障，或者游戏测试者可能会以破坏性的方式行事。你对游戏测试的准备越充分，事情就会越顺利，但如果出现问题也不要紧张。正式游戏测试与舞台演出所需的精神力量非常相似：当出现问题时，只需顺其自然，尽最大努力挽救局面。坏事也总是可以以多种方式让我们充分受益，事实上，这样想是在整个游戏开发过程中都应该保持的良好心态。

总结环节

在游戏测试环节之后，来到开启汇报环节的时刻，每个游戏测试者都要填写调查问卷并参加体验后访谈。

依旧不能脱离脚本，在试玩结束时应该给每个游戏测试者一份调查问卷，并让他们立即填写。除了礼貌地跟进问卷的完成进度，不要在测试者完成调查之前与他们交谈。目标是捕捉游戏测试者对游戏的直接、原始的印象。我们希望他们使用与玩游戏时相同的心态完成调查，并希望直接了解他们对游戏的想法和感受。

如果你在游戏测试期间专注于测试你的游戏标题、关键艺术、标志设计或其他任何内容，请在游戏测试者完成调查问卷之后，但要在完成体验后访谈之前立即进行总结。你可能需要通过与游戏测试者交谈来成功完成焦点测试，但同样要尽量减少与他们的对话：你正在尝试获得他们的意见，并且不想通过引入自己的意见来让他们产生偏见，即使这只是偶然的行为。

然后是进行体验后访谈的时候了。体验后访谈以一对一的形式（这样更可取），还是以小组形式进行（有时更实用），将取决于你团队的情况和资源。有时，一名或一组游戏测试者会被带到不同的地点进行体验后访谈，每个地点都很安静，并且已经设有录音设备。

用准备好的开放式问题向游戏测试者提问，写下他们的答案或记录下他们其他的说话内容。最好准备一系列问题，以便将玩家引向你感兴趣的主题。如果游戏测试者开始谈论一些有趣但出乎意料的事情，请继续向他们提问以进一步引导对话。如果游戏测试者不愿意直接回答问题，请尝试用不同表述来让他们产生兴趣，或者换下一个问题。不是每个人都觉得参加体验后访谈很容易，所以不要逼迫没有太多话要说的游戏测试者。

最终，要么体验后访谈完成，要么时间所剩无几。后者更常见——但我们关于游戏的有趣对话可以无限期地进行！在感谢每一位游戏测试者的时刻，让他们知道自己在帮助我们改进游戏设计方面有多么大的贡献！如果有相应的协议，请按承诺给予礼物或支付报酬。如果要支付报酬，在将他们送走之前，可能需要他们签署一些文书。

游戏测试后的清理工作

在游戏测试者离开后，需要对试玩场所做一些清理。请务必收集好调查问卷并将其放在安全的地方。每个做笔记的人都要确保自己的笔记在安全的地方，而且你也应该保护任何其他重要的文件，比如完整的家长同意书。如果使用的是游戏指标系统（参见第 26 章），请确保将指标数据收集在一起并在游戏测试完成后立即备份。游戏测试在时间、金钱和精力方面都代价不菲，最好不要丢失测试结果。

如果开发团队在游戏测试现场，最好在清理过程中花几分钟来减压，可以分享对测试的想法和感受。经历过试玩的房间就像一场演出落幕后的后台，紧张的气氛让人有些眩晕。团队成员可能会筋疲力尽或松了一口气，但肯定会为自己的成就而高兴。如果事情进展顺利，有些人可能兴奋不已。如果他们收到负面反馈，有些人又可能倍感沮丧。通过彼此交谈，即使只是几分钟，我们就可以逐渐回到现实中。利用这个机会来提醒彼此，可以感觉不好，但不应该气馁——接收负面反馈是学习的一种方式，使我们知道为了让我们的游戏变得更好需要了解什么。

分析游戏测试的结果

正式的游戏测试为我们提供了大量可供分析的数据——以至于很难知道从哪里开始。我们现在有：

- 已完成的调查问卷

- 游戏环节观察笔记（可能还有视频）

- 体验后访谈记录

- 焦点测试结果

● 指标数据（如果我们已收集）

分析正式游戏测试调查问卷的结果

在正式的游戏测试之后，当我开始评估其结果时，我做的第一件事就是查看我从调查问卷中得到的数据。我们的游戏测试者给出的答案反映出很多他们对游戏的想法和感受到的信息。如何以快速、有效的方式解析这些数据，尽早勾勒出游戏与人们第一次接触的画面呢？建议使用电子表格，这会让工作变得非常简单。

让我们从图 25.1 中的模板开始。该模板可以存储来自 10 名游戏测试者的调查数据，并显示第 24 章中使用的示例问题。你会看到此模板有一个年龄列——你可以为从游戏测试者那里收集的任何人口统计或心理统计信息添加列。

无论调查问卷是在纸上填写还是使用在线表格填写，将完成的调查问卷中的信息转移到此电子表格中都是一项快速、简便的数据输入工作——只需将测试者当时选择的数字插入到对应的单元格中，即可导入数字对应的游戏测试者的名字行和问题列。即使小心翼翼地慢慢做这件事情，通常也只需要十分钟左右。当然，可以编写工具来自动执行此过程，也可以找到在线付费调查工具，为自己节省一些时间。

你可以在图 25.2 中看到一个正式的游戏测试数据电子表格，其中插入了一些示例数据。

群组平均值和群组中位数行中的公式计算了每个问题答案数字的平均值（中值）和中位数，这些数字来自测试中所有游戏测试者的答案。平均值（中值）是用所有玩家答案数字的总和除以玩家数量得到的。中位数是将所有玩家答案数字中较大的上半部分与较小的下半部分分开的数字：与平均值相比，它有时让我们比平均值更能理解"中间"的答案是什么。当所有数据都被输入电子表格后，我们可以通过查看群组平均值和群组中位数行来很好地了解游戏测试者对游戏的整体看法。当然，对于大多数问题，答案的数字越大，代表玩家就越喜欢游戏的某一方面。

对于使用持续的游戏测试和同心开发来精心设计的游戏，在第一次游戏测试中，通常每个问题对应的得分在 3 到 5 之间。如果得分并非如此，那么可能有重大问题在此之前的开发过程中没有注意到或解决掉。如果游戏在某个特定问题上对应得分低，那么设计师必须问自己：这里是不是还有真正的问题？这是异常现象吗？这是设计使然吗？

游戏名字
测试日期

测试者	姓名	年龄	Q1 我喜欢这个游戏的图形质量	Q2 我非常享受这个游戏的玩法	Q3 总体来说，我觉得游戏的控制方法是很容易的	Q4 请为游戏的总体难度打分	Q5 总体来说我享受我在以上给出评价的游戏难度	Q6 我认为这个游戏的控制方法很容易学习	Q7 游戏的摄像头总是以帮助游戏玩法的方式运行	Q8 总体来说，我享受这个游戏的魔法系统	Q9 总体来说，我享受这个游戏的故事	Q10 总体来说，我认为独角小猫咪是非常酷的
1	Person 1											
2	Person 2											
3	Person 3											
4	Person 4											
5	Person 5											
6	Person 6											
7	Person 7											
8	Person 8											
9	Person 9											
10	Person 10											
群组平均值			=AVERAGE(D6:D15)	=AVERAGE(E6:E15)	=AVERAGE(F6:F15)	=AVERAGE(G6:G15)	=AVERAGE(H6:H15)	=AVERAGE(I6:I15)	=AVERAGE(J6:J15)	=AVERAGE(K6:K15)	=AVERAGE(L6:L15)	=AVERAGE(M6:M15)
群组中位数			=MEDIAN(D6:D15)	=MEDIAN(E6:E15)	=MEDIAN(F6:F15)	=MEDIAN(G6:G15)	=MEDIAN(H6:H15)	=MEDIAN(I6:I15)	=MEDIAN(J6:J15)	=MEDIAN(K6:K15)	=MEDIAN(L6:L15)	=MEDIAN(M6:M15)
上次测试平均值												
上次测试中位数												
与上次测试平均值的偏差			=D16-D18	=E16-E18	=F16-F18	=G16-G18	=H16-H18	=I16-I18	=J16-J18	=K16-K18	=L16-L18	=M16-M18
与上次测试中位数的偏差			=D17-D19	=E17-E19	=F17-F19	=G17-G19	=H17-H19	=I17-I19	=J17-J19	=K17-K19	=L17-L19	=M17-M19

回答数值
1=强烈不同意
2=不同意
3=既不同意也不否认
4=同意
5=强烈同意

除了
4. 请为游戏的总体难度打分。
1=太简单
2=简单
3=一般
4=难
5=太难

图 25.1　游戏测试数据模版。

游戏名字
测试日期

测试者	姓名	年龄	Q1 我喜欢这个游戏的图形质量	Q2 我非常享受这个游戏的玩法	Q3 总体来说，我觉得游戏的控制方法是很容易的	Q4 请为游戏的总体难度打分	Q5 总体来说，我觉受我在以上给出评价的游戏难度	Q6 我认为游戏的控制方法很容易学习	Q7 游戏的摄像头总是以帮助游戏玩法的方式运行	Q8 总体来说，我享受游戏的魔法系统	Q9 总体来说，我享受游戏的故事	Q10 总体来说，我认为强角小猫咪是非常酷的
1	Scott	21	3	3	2	4	2	3	3	4	3	4
2	Ethel	24	4	5	4	3	3	5	5	5	5	4
3	Dusty	23	5	5	5	4	3	4	5	4	5	3
4	Rosy	31	5	4	3	4	4	5	5	5	4	3
5	Mabelle	54	4	4	3	4	2	4	5	3	4	5
6	Wilber	42	4	4	4	3	4	5	4	4	4	3
7	Margaret	17	4	5	4	3	2	4	4	4	4	3
8	Clyde	rather not say	2	1	1	4	1	2	1	5	3	1
9	Quentin	27	5	3	4	5	3	4	5	4	3	3
10	Leona	33	3	5	1	5	1	5	5	4	4	3
群组平均值			3.90	3.90	3.30	3.80	2.50	4.10	4.30	4.20	4.00	3.20
群组中位数			4.00	4.00	4.00	4.00	2.50	4.00	5.00	4.00	4.00	3.00
上次测试平均值			4.25	3.5	3.5	3.42	2.83	4.33	4.67	3.25	3.75	2.92
上次测试中位数			4	3	3	3	2.5	4	5	3.5	4	3
与上次测试平均值的偏差			-0.35	0.40	-0.20	0.38	-0.33	-0.23	-0.37	0.95	0.25	0.28
与上次测试中位数的偏差			0.00	1.00	1.00	1.00	0.00	0.00	0.00	0.50	0.00	0.00

回答数值
1=强烈不同意
2=不同意
3=既不同意也不否认
4=同意
5=强烈同意

除了
4. 请为游戏的总体难度打分。
1=太简单
2=简单
3=一般
4=难
5=太难

图 25.2　正式游戏测试数据电子表格。

我可以想象一个游戏（可能是艺术游戏或"严肃"游戏）故意设计为引起游戏测试者的负面反应。如果低分符合设计师的意图，那么我们可以放心地忽略——甚至欢迎——低分。我们正在寻找的是惊喜：既是好的惊喜——我们认为他们不喜欢我们奇怪的主要机制，或者理解我们的故事，但他们做到了！——或者是反面的惊喜——我们认为我们的艺术或声音设计非常出色，但我们的游戏测试者认为这只是平均水平。当在数周或数月内进行一系列测试时，正式的游戏测试效果最佳。我们可以在数据电子表格中设置上次测试平均值和上次测试中位数行，可以在表格中粘贴在之前的游戏测试中获得的群组平均值和群体组中位数结果。在标记为上次测试的平均增量和上次测试的中位数增量的行中，有些公式可以用来从当前的分数中减去以前的分数。可以在电子表格中应用条件格式，并使用颜色来突出显示对应特定问题的数字，比如何时上升、下降或保持不变。

当然，我们通常希望数字随着时间的推移而上升。在开发《神秘海域》时，从一次游戏测试到下一次游戏测试，随着不断地完善和迭代，可以看到游戏在玩法、画面和音频设计等方面得到的分数会不断发生细微的变化。即使获得的平均得分仅仅是从 4.3 上升到 4.4，也可以确信我们最近所做的更改对游戏体验做出了积极贡献，而不是造成了损害。在游戏设计这一主观艺术创作过程中，这种持续和渐进的正式游戏测试可以让人非常放心。

分析游戏环节的观察笔记和视频

在第 12 章中，我提供了很多对从观看游戏测试和从体验后访谈中所获反馈进行分析的建议。所有这些建议仍然适用于正式的游戏测试。特别要考虑，对体验后访谈的反馈是否可以进行分类并相应地列出：（1）必须修复；（2）可能修复；（3）一个新想法。当我们进行正式的游戏测试时，我们不再处于探索阶段，而是专注于制作我们的游戏，所以要警惕追逐太多的新想法。这并不是说，再也不会有可以改善游戏的发现，而是强调要将主要精力集中在发现和解决问题上。

我相信，对于许多类型的游戏，仅仅看某人玩游戏就可以获取几乎所有需要知道的、关于如何改进游戏的信息。从玩家在游戏中的行为、肢体语言，有时甚至是面部表情中，通常很容易辨别出有关玩家心理状态的复杂信息。你可以从他们在游戏中采取的行动，判断出游戏测试者是否了解自己可以做什么以及他们打算做什么。你可以查看他们是否正在以自己觉得有趣的新方式，将游戏传授给他们的概念组合在一起。你通常可以从某人的坐姿和发出的惊叹声中判断出他是否感兴趣、无聊或沮丧。游戏观察记录和我们录制的所有文件都包含此类信息。

在像《神秘海域》这样的角色动作游戏中，很容易判断某人什么时候没有看到某些东西或忘记了自己的目标。当玩家反复从他们本应与之交互的对象身边跑过时，出现一个非常确定的迹象——表明玩家看不到它，也许它看起来像是背景的一部分。如果玩家时不时走到一个与解谜有关的物体前，在简单地使用后长时间不再理会，就能知道玩家可以看到这个物体，但并没有意识到其重要性。

除了回忆看到的东西，花时间回顾我们在游戏测试期间所做的笔记也很重要。正如我们之前讨论过的，记忆很容易被情绪所影响，而小事也可能被证明是重要的。当在游戏测试后复习我的笔记时，我会寻找那些我写了一遍又一遍的相同内容，指出一个应该解决的主要问题，如"玩家找不到通往外面的关卡门"或"玩家认为自己已经按下了所有正确的开关"。我会将我的笔记转移到我的"（1）必须修复；（2）可能修复；（3）新想法"列表中，以便稍后与团队一起讨论。

当我们查看笔记时，视频和指标数据通常很有用，并且可以让我们更深入地了解我们的游戏测试者所面临的问题。通过视频，我们可以准确地看到，特定的游戏测试者在尝试玩游戏的某个局部时所做的事情，如果我们仔细记录了某件事发生的时间（否则，在录制的数小时视频中也很难找到自己感兴趣的瞬间）。正如我们将在第 26 章中看到的那样，可以使用指标数据来了解玩家作为个人和作为一个群体，随着时间推移是如何玩游戏的。

分析体验后访谈的结果

接下来，开始分析体验后访谈的结果。如果我没有参加部分或全部的体验后访谈，会很想知道人们对我们的游戏的评价。使用在线服务将体验后访谈音频转录为文本可以更方便查看和使用。因为我们在游戏测试中重复向每个玩家询问了基本的体验后访谈问题（尽管我们的后续问题会不一样），可以比较不同的游戏测试者所说的内容，从而更好地了解游戏是如何吸引各种玩家的。

最终的开放式问题可能是：这款游戏让你感觉如何？得到的答案是否与你的体验目标一致？当然，作为设计师，我们希望实现项目的目标，但不要忽视那些你没指望会听到的东西，尤其是当游戏测试者在体验中有特殊的价值发现时。正如电影制片人斯派克·李（Spike Lee）所说的那样："很多时候，电影中让你获得赞誉的，是那些你本不打算让它出现的东西。"这句话同样适用于游戏，因为交互的本质也许就是如此。

评估体验后访谈反馈是一个主观过程。体验后访谈中所说的一切都不能从字面上解读，它需要你有出色的解释能力，并且能对听到的事情做出精细的判断。尽可能让其他人参与这个过程。当你与同事、朋友或其他了解游戏并了解你的创意目标的人一起协作时，通常更容易理解玩家的反馈。

分析焦点测试的结果

如果调查问卷或体验后访谈包含对标题、关键艺术、标志设计或其他任何内容的焦点测试，希望结果能证实你的假设：你已选择了一个好的标题，做出了良好的图形设计处理，并且为游戏制作了一些上佳的关键艺术。如果得到的是其他结果，那么正好借机对不足之处做更多的工作。

一旦达到 alpha 里程碑，不要拖延，及早确定最终的的游戏标题。你需要尽快开始接触你的潜在受众，为此你需要一个社交媒体账户，该账户需要一个与你的头衔相对应的名称。你的游戏需要一个突出的身份，这个身份可以部分地被理解，有赖于游戏的标题、关键艺术和标志部分得以被理解，因而这三者在你向公众展示游戏时都很重要。我们将在第 30 章回到这个主题。

根据从正式游戏测试中收到的反馈来采取行动

在特定问题的反馈上得到的每一个低分，从观看游戏测试者玩游戏中得出的每一个结论，以及从体验后访谈中得到的每一条反馈，都是对我们采取行动的"邀请"，促使我们必须在整个项目的背景下评估我们的行动。我们是否想在下一次正式的游戏测试中努力提高我们在特定调查类别上的分数？我们会根据观察或体验后访谈结果来修复某些东西或添加新东西吗？我们已经处理了多少不同的问题？在考虑所有需要实施的事情时，我们还剩下多少时间？

对我来说，对来自正式游戏测试的所有不同类型的反馈进行适当的评估，可以归结为一个简单的方法。只需列出所有已被确定为问题、潜在问题和新想法的事情，为它们设置非常重要、有些重要和不太重要的优先级。如有必要，为优先级设置更多级别——最终的列表可能会变得很长。

然后，在下一次工作会议中，决定首先要解决的问题。因为我使用同心开发，所以我通常会在添加新内容之前解决游戏中已经存在的问题。记住：玩家并不知道你的游戏中可能存在的所有好东西，但他们肯定会注意到游戏中那些不能正常工作的东西。

进一步对列表进行分类，可能会有所帮助。我发现在游戏测试中发现的大多数问题都属于以下三类之一：

- 缺陷——游戏出现故障、崩溃或其他不该出现的情况。

- 内容问题——玩家可能因为可交互对象上的纹理贴图而看不到它，或者因为光线太暗而看不到走廊的入口。

- 设计问题——游戏设计不支持我们试图为玩家提供的体验。

在很多时候，这三种类型的问题会叠加，缺陷或内容问题可能会造成设计问题。因此，按照上述顺序解决这些问题是一个好主意。首先，修复缺陷。全面评估一个充满缺陷的游戏几乎是不可能的，当你使用同心开发时，你应该立即修复你发现的每一个缺陷。然后，修复你的内容问题，尤其是在它们可以被快速且容易地修复的情况下。更改纹理或照明通常很容易，但创建一个精心制作的新动画需要更长的时间，并且可能需要有所计划。当缺陷被消除并且简单的内容问题得到解决时，你将处于正确评估设计问题的有利位置。

有时，一个缺陷会为玩家的体验增加一些好处，正如老软件开发人员在笑话中所说："这不是一个缺陷，它是一个特性。"当这些快乐的意外发生时，你必须决定如何处理它们。如有疑问，请参阅你的体验目标和游戏设计宏观图表来获得指导。

请记住，你在尝试根据收到的反馈修复问题时，所做的更改可能（而且很可能会）产生意想不到的后果，你也将不得不处理这些后果。这就是为什么最好进行多轮正式游戏测试，让你的游戏通过 QA（质量保证）流程，找到并消除最后的缺陷和内容问题，并处理任何突出的设计问题。

处理棘手的反馈

与所有类型的游戏测试一样，尽管我们尽量避免产生抗拒心理，但正式的游戏测试可能带来难以处理的反馈。在这种时候，先保持距离是可取的。晚上休息前做一些运动，吃一顿健康的饭菜，早睡一晚，或者和朋友一起玩一玩。然后第二天以冷静的头脑和充分的自信来处理这个棘手的反馈。记住：你是一位才华横溢且足智多谋的游戏设计师，你可以解决这个问题。

反馈可能很棘手，因为你发现了一个严重的问题，但你不知道如何解决它。在这种情况下，先列出利弊，然后指出如果要尝试的某种解决方案会有什么帮助，会带来什么损害，可以招募另一个人来帮助你列出清单。他们会看到你看不到的解决方案，或者可能会以不同的方式描述利弊。

反馈可能很棘手，因为它似乎没有带给你任何新鲜的工作。大多数创意人士都重视建设性的批评，但有时从正式的游戏测试中得出的结果可能只具有破坏性。我们不能期望游戏测试者总是提出具有建设性的批判意见——毕竟他们自己可能不是游戏设计师。（尽管我们可以并且应该期望测试者彬彬有礼，但当你遇到辱骂的情况时，请不要容忍他们。如果测试者以辱骂的方式行事或说话，应该立即结束测试。）

当你收到似乎不具有建设性的反馈时，作为游戏设计师，你需要找到解决办法。创造性地思考，从多个角度考虑问题，并且记住，在游戏的复杂动态系统中，一个小小的变化可能会产生意想不到的好结果。

进入下一轮正式游戏测试

一旦我们分析了反馈，决定了我们将要采取的行动，并对我们的游戏进行了一些修复和更改，就该进行另一次正式的游戏测试了。在下一次测试中，将看看我们是否改进了游戏，改进是让它变得更糟，还是没有任何效果。也许我们会在解决一个问题的同时导致另一个问题。

同样，正式的游戏测试最好作为一个系列行动的一部分，尽可能频繁地进行，从 alpha 里程碑开始，并在最终的"候选发布"里程碑之前完成。我们的第一次正式游戏测试将充满活力、反复无常且充满惊喜。如果一切顺利，最终的正式游戏测试能验证出游戏是否达到了我们的预期。

正式游戏测试的过程是严格且注重细节的工作，但它也非常有趣和令人有满足感。如果你发现自己喜欢这种类型的工作，请考虑了解更多与用户研究和用户体验（UX）相关的内容。正如 Mun Lum 在她的 Prototypr.io 上的文章《用户体验设计是游戏设计的独立实践吗？》（Is UX Design a Separate Practice from Game Design?）中所描述的那样。游戏工作室越来越多地将可用性专家整合到团队中："随着游戏越来越大，机制和系统越来越复杂，用户体验设计师等新角色出现了。也许一个新的职位已经被创造了；游戏行业的大多数用户体验设计师都曾经是游戏设计师或具有游戏设计背景。"

　　因此，对于喜欢依据可衡量的客观结果来进行实质性游戏设计工作的人来说，这是一条很好的职业道路。我们将在下一章介绍这些关于衡量和创造力的主题，获取玩家如何玩游戏的数值信息，并使用它来改进游戏。

26. 游戏指标

遥测是一个专有名词，意思是"远距离测量"，来自希腊语词根 Tele（远程）和 Metron（测量）。该词在软件开发领域用于描述收集有关其他地方正在发生的事情的数据的做法。你可能知道，你使用的大部分软件都会捕获你所做的事情以及何时做的数据，然后"打电话回家"（将这些数据发送给软件的开发人员或第三方）。围绕此类做法的隐私和授权问题经常成为激烈辩论的主题。

遥测有时被人机交互专业人士称为仪器化，但更常被游戏开发人员称为分析游戏指标。游戏指标的使用远远超出了简单收集数据的范围，并且已经演变为游戏设计的一种方法，即解释数据以了解真实玩家的游戏方式，从而改善游戏玩法。它也是游戏商业行为的重要组成部分。

当然，数字游戏一直在进行测量。它们记录玩家按下的按钮和时间。它们可能会检查自己的内部时钟，以了解现实世界中的时间。设置一些代码来捕获游戏中事件相关数据是很容易的，我们可以使用这些数据来分析游戏设计。到目前为止，我们已经考察了各种方法来研究玩家对游戏的反应：通过观察、使用调查问卷和体验后访谈。我们还可以使用游戏指标来获得游戏测试者在游戏中所做所为相关的详细信息，这反过来可以让我们更深入地了解他们的体验。

在讨论用于形成游戏赚钱方式的游戏指标时，你会听到游戏开发者提到"分析"这个词。游戏分析通常关注玩家返回游戏的规律性以及他们在游戏上花费的金钱数额，但也可能更详细地覆盖玩家在游戏中的行为。可以在网上找到许多关于游戏业务分析的图书和文章。本章不关注遥测的商业方面，而是着眼于在游戏设计中如何使用易于理解和易于实施的技术来获得对玩家行为的洞察。

顽皮狗的游戏指标

到 2004 年我加入顽皮狗时，游戏指标的使用已经是工作室设计文化根深蒂固的组成部分。

一直到《古惑狼》面市，顽皮狗一直在使用指标来确保游戏为玩家提供了适当的挑战水平，既不太难也不太容易。

在为《神秘海域》单人模式进行的每一次正式游戏测试中，我们都使用指标来记录有关玩家游戏进度的大量数据。每次游戏测试者到达游戏中的新检查点（自动保存点）时，都会记录自上个检查点以来经过的时间。我们还会记录游戏测试者为到达该检查点所做尝试的次数——实际上就是自上个检查点以来他们"死亡"的次数。

在正式的游戏测试结束时，我们会将所有这些数据导出到电子表格中（或者稍后，导出到定制的特殊工具中），并开始制作表格和图表以便轻松查看数据。我们主要通过整理数据来做到这一点，以便可以同时查看所有十名玩家的数据，其实也可以检查单个玩家的数据。

需要特别说明的是，我们将查看尝试通过每个检查点的平均值、中位数、最小值和最大值，采集所有十名游戏测试者的数据。在图 26.1 中，可以看到玩家尝试通过我们认为可能存在问题的检查点的表格，之所以用表格来记录，是因为它们可能太难通过了。我们使用条件格式和颜色编码来显示这些数字何时超过某些阈值。例如，尝试的平均值或中位数超过六次是一个危险信号，表明指向该检查点的游戏玩法可能太难了。我们通过讨论打算制作的游戏的整体难度来设置这些阈值，但也会针对特定的检查点调整阈值，比如刻意让玩家在短时间内失败很多次以创造刺激的体验，或使游戏某些局部的难度令人难忘。

一旦指标数据汇编成易于阅读的格式，我们就会与团队中的游戏设计师分享，这样他们就可以开始调查和解决潜在的问题。在这样做的过程中，我们创造了一个镜头，通过它来观察真实的人——即后来可能会购买我们游戏的某一类人——是如何玩我们的游戏的。

	最小值	平均值	中位数	最大值
colombia-museum-break-in-roof	1	1.9	1	7
colombia-chase-fence	2	2.2	2	3
colombia-rooftops-tiles	2	2.8	3	4
syria-syria-turret1-outside	1	2.3	2	7
syria-syria-rpgesus-trapped	2	5.9	6.5	9
syria-syria-area2-start	1	2.9	2	8
syria-syria-area2-return	1	7.5	8	14
syria-syria-escape-hub-exit-mid	1	3.0	2.5	8
syria-syria-escape-bridge	1	3.1	2	8
yemen-temple-yem-temp-exit-combat-mid	1	2.2	1	8
grave-grave-01-freighter-section-2-exit	1	3.4	3.5	6
grave-grave-01-firstyard-start	1	3.7	3.5	9
grave-grave-01-firstyard-combat-mid-left	0	1.4	0	10
grave-grave-01-firstyard-combat-mid-right	0	5.3	6.5	11
grave-grave-01-firstyard-wreck-hatch	0	3.1	2	9
cruise-ship-cruise-container-fight-mid	2	5.0	4.5	8
cruise-ship-cruise-ballroom-fight-start	1	5.4	6.5	10
cruise-ship-cruise-ballroom-fight-mid	3	7.6	8	11
cruise-ship-cruise-chandelier-climb	1	2.8	2	9
airport-car-field-start	1	2.3	1.5	8
airport-car-field-mid	1	2.3	1.5	7
sandlantis-san-desert-battle-start	1	4.9	6	7
sandlantis-san-cistern-noria-tower-start	0	3.1	2.5	6

图 26.1 本图表显示了《神秘海域 3：德雷克的诡计》中对潜在问题点的尝试次数，采集在正式游戏测试期间收集的10名玩家的指标数据。图片来源是UNCHARTED 3: Drake's Deception™ © 2011 Sony Interactive Entertainment LLC。UNCHARTED 3: Drake's Deception 是 Sony Interactive Entertainment LLC 的商标。由顽皮狗有限责任公司创建和开发。

　　我们为每个检查点记录的时间数据也很有用。图 26.2 显示了一张图表，在早期的正式游戏测试中总结了九名游戏测试者玩《神秘海域 3》时的通关方式。横轴显示了玩家在通关时将会到达的连续检查点的名称，纵轴显示每个玩家在到达每个检查点前在游戏中花费的总时间，直到到达每个检查点。（记住，我们只记录了两个检查点之间的时间，但在电子表格中很容易计算出通过每个检查点的总时间。）

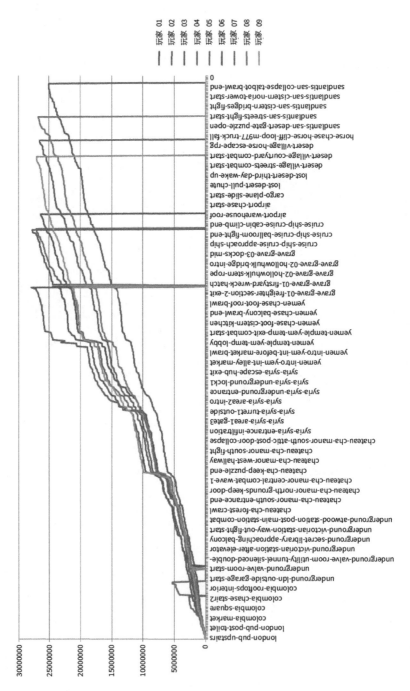

图 26.2 本图显示了《神秘海域 3：德雷克的诡计》中游戏测试者随时间进展取得的游戏进度，该图表来自正式游戏测试期间收集到的九名玩家的指标数据。图片来源：UNCHARTED 3: Drake's Deception™/© SIE LLC。由顽皮狗有限责任公司创建和开发。

你可以轻松查看每个游戏测试者通关的速度快慢。曲线越陡峭，通关的速度就越慢，要么是因为游戏变得更加困难，要么是因为他们正在寻找散落在游戏中的隐藏宝藏，或者是因为他们只是在不时停下来欣赏风景。通过将推进时间的数据与每个检查点的尝试次数的数据进行比较，可以了解更多可能正在发生的情况。

需要注意的是，有一名玩家比其他玩家更快地完成游戏，而且有一名玩家一上来就落后并在随后离开了游戏测试。其他玩家的推进速度大致相同，尤其是在游戏被设计得相当容易的前三分之一。随着游戏进入中间三分之一，推进速度呈扇形分布。有几位玩家在激烈地争夺着第二名，而一位玩家逐渐落后得越来越远。有趣的是，在我们进行的几乎所有正式游戏测试中，都会看到这种模式，尽管参与游戏测试的是许多不同的群体。在这个游戏测试中只有一名玩家真正到达了游戏的终点，但在后来的游戏测试中，我们做到了让每个人都有足够的时间来完成游戏。

我们使用指标数据来深入了解《神秘海域》游戏的许多方面。玩家拿起一把新枪，握住它片刻，然后又放下它并换成旧枪有多频繁？使用指标数据很容易看到这一点。在我们刚刚实施的扔回机制中，玩家多久尝试一次扔回手榴弹？

指标数据帮助我们微调了这个新机制的界面和控件。指标数据还帮助我们解决了《神秘海域》中一个令人讨厌的反复出现的问题，这个问题可以追溯到这个系列的开始。《神秘海域》系列的游戏环境在视觉上非常饱满——感谢工作室出色的美术师，《神秘海域》任何随机的截图中都有很多剧情在上演。但与任何电子游戏一样，对游戏玩法很重要的东西很容易淹没在大量的视觉信息中。我们发现玩家通常很难发现环境中的"边缘抓手"（玩家角色 Nathan Drake 可以跳上去悬挂在下面的环境元素）。这通常是一场游戏设计灾难，因为它会阻止玩家前进到游戏的下一部分，因为玩家会被看起来可以攀爬但其实不能的东西分散注意力。

这个问题的解决方案非常出色，它来自我在顽皮狗的三位前同事：Teagan Morrison、Travis McIntosh 和 Jaroslav Sinecky。这些聪明人所做的工作是建立了一个系统——我们只在正式的游戏测试中使用——游戏测试中的玩家每次按下跳跃按钮但最终没有跳上边缘并悬挂在其上，即只是在原地上下跳跃时，系统将在游戏的 3D 空间中记录一个 (x, y, z) 坐标。

这些坐标被写入我们在网络上的数据库。当游戏测试完成后，可以将这些数据汇总（所有游戏测试者的所有数据）、导出到在开发系统上运行的游戏中。当我们在游戏的调试菜单中选择一个选项时，在参与正式游戏测试的十名玩家每一次跳跃受阻的位置，会放置一个红色球团。你可以在图 26.3 中看到这个示例。

图 26.3　用于《神秘海域 3：德雷克的诡计》的糟糕跳跃系统，可显示玩家试图向上攀爬但失败的地方。

图片来源：UNCHARTED 3: Drake's Deception™/© SIE LLC。由顽皮狗有限责任公司创建和开发。

　　我们称之为糟糕跳跃系统，从中可以立即看到，糟糕跳跃聚集在看起来像边缘抓手但并不能让 Drake 真的悬挂的物体的下方。红色球团清楚地告诉我们需要修复的问题所在。在每次完成游戏测试之后的几天里，负责每个关卡的环境美术师和游戏设计师会坐在一起，在打开糟糕跳跃调试球团的情况下检查关卡。他们将讨论可以对美术作品或设计进行的更改，以改善游戏测试者将背景误认为边缘抓手的每种情况。

　　这不仅有助于改进我们的游戏设计，还简化了美术师和设计师之间的协作过程。当然，当游戏的美观与游戏性发生冲突时，美术师和设计师有时很难达成一致，尤其是当我们所要做的只是基于我们的主观观点时。糟糕跳跃系统为我们提供了非常客观的信息，让我们了解特定情况是主要问题还是次要问题，有助于为这个潜在的协作过程消除很多潜在的矛盾。

　　这些示例来自叙事动作游戏的单人模式，但指标数据可对多种类型游戏的设计产生积极影响。例如，在电子竞技游戏中，我们可以用它来调查特定能力的使用频率；在互动叙事游戏中，可以用它来看看玩家多久走一次特定的故事路径。鼓励你超越显而易见的想法，找到收集数据的巧妙方法，用来形成对玩家在游戏中每时每刻实际行为的扎实认知和全新洞察。

在游戏中落实指标

通常只需一点编码能力就能很容易实现游戏指标系统，尽管这项工作可能需要你学习一些新的函数调用。你可以使用许多现成的软件包，它们可能根本不需要你进行任何编码。在撰写本文时，Unity 和 Unreal 都有很好的游戏分析插件，而且相对容易使用。

首先决定要收集哪种指标数据。如果以前没有做过，最好从一两种不同类型的数据开始，以后再行添加。与你的团队成员就可能收集到的数据的类型进行头脑风暴，并讨论可以从每种类型中学到什么。

- 一种常用的指标数据类型是记录玩家在游戏的每个部分各花费了多长时间。

- 如果玩家在游戏中失败并重新开始，请考虑统计他们完成每个部分尝试的次数。

- 可以记录玩家使用你提供的游戏机制的时间和地点。

- 可以跟踪与资源相关的价值，例如玩家随着时间的推移获得的经验值，或者他们目前拥有多少游戏内资金。

考虑一下指标数据的颗粒度，阅读数据的频率，以及收集的总体数据量。如果数据太多，尽管以后可以过滤，也要小心：我见过因为记录文件过大而导致游戏崩溃的指标系统。适合游戏的颗粒度取决于你制作的游戏的类型及总长度。

如果你希望创建自己的指标数据系统，需要编写一个在整个游戏过程中保持活动状态的脚本。该脚本将包含一个函数，只要你想从游戏中捕获一些数据，就可以调用该函数。该函数将一个或多个变量值复制到一个字符串中，还会提供一些文本使其易于阅读，然后将该字符串添加到文本文件并写入计算机的硬盘驱动器。（字符串也可以被写入某个数据库。）

可以在游戏中发生特定事件时调用函数，或定期调用。例如，每当玩家按下跳跃按钮时，可以记录游戏中的当前时间，并将其复制到前面的"玩家跳跃"文本中，或者每十秒记录一次当前游戏时间和玩家角色的生命值，从而更详细地记录生命值随时间升降的情况。

可以在本书的网站上找到帮助你为游戏设置指标数据系统的资源。

指标数据和授权

当我们想设计软件来捕获他人的信息时，应该停下来考虑自己所做的是否合乎道德。保护隐私权是世界上许多社区非常重视的价值观，在某些地方直接被载入宪法或法律。作为游戏制作者，我们可以通过在获取玩家指标数据之前征求授权来确保我们的行为符合道德规范。

这对于记录玩家何时跳跃或开门的数据可能不是必需的，但如果涉及玩家的个人信息（例如信仰或健康状况），那么获得他们的许可很重要，授权之后才能在指标数据中记录此类信息。你可以在游戏开始时提供加入或退出的屏幕选项来征求授权。如果玩家不同意，则不要记录他们的数据。千万不要在寻求授权方面犯错误。

测试指标数据系统

定期测试指标数据系统以确保其能正常工作非常重要。以我的经验，这类系统可能是游戏中最脆弱的部分之一，而且，也许因为它一直默默地运行，因此很容易注意不到它的故障。在我的职业生涯的早期，有一个昂贵的正式游戏测试未能给出任何指标数据，因为我们未能及时发现数据收集机制的一个简单的问题。

只需在与正式游戏测试相同的条件下玩游戏，并确保成功写入正确的数据，即可轻松测试指标系统。注意测试游戏指标数据系统的方式与正式游戏测试的方式之间的细微差异。例如，一个常见的指标数据会出现的问题是：如果游戏在连续的游戏测试者之间没有退出并重新启动，则会产出混淆的指标数据。

可视化指标数据

在正式的游戏测试之后，我们需要可视化指标数据，以便其更容易理解。信息设计和数据可视化是值得游戏设计师毕生研究的、激动人心的领域。Edward R. Tufte 的 *Envisioning Information* 和 Ellen Lupton 的《设计就是讲故事》包含了如何将数字转化为人们可以理解的叙事的有见地的评论。

许多人在学校学习过如何通过制作折线图、条形图和饼图来展示数据，这些都是可视化指标数据的好方法。每个电子表格软件包都包含从数据表创建图表的工具。你可能需要一些时间来学习，但这些工具通常易于使用且功能强大。不要忘记标记轴和图例，它们可以清楚地描述所展示的数据，并按照你的需求来使用颜色和形状。对于重要的数据总结表格，如果使用条件格式将重要数字标为不同颜色并使其"劲爆"，效果会很好，如图 26.1 所示。

另一种流行的游戏指标数据可视化形式是热力图。它是在游戏关卡各处发生的特定事件的二维或三维展示图。可以使用电子表格软件的绘图工具来创建，或者在游戏引擎中编写一个专用工具，以准确地将数据映射到环境视图中。在线搜索"游戏热力图"，会发现很多你喜欢的游戏的例子。

记住：要创新地思考，接受特定游戏类型带来的设计上的机遇和挑战的驱动。游戏指标如何帮助你更加确信游戏会按照你想要的方式与玩家相遇？对于你的游戏来说，什么是"糟糕的跳跃"系统？哪些指标数据可以帮助你以创新的方式解决棘手的游戏设计问题？

游戏指标落实清单

✓ 用头脑风暴来确定哪些数值可以跟踪，并且可以让你深入了解游戏的设计和玩游戏的方式。

✓ 实施一种将某些值记录为指标数据的机制（比如简单地记录到文本文件或数据库中）。

✓ 征得玩家的同意后在适当的范围内收集指标。

✓ 通过在与正式游戏测试相同的条件（或尽可能接近它们）下玩游戏来测试指标系统是否正常工作。

✓ 通过查看系统在测试期间输出的信息，检查是否正确记录了指标数据。

✓ 使用测试数据开始寻求可视化数据的方法，以使其更易于阅读和理解。

✓ 在正式游戏测试之前再次测试系统。

✓ 在正式的游戏测试中使用指标系统。

✓ 可视化在正式游戏测试期间收到的数据，并使用你对游戏测试者行为的了解来改进游戏设计。

游戏指标的机会与局限

游戏指标是一种工具，所以就像任何工具一样，它们可以用于好的或坏的用途。对于像我们采用的技术化艺术形式，严谨是可取的，用户研究人员也应该重视科学方法。但我坚信，不应该在这些技术上走得太远，因为它超出创意设计师和艺术家的直觉告诉你应该去做的事情的范围。

我使用指标来确保游戏为玩家提供了我希望他们拥有的体验。我试图发现可能会阻止游戏以我希望的方式落地的东西。我抵制被指标数据拉向与项目目标或个人价值观背道而驰的设计方向的诱惑。你必须自己决定你将如何在游戏设计中使用指标，这取决于你是谁，你看重什么，以及你在什么样的背景（商业、艺术或学术）下制作游戏。

我喜欢这句通常被认为是阿尔伯特·爱因斯坦说的，但更可能来自社会学家威廉·布鲁斯·卡梅伦的话——"不是所有可以计算的东西都很重要，也不是所有重要的东西都可以计算。"应该由你决定要计算什么，以及什么是重要的。

27. alpha 阶段和缺陷跟踪

在我们充满趣味的制作流程中，全面制作阶段有两个主要的里程碑：alpha 和 beta。在 alpha 里程碑处，全面制作已经过半，我们的游戏已具备特性和游戏序列的完备性，并且我们能够使用临时点位资源来实现通关。到了 beta 里程碑，也就是全面制作阶段的最后，游戏也已具备内容完整性，这意味着游戏中的所有预期内容都能呈现出来，只待进一步打磨。

相应地全面制作阶段还隐含着两个阶段：alpha 阶段和 beta 阶段（见图 27.1）。在第 23 章中，我们讨论了 QA 测试，专门的质量保证专家严格测试游戏，以发现缺陷并帮助解决设计问题。alpha 阶段有一个近乎通用的定义：一个软件项目已进入 QA 测试阶段。alpha 阶段在 alpha 里程碑处结束，然后 beta 阶段开始，beta 阶段的结尾自然是 beta 里程碑。即使没有专门的 QA 部门，只要在某个时候开始跟踪缺陷，你的项目仍然可以有一个合格的 alpha 阶段。稍后我们将介绍缺陷跟踪技术。

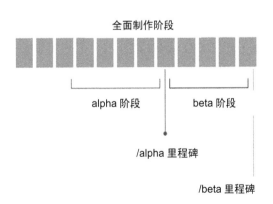

图 27.1　alpha 阶段和 beta 阶段隐藏在全面制作阶段中。

图片来源：Gabriela Purri R. Gomes、Mattie Rosen 和 Richard Lemarchand。

当一个软件处于 alpha 阶段时，它有时会出现缺陷、不稳定并且相当不完整的情况。在游戏开发中，缺陷和不稳定是非常不受欢迎的。在整个制作过程中，我们需要让自己的游戏保持高度可玩的状态。这样，每次添加新机制或某些内容时，我们都可以运行游戏测试来评估新增部分对整个游戏的影响。这就是我们使用同心开发的原因，正如在第 13 章中讨论的那样。

然而，随着 alpha 里程碑的临近，我们可能不得不放弃同心开发，以便将所有特性和临时关卡加入游戏，因为我们需要适时完成 alpha 阶段。这将要求我们调整开发的节奏，保持同心开发的最佳状态，同时采用一些新方法，使工作能够有效推进。我们将在第 29 章讨论这种方法上的变化。

一些游戏平台——大多数游戏机和一些移动、虚拟现实平台——要求游戏在发布之前通过一系列认证。项目的 alpha 阶段是开始详细研究认证要求的最佳时机，对团队为满足这些要求而需要做的额外工作，我们要做好心理准备。在第 34 章中，你可以了解更多相关信息。

一种简单的缺陷跟踪方法

对于每款游戏，无论大小，在全面制作过程中的某个时刻，有条不紊地查找、列出和修复隐藏在游戏中的那些随时都有可能破坏玩家体验的缺陷，是很重要的。每当你在全面制作期间开始执行此操作时，都可以认为自己处于项目的 alpha 阶段。

从制订测试计划开始。测试计划通常由 QA 负责人与项目的创意负责人、制作人一起设计，可能部门负责人也需要参加。若是一个小团队，则让尽可能多的团队成员参与。测试计划有点像一顿饭的食谱或周末外出的计划。我们有一些想要完成的事情、需要的元素和工具，以及可能面临的问题。我们制定列表并对其中的项目依次标出重要性等级，以便确定当务之急是什么。我们可能还想说明测试过程不会涵盖的内容，这让 QA 和开发团队都有机会围绕各自的工作设置一些界限。

测试计划是一门成熟的学科，可以在网上找到很多关于设计一个好的测试计划的详细信息。Ashley Davis 和 Adam Single 在 Gamasutra 媒体上的文章《游戏开发测试》（Testing for Game Development）中提供了许多关于为游戏制订测试计划的详细技术建议。

一旦有了一个计划，就可以开始测试游戏。通常需要花时间按照测试计划有序地试玩游戏的某个版本，并记录发现的缺陷。最好测试可运行的独立版本，而不是在编辑器中运行游戏，因为不同版本可能会表现不同。请注意，游戏的 QA 测试人员通常不会像普通玩家那样自由地探索游戏。他们在玩游戏时会仔细检查每一种可能的互动，以寻找行为不符合预期的元素。如果你在一个小团队中，必须弄清楚自己将如何测试游戏。雇用某人来帮助你进行质量检查，始终是一笔不错的投资。

即使团队小到只能在开发时自己测试，仍然应该记录发现的缺陷。专业游戏开发人员使用专用数据库（有时称为缺陷跟踪器）来保存缺陷列表以及每个缺陷所附带的信息。在撰写本书时，流行的缺陷跟踪工具包括 Jira、Bugzilla 和 Mantis。

对于小型项目，只需使用电子表格来跟踪缺陷。下面这些文字可作为每一列的标题（或直接使用在 playfulproductionprocess.com 上找到的模板）。

- 缺陷编号

- 提交日期和时间

- 版本日期和时间（或版本编号）

- 概括

- 严重程度

- 优先级

- 类别

- 描述

- 游戏中的位置

- 重现性

- 重现步骤

- 涉及脚本

- 分配给谁

- 目前状态

- 附件

- 备注

- 解决说明

让我们逐个看一下这些标题以及每列应该保留的信息。

缺陷编号

每个缺陷都应该有一个唯一的编号，以便轻松、快速地查找并引用这个缺陷。

提交日期和时间

在创建缺陷时，应记录创建的日期和时间。许多电子表格允许使用快捷键组合来输入日期和时间。

版本日期和时间（或版本编号）

对于跟踪的每个缺陷，应该知道它最初出现在哪个游戏版本中。请参阅第 5 章了解版本以及制作信息。

概括

这一列应该包括对缺陷的非常简短的描述，而且可以将其作为缺陷的标题。

严重程度

可以将缺陷分为不同的类别，以描述其严重程度。每个类别的确切定义可能因工作室而异，但是下面这组定义很具普遍性。

- 阻断：必须立即修复的缺陷，因为它会阻止游戏在某个时间点之后被正常体验（并会因此阻碍游戏测试）。

- A：会显著影响游戏运行的严重缺陷，必须予以修复。

- B：严重干扰游戏功能或体验的缺陷，可能应该被修复。

- C：不太严重的缺陷，不会显著影响游戏的功能或体验，但如有可能，应尽量修复。

- 评论：缺陷测试人员使用此类缺陷向开发人员发送反馈或想法。这可能是 QA 和游戏开发者之间宝贵的沟通渠道。

优先级

为每一类缺陷分配优先级很有用。"B1"缺陷需要紧急修复（虽然不像"A3"缺陷那么紧急），而"B3"缺陷的修复可能可以等待。

类别

按照修复所需专业职能将缺陷归类，可以使缺陷更容易理解，并且可让我们更容易确定缺陷的修复应该分配给哪些团队成员。示例类别包括：

- 编程

- 2D 艺术

- 3D 艺术

- 游戏设计

- 写作

- 动画

- 音效

- 音乐

- 视觉效果

- 触觉反馈

- 用户界面

- 字幕

- 其他

描述

这是比摘要更详细地描述缺陷的地方。为缺陷撰写到位的描述，本身就是一门艺术。最好的范例是使用清晰、简洁的语言来描述测试人员的预期缺陷及最终的真实缺陷。不要包含有关缺陷发生的位置、发生频率或如何重现它的信息——这些信息有自己所属的板块。

游戏中的位置

对于修复缺陷的人来说，准确地知道缺陷发生在游戏中的哪个位置可能非常有用。这对于所有的仅在游戏中某个特定位置发生的缺陷尤其重要。最好使用游戏引擎中的 2D 或 3D 坐标来记录位置，有时也许还需要截图的支持。

重现性

有些缺陷在每次尝试重现时都无一例外会发生——其他的缺陷只是有时会出现，而某些缺陷甚至只会出现一次。你可以使用以下类别：

- 总是

- 有时

- 很少

- 见过一次

重现步骤

这是对游戏中重现缺陷必须采取的步骤的详细描述，可以减轻"描述"部分的一些负担。

涉及脚本

如果测试游戏的人能够说出是哪些脚本（或其他的代码段）导致了问题，那么将其记录在这里很有用。调试消息通常会显示代码中发生缺陷的位置。

分配给谁

这是将缺陷分配给特定团队成员以进行修复的地方。

目前状态

每个缺陷在首次创建时都具有"新建"状态。随着缺陷在 QA 和开发团队的其他成员之间来回传递，以及缺陷被链中的每个人处理，缺陷的状态将在其生命周期内发生变化。

- 新建：首次创建缺陷时的状态。

- 确认：当打算修复缺陷的开发人员收到反馈时，他们将状态更改为此。

- 需要信息：如果要修复缺陷的人需要更多信息才能完成修复，会将状态更改为此，并且缺陷会被传回至 QA 经理或编写缺陷的人。

- 声明已修复：当开发人员认为他们已经修复了缺陷时，会将其标记为"声明已修复"并将其传递回 QA 处进行回归测试，此时 QA 将检查缺陷是否确实已成功修复。

- 无法重现：如果开发人员无法重现缺陷，会将状态更改为此，并将其传递回 QA 处进行回归测试。QA 部门将检查该缺陷是否仍在发生。

- 重复：如果缺陷已在数据库中，但缺陷编号不同，则状态将被更改为此。

- 修复失败：如果在回归测试过程中显示"声明已修复"的缺陷实际上尚未修复，则将其标记为"修复失败"，并返回给负责修复的开发人员或他们的经理。

- 已修复：如果在回归测试期间显示"声明已修复"的缺陷实际上已被修复，该缺陷会被标记为"已修复"，并进入已修复缺陷库。

- 已关闭（无法修复）：有时由于某种原因无法修复缺陷，则需要以这种方式标记缺陷。在大多数团队中，只有非常资深的团队成员才能关闭缺陷。

- 已关闭（不会修复）：有时团队成员出于某种原因认为不应该修复某个缺陷——可能需要太长时间，或者这个缺陷影响不大，又或者有人认为它实际上是一个特性，而不是缺陷，则需要以这种方式标记缺陷。同样，这个决定通常只能由非常资深的团队成员做出。

- 重新开放：有时一个已经关闭的缺陷需要重新打开，则需要以这种方式标记。

附件

将用来说明缺陷的屏幕截图或视频附加到报告中通常很有用。

备注

对缺陷进行注释是在 QA 团队和开发团队之间来回传递信息的好方法——例如，当请求有关缺陷的更多信息或缺陷被标记为"修复失败"时。

解决说明

如果缺陷的修复方式有特别之处，或者缺陷因何种原因被关闭，这里就是记录它的地方。

你可能从这些标题中可以看出，解决缺陷的典型工作流程如下：

- 该缺陷是由从事 QA 的人员或团队中的其他开发人员之一创建的。

- 该缺陷被分配给开发人员进行修复，开发人员承认已收到该缺陷并将对其进行处理。

- 开发人员尝试修复缺陷。

- 当认为已经完成修复时，开发人员会将缺陷标记为"声明已修复"。

- 之后该缺陷被返回给 QA 人员进行回归测试——检查它是否已被修复。

- 根据回归测试过程中的发现，将缺陷标记为"已修复"或"修复失败"。

- 如果开发人员需要更多信息，或者无法重现缺陷，又或者发现它是重复的，就会做出相应的标记，并将缺陷返回给 QA 人员。

- 如果开发人员无法修复缺陷，可能会通过他们的经理或团队负责人采取适当的行动。然后，该缺陷可能会被传递给可以修复它的其他开发人员，也可能会被关闭。

这种基于电子表格的简单缺陷跟踪方法对小型项目很有用，并且会让你了解在大型团队中使用专用缺陷跟踪工具所需的知识。但是，你很快就会发现在电子表格中跟踪缺陷很笨拙，我建议你找到并使用具有缺陷跟踪功能的项目管理工具。Meredith Hall 在 Gamasutra 网站上的文章《为游戏开发选择项目管理工具》（Choosing a Project Management Tool for Game Development）中很好地概述了各种项目管理工具的缺陷跟踪功能。

⁂　　　　✿　　　　⁂

　　既然了解了如何跟踪缺陷，现在就可以开始这样做并进入项目的 alpha 阶段了。我们将在第 32 章回到缺陷修复的主题。有了这些关于 alpha 阶段的信息，让我们深入了解 alpha 里程碑以及我们将如何到达那里。

28. alpha 里程碑

我们在第 27 章中讨论了项目的 alpha 阶段和缺陷跟踪技术。现在让我们看一下 alpha 里程碑，它标志着 alpha 阶段的结束。到达 alpha 里程碑，游戏具备了"特性完备性"。从游戏到商业产品，这就是大多数软件类开发项目的 alpha 里程碑的意义。最终游戏中的每个功能特性都已存在，我们才能说游戏已到达 alpha 里程碑。在我们的趣味产品制作过程中，还将在 alpha 阶段实现"游戏序列完备性"——稍后会详细介绍。

特性和内容

让我们仔细看看这个词的特征及含义。为了便于讨论，我们可以设定游戏是由两种类型的东西组成的：特性和内容。一般来说，特性是游戏运行能力的一部分，是使我们的游戏运转起来的机制。如果游戏中的某些部分由逻辑控制或对玩家的输入做出反应，那么它很可能就是一个特性。

为了说明这个概念，这里有一些特性示例：

- 在角色动作游戏中，根据玩家输入控制玩家角色的特性。

- 在社交模拟游戏中，操控非玩家角色（NPC）在游戏环境中完成任务的特性。

- 在城市建设模拟游戏中有一项特性，即可确定建筑物随着时间推移会发生的变化。

上面示例中的这些高阶特性组，通常可以分解为以下的低阶特性列表：

- 玩家角色操控特性可以由控制奔跑和跳跃的独立特性组成。

- NPC 控制功能可以由控制行走、将物体从一个地方带到另一个地方以及与玩家角色交谈的独立特性组成。

● 决定建筑物随时间变化的特性可能由使建筑物变脏、倒塌或着火的独立特性组成。

我们可以进一步分解这些子特性，直到我们得到代码中的特定函数，这些函数作用于代表这些游戏实体的数据结构。

与之相对，内容是构成游戏实体的数据结构和资源，游戏中的特性被大量数据捆绑在一起，作用于如下这些游戏实体：美术、动画、声音效果、视觉效果、音乐和对话等。当然，没有内容就不可能拥有特性。如果你编写了一个系统，允许玩家在你的游戏世界中移动 NPC，但还没有创建用于展示 NPC 的美术、动画和声音，那么该功能在游戏中实际上并不存在。内容通常有助于特性出现在游戏世界中，而特性和内容之间的模糊界限有时会导致游戏开发者陷入困境，我们稍后会看到这种情况。

特性完备

当一个游戏特性完备时，它的所有特性都存在：游戏的所有"活动部件"都已实现并且运行良好。如果我们一直在使用同心开发、测试游戏和修复缺陷，特性完备会更容易实现。

当游戏特性完备后，游戏中的每一种元素都应该存在，无论是 NPC 和玩家之间的对话、逻辑谜题、战斗机制，还是 AI 寻路算法。如果它是一种机制，并且需要在游戏中存在，那么它就应该在 alpha 里程碑的某个地方。

然而，随着 alpha 里程碑的临近，游戏开发人员经常面临来自任务规模的挑战，因为他们努力将所有这些一直在变动的部分都融入游戏。这就是特性和内容之间的模糊界限产生影响的地方，我们既可以聪明地用它来产生积极的结果，也可以以破坏性的方式利用它。

在我进入游戏行业后，我从我的同事那里了解到，在 alpha 阶段，人们希望确保所有类型的元素在游戏中都至少被实现了一次。如果一个 NPC 有一种行为，那么这个行为应该被游戏中某个地方的 NPC 使用（即使所有将使用该行为的 NPC 还没有完全到位）。做好 alpha 的部分技巧是，选择实现的内容，应该能展示游戏中所有事物可能展示的所有行为。这些行为是游戏的特性，在 alpha 阶段获得所有特性，特别是在你还有时间改进时，是制作出色游戏的另一个关键。

如果随着 alpha 里程碑的临近，我们有足够的时间来实现特性，那么我们应该实现游戏中具有独特特性组合的每个实体。这是因为特性之间可能存在无法预料的交互，需要我们做更多的工作，才能让它们很好地协同工作。

随着 alpha 里程碑的临近，时间变得更少了，我们可能会考虑少实现一些实体——只要确保最终实现的实体整合起来能展示游戏中的所有功能。这条路风险更大，因为即使从技术上讲我们已拥有游戏中的所有特性，但当我们将这些特性整合成新的组合时，很可能会发现全新的游戏运作方式。

在考虑为 alpha 实现哪些功能时，不要忘记考虑游戏特性的每一部分功能。例如，如果游戏要使用成就系统，无论是在游戏中还是连接到游戏发行商或平台方提供的成就系统，那么你应该在游戏中设置至少一项 alpha 成就。

alpha 里程碑的部分意义在于，我们正试图加快速度，并且不想遗漏预期游戏功能的所有重大发现。我们想知道游戏是如何运作的，还有足够的时间来解决任何存在的问题，这意味着要实现特性。alpha 里程碑也是一个特别重要的工具，用于防止特性蔓延。

我在第 17 章第一次提到了特性蔓延，这是一种范围上的扩张。特性蔓延发生于开发人员在全面制作过程中对新特性有令人兴奋的想法时，这些想法没有列入游戏设计宏观方案的计划中，但开发人员决定无论如何都要将其添加到游戏的设计中，即使宏观方案本应该是"锁定的"。有时添加新特性是一件好事，特别是如果该特性易于实现并且会为游戏添加一些特别的东西。但是，特性蔓延可能是一个破坏性的、隐蔽的问题。

我们添加的每个新特性都会给项目带来麻烦，因为很难预测它们未来对项目产生的影响。如果开发人员不遵守纪律，"再多一个"特性可能会变成源源不断的麻烦。每个新特性可能只需要很短的时间来实现，但可能会引入新的设计问题和新的错误，这些问题可能需要更长的时间来处理。正如我在第 17 章中所说的，成为特性蔓延牺牲品的项目有时根本无法完成。它很容易导致充满各种错误的失控局面，以及不连贯的、相互竞争的设计方向，从而使我们无法确定项目何时完成。

这就是特性和内容之间界限模糊引发危险的来由。一些游戏设计师试图将原计划在 alpha 之后添加的新特性，包装为已预先存在的特性的"内容组"，以顺利到达 alpha 里程碑。这有时可行，但经常出现灾难性的错误——在项目本应变得更加稳定、设计得更好的时候，引入需要修复的重大错误和需要解决的全新设计问题。

一般来说，开发者的经验越丰富——无论是整体来看，还是在特定风格或类型的游戏中——他们越有可能在 alpha 里程碑冒险时获得成功。经验不足的开发人员在到达 alpha 里程碑时，如果没有以稳健的方式完成特性，则会面临更大的风险。而且，他们在 alpha 里程碑之后添加的新特性组在游戏完成时可能不会很好地工作，而这正是因为没有足够的时间来打磨。

游戏序列完备

我将邀请你领略 alpha 里程碑的另一个方面，它非常强大。这是我们在顽皮狗推出的一项技术，在工作室总裁 Evan Wells 的指导下，它彻底改变了我对制作游戏的看法。在《神秘海域2：纵横四海》的创作过程中，我们决定在项目的 alpha 里程碑中，不仅要完成特性的开发，还要让游戏中的每个关卡各就各位，从而实现"游戏序列完备性"，至少能以粗略的占位资源、阻挡墙（白盒/灰盒/阻挡墙）的形式来实现。

到 alpha 里程碑时，《神秘海域 2》的许多关卡已经非常先进。游戏的一些关卡已经完成了一半，一些才刚刚开始，还有一些根本没有启动。通过使用低多边形阻挡墙来制作大小和长度大致正确的代表性关卡，我们很快让整个游戏具体化起来。然后，我们使用关卡加载系统和游戏的进程逻辑将所有内容连接在一起，现在可以从头到尾顺畅地玩游戏了。

能够在 alpha 阶段从头到尾通关游戏——即使其中的大部分内容只是初级形式，而且所谓的通关更像是快速过一遍游戏——我们就能够更早、更好地掌握整个游戏的玩法和故事的节奏。我们可以看到游戏的节奏何时陷入停滞或加速过快，并能够做出相应的调整。至关重要的是，我们非常清楚还有多少工作要做。着眼于需要完成的任务列表是一回事；而过一遍基本由空关卡组成的游戏，想象需要创建什么内容来填充一个个有趣的事件，则是另一回事。

当决定要删减或更改什么时，请务必更新游戏设计宏观图表，以便追踪自己做出的的决定。制作一个动态的宏观图表副本，并将其进一步细化，以缩小游戏的范围并重新安排内容，从而确保游戏仍然可以运行，这是一种尝试并最终确定这些重要决定的好方法。自《神秘海域 2》以来，我在每款游戏中都使用了保障 alpha 游戏序列完备的方法。因为它有一种魅力，可以帮助开发人员及早了解自己是否应该进一步扩大项目范围。

此外，为了让游戏在 alpha 阶段被视为具有完整的游戏序列，所有前端、菜单和界面屏幕要一应俱全，至少临时的美术和音频内容（包括标志屏幕、开始屏幕、选项屏幕、暂停屏幕和保存/读取屏幕）要到位。所有这些元素都应该被适当地连接在一起，以便游戏测试者可以在游戏体验中从一个部分移动到另一个部分，就像在真的完成的游戏中一样。介绍性标志应通向标题屏幕，标题屏幕应通向游戏或选项屏幕等。

最后，任何属于游戏的过场动画、真人视频或其他线性资产都应该在 alpha 阶段就位，至少出现在占位资源版本或基本版本中。（第 29 章将详细讨论这一点。）我们很容易过于专注于正在创造的游戏玩法，以至于忘记了围绕游戏进行的所有其他工作。但是通过思考，比如思考团队在 alpha 时的屏幕标志，对完成游戏可以有更深入的现实意义的了解，而不是停留在理想情况。即使只是放入一个用鼠标乱画的玩笑标志来代替最终有动画效果的漂亮团队标志，在其中添加标志也将帮助你在特定范围内更好地掌控局面。

一个好的 alpha 上手序列

第一印象在生活中无处不在，糟糕的第一印象很难改变。比赛的开场时刻为比赛定下了基调，并塑造了我们对比赛结果的期望。

数字游戏的开头通常必须教新玩家如何玩游戏。从商店回家的路上兴奋地阅读游戏说明书的日子已经一去不复返了。今天，我们下载游戏后一头扎进去，期待游戏的开始会欢迎我们进入并告诉我们需要知道的内容。

当你考虑如何让新玩家顺利度过进入游戏后一头扎进去这个"上手"过程时，依赖玩家已经了解其他电子游戏及其操控方案是不明智的。对于游戏设计师来说，了解与其类似的游戏的操控方案很重要，但玩家可能玩过也可能没有玩过这些游戏，我们希望接纳而不是排斥他们。

例如，也许玩家知道 WASD 和鼠标操作，但一个高效的游戏设计师会迎合那些不知道的人。关键是要设计一个既适合经验丰富的玩家也适合初学者的操控方案，并且提供愉快的方式学习。如何教玩家操控游戏，并让他们在玩游戏的时候不感到无聊或困惑呢？

曾经，当游戏的控件比现在少时，在游戏开始时显示一个"操控屏幕"并标注哪些按钮可以做什么就足够了。将操控屏幕置于菜单中以供随时参考，对于离开游戏一段时间后只需唤起记忆的玩家来说，是很合理的。但是对于大多数人来说，这并不是一个很好的学习方式，除非游戏的操控方案非常简单。即使是具有中等复杂程度的游戏，也需要更好的方法来向玩家教授具体操控方案。

一个更有效的教会玩家的方法是让玩家进入游戏，并一一介绍游戏的操控和机制。每个新机制引入后，我们都会提示玩家使用相关的操控，然后向他们展示游戏世界中的相关场景。他们可以通过使用新机制来渡过难关。这种方式让玩家可以在实践中进行体验式学习。

在 1990 年代和 2000 年代初期，这种玩家训练通常以关卡教程的形式呈现。而且跳过游戏设计师为玩家设计的学习流程并不容易。设计师们很快意识到，玩家不想在正常玩游戏之前做一些感觉像是工作的事情——他们只想开始玩。今天，我们仍然有游戏教程，但其中最好的往往不会被视为教程。因为，一些游戏设计师不遗余力地通过将交互性与令人愉快、有趣、好玩或戏剧性的东西结合起来，让玩家感觉学习游戏教程像是在玩。一个很棒的游戏教程让玩家从游戏一开始就可以自由地玩，看似是玩家收获了有趣的发现，其实其无意中在学习游戏设计师希望他们学习的东西。

比如我们在第 18 章中讨论过的超级《马里奥兄弟世界》，其 1-1 关卡开头的设置非常优雅。再比如在第 17 章中谈到的《神秘海域 2：纵横四海》，其开场的火车车厢序列也做了同样的事情，包含了电影动作、戏剧和令人惊喜的教程，同时也为游戏的玩家角色 Nathan Drake 设置了故事并塑造了同理心。

几乎每种风格的游戏都有机会通过展示其游戏机制来吸引玩家，让玩家可以基于好奇心和实验精神来学习。如果游戏的设计者能够兼顾娱乐和吸引玩家，那就更好了。这是一个很好的考虑游戏的功能可见性和语义符号的时机，我们在第 12 章中讨论过相关话题。你的游戏是否提供了如何与之交互的线索，只是通过外观和声音方式来提供吗？可以添加什么来使这些线索更易于阅读？

并非每款游戏都需要流畅的引导。《我的世界》在诞生之初，如果没有朋友带着玩，很难上手，但这并没有阻止它取得巨大的成功。难以掌握可能是游戏美学或文化的一部分。但要对忽视游戏教程提高警惕。获得并吸引新玩家的注意力很难，但对于寻求商业成功的游戏又至关重要。

因此，alpha 里程碑是最佳时机，可以确保为游戏的上手流程制订了详细计划。如果能在 alpha 阶级完成游戏的入门和教程系列，那就更好了。如果在 alpha 阶段前已解决与设定合理上手流程相关的难题，那么你将有额外的时间和精力专注于在 alpha 阶段和 beta 阶段之间需要处理的所有其他事情。

alpha 里程碑的作用

我喜欢将 alpha 视为本垒打的第一阶段。就像对构思阶段和预制作何时结束一样，alpha 里程碑要求我们对游戏的范围做出一些决定，并更广泛地提供针对特性蔓延和范围蔓延的防御。

这也为我们提供了一个检查游戏健康状况的好时机。

alpha 的范围界定

在构思结束时，我们通过选择一些项目目标，以非常笼统的方式限制了游戏的范围。然后在预制作结束时，我们以一些更具体的方式限制了我们的范围，方法是 (a) 制作一个垂直切片，显示我们游戏的一部分，以及 (b) 以游戏宏观方案的形式呈现我们为游戏制订的计划。

在 alpha 里程碑前，大约一半或三分之二的全面制作过程中，我们通过制作一个特性完备的游戏版本——至少每种特性功能齐全，以及游戏序列完备对游戏的范围做出更多决定。通过这样做，我们向自己和世界展示，我们现在对游戏是什么样的，以及完成后它将包含哪些元素，有了更详细的了解。

当我们在这里谈论范围时，谈论的是特性和内容。实际上有两种范围被纳入考虑：（1）游戏的“可能性空间”，即游戏运行时可能发生的所有不同事件的抽象空间，以及（2）它的“内容足迹”，即游戏内容的数量。

请记住，游戏的可能性空间包含好的和坏的东西：有趣的游戏玩法、精彩的紧急情况和有趣的策略，以及游戏设计问题、内容问题和错误。每次向我们的游戏添加新特性时，它都会带来一些好东西和一些坏东西。通过在 alpha 阶段画出明显的界线，表明我们不会再添加任何特性，并正在朝着制作一个没有问题的游戏迈出重要的一步。

alpha 还让我们有机会预防内容蔓延，这是另一种范围蔓延。看起来我们在 alpha 之后还有一些时间来确定游戏的内容，因为我们要在 beta 里程碑之前完成这些内容。但实际上，alpha 是我们最好的，也是最后的机会。如果试图在 alpha 之后缩小游戏的范围，这时处于游戏的 beta 阶段，我们正在为 beta 里程碑制作所有的内容，那么我们很可能会浪费时间来制作一些自己不确定最后是否会进入游戏的东西。

因此，即使游戏序列的某些部分仅使用阻挡墙和其他占位资源（我们将在第 29 章中进一步讨论），也要在 alpha 阶段构建具有所有特性和完整游戏序列的游戏。好好看看结果，决定要把什么砍掉。如果很难决定，请再看看在构思结束时设定的项目目标。这将帮助你做出有关范围的、最后的艰难决定。你可能痴迷于在游戏中获得某些特性或内容，但如果它们不能满足项目目标且时间所剩无几，那就砍掉它们。

检查游戏的健康状况

alpha 里程碑是检查游戏整体健康状况的重要时刻。它有多少错误和突出的设计问题？alpha 测试也是记录任何性能问题的好时机。我们的帧率够高吗？我们的加载时间太长了吗？

重要的是要注意所有这些问题，无论是与设计相关、与错误相关，还是与性能相关，因为所有这些问题都必须在 alpha 和最终"候选发布"里程碑之间的某个时间点得到解决。其中许多问题应该放在 beta 阶段来处理，而这又会占用我们实现内容的时间。列出在 alpha 阶段的突出问题将有助于就是否需要进一步缩小项目范围做出明智的决定。越早做出缩小 alpha 版游戏范围的决定，游戏就会变得越好。越晚决定范围，完成的游戏可能就越糟糕。

在 alpha 阶段选择游戏名称

你可能一直在运行焦点测试，以获取有关游戏名称的反馈。alpha 里程碑是做出最终决定的好时机。选择名称后，请在你认为的主流社交媒体平台上为游戏创建一个社交媒体账户。名字可能已经被占用，一个常见的惯例是在游戏名称之后加上 "Game" 或 "The Game" 字样，以创建一个独特的社交媒体账户名称。

根据游戏的目标受众，找到正确的社交媒体渠道，因为不同的渠道有不同的受众。营销顾问、南加州大学游戏教授 Jim Huntley 建议游戏团队应该选择一个单一渠道，并将其作为他们的社交媒体之家。他告诉我，可以在多个渠道上开展社交媒体活动，但对于一个小团队来说，这会让人筋疲力尽。（Jim 指出，有一些免费工具可以帮助大家自动将内容从一个频道重新发布到另一个频道。）

然而，即使你已经为游戏创建了一个社交媒体账户，也不要在上面发帖。根据项目的节奏，现在就将受众聚集在游戏周围可能还为时过早。在游戏发布之前，受众的兴趣只能保持一段时间。现在，请确保已保存制作游戏过程中所做的所有工作并完成了分类，包括未使用的早期概念艺术、粗糙或实验性动画的 GIF、没有成功的设计理念。当你与观众互动时，所有这些积累都将为你的社交媒体形象提供出色的内容。

总结 alpha 里程碑

总之，在 alpha 里程碑，我们的游戏应该是：

- 特性完备

  ○ 游戏的所有特性都应该以某种形式存在。

  ○ 在一个强大的 alpha 里程碑里，每个独特或有隐患的特性组合都应该已就位。

- 游戏序列完备

  ○ 如果游戏有关卡，则它们都应至少具有阻挡墙占位美术资源和碰撞几何图形，以便于了解整个游戏的大小和范围。

  ○ 前端、菜单和界面（包括标志屏幕、开始屏幕、选项屏幕、暂停屏幕和保存/读取屏幕）应就位，至少包含占位美术资源和音频内容。

  ○ 任何过场动画的临时版本或基本内容版本都应该就位。

  ○ 一切都应该在逻辑上连接在一起，我们应该能够以连续的方式在游戏的每个部分之间试现和穿梭。

游戏的图形和音频在 alpha 阶段不一定是最终的，但应该在需要制作的每个不同类别的元素中制作一些完整的美术和音频，以表明我们实际上可以制作这些东西，并找出每种类型的元素需要多长时间才能制作完。尝试在游戏中为每个主要元素制作临时资源，为自己制作一个可以运行的最基本版本，这有助于评估游戏的性能。在全面制作期间制作游戏时，不要忽视音频和视觉效果！alpha 里程碑是评估音频设计和视觉效果的好时机，也能确保我们对需要多长时间才能实现好的视听品质，有一个真实的了解。

此外，我们应该问自己：

- 我们的游戏有多少突出的游戏设计问题？

- 我们的游戏有多少缺陷？

- 我们的游戏性能如何？

如果我们能够做到这一点，便能高效地创作游戏。在流程的下一个阶段将看到自己完成所有之前留下的、粗糙的工作，该阶段也就是从 beta 阶段过渡到 beta 里程碑期间。

对于某些类型的游戏开发者来说，alpha 里程碑也是展望未来的好时机，下次展望就要等到当前项目彻底结束。如果你打算在这个项目之后转入另一个项目，那么 alpha 里程碑也是开始谈论你接下来要做什么的好时机。

在 alpha 阶段进行的里程碑评审

alpha 里程碑是与团队内外的人员进行里程碑评审的绝佳时机，可以使用我在第 20 章中描述的过程来获得有关项目状态的反馈。

在 alpha 阶段进行的里程碑评审，很像在预制作结束时进行的里程碑评审，只是现在有更多的游戏内容需要审阅。对于大型作品，你必须决定如何以有效的方式展示自己的游戏。也许里程碑评审会议会持续几天，需要留足时间来审视游戏并深入讨论。对于较小的作品，例如为单学期课程制作的短游戏，只需 20 分钟或 30 分钟的评审可能就可以了。在里程碑评审会议上的简短介绍性演示中，开发团队领导应该准备好陈述以下这些内容：

- 谁是游戏的受众。开发团队可能已经完善了受众定位的声明（参见第 7 章），因为对自己的游戏以及游戏测试者的反应已有了更多的了解。

- 项目处在 alpha 阶段的什么位置。例如：

  ○ 游戏在 alpha 阶段表现强劲，并且正在进入 beta 阶段，其基本版本中的内容完全代表了游戏的特性部分。

  ○ 游戏在 alpha 阶段已进行了测试，并且完全满足 alpha 阶段的要求，其基本版本中的内容代表了游戏的特性部分。

  ○ 游戏已进入 alpha 阶段，但基本版本中的很多内容不能完全代表游戏的特性部分。

  ○ 游戏还没有处于 alpha 阶段，要说明什么样的缺失使游戏无法处于 alpha 阶段。

- 项目是否存在任何已知问题。

- 从里程碑评审小组收到的哪些反馈是有用的。

在 alpha 里程碑时，我们应该注意及时提供点评。在大多数情况下，评审小组应该避免给出建议添加新特性的点评，因为游戏现在的特性已完备。

除了与团队外部人员召开里程碑评审会议，团队还应该在 alpha 阶段进行内部评审。内部评审应该覆盖各专业职能组，如美术设计师关注美术，工程师考虑工程问题，等等。它还应该包括一些跨专业职能的群体。在一个大团队中，各专业职能的负责人会聚在一起讨论 alpha 版本。

有时，在 alpha 阶段中添加或更改一个简单的特性，将明显对游戏产生革命性和积极的影响。你必须决定，在 alpha 阶段之后添加单个特性是否意味着：(a) 对你的游戏来说这是一个安全、理智、积极的变化，或者 (b) 你是否会沦为特性蔓延的牺牲品，并对游戏的完整性和质量，以及团队的健康和生产力造成损害。

要充分利用 alpha 里程碑评审会议，这可能是项目整个生命周期中，可以获得及时且可操作的点评的最好来源。游戏的内容还没有完成，我们仍然有很好的机会，通过从游戏测试者、同行和导师那里得到设计建议来将它塑造成卓越的游戏。

当你可以判断一款游戏是否已经完成时，有些人将 beta 版视为里程碑，但我认为 alpha 版为我们提供了一个非常明确的信号，表明我们的游戏将如何发展。致力于实现 alpha 里程碑有助于我们在项目的中间投入精力，而不是将更艰巨的工作堆积到最后。

因此，敏锐而热切地飞向 alpha 里程碑，你会发现它是一个让游戏制作保持在自己控制之下的最佳工具，同时它还能让自己保持有趣的工作方式。还记得我在第 22 章中将 alpha 阶段类比为"技术排练"吗？剧院的技术排练可以很有趣——无论演员是否错过了他们的提词器，音响是否太大声，或者喷雾剂是否让整个礼堂充满雾气。在技术排练中，你可以感受到将在开幕之夜呈现的艺术品的潜力和给人带来的兴奋感。享受你的 alpha 里程碑，让它成为你的朋友，并为它庆祝。享受这个看似粗糙实则可玩的游戏，并寻找其中所包蕴的卓越。

29. 把内容以存根形式放入游戏

应用存根（stub）这一概念，可以帮助我们以最佳的姿态达到 alpha 里程碑，并且可以在游戏开发的整个过程中发挥作用。当我们将一些内容以存根形式放入游戏时，可能会偏离本书通篇使用的同心开发原则，但我们会坚持健康游戏设计实践所特有的功能性和模块化。

什么是存根

存根是指一小段内容或代码，代表稍后将完成的内容。对于我们中的许多人来说，第一次遇到存根是在维基百科上，我们可能会在其中看到这样的标签："这篇文章是存根，你可以通过扩展其内容来帮助维基百科。"这里只是放置了很少的信息，"太短而无法全面覆盖一个主题的内容"，但现在可以通过它建立延伸出去的链接。

程序员在编写函数和方法时，通常会先创建存根，如图 29.1 所示。存根函数的名称就是最终完成时的正确名称，并且可以被代码的其他部分调用，但它只包含一个简单的占位符：也许只是在"伪代码"中描述函数最终会做什么的注释，或者是在调试控制台中确认存根函数已成功调用的输出语句。

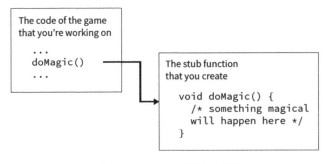

图 29.1　一个存根函数示例。

电子游戏中的存根

当我们制作游戏时，可以使用存根的概念来使工作更轻松、更高效。本书第 10 章讨论阻挡墙时已经提及某种类型的存根，也被称为白盒、灰盒或阻挡墙设计。阻挡墙是一种存根：它是一个临时资源，让我们在处理复杂工作的道路上迈出了简单的第一步——在这种情况下，复杂工作是指最终完成的关卡设计和关卡美工。阻挡墙提供了我们可以看到的低多边形几何体（low-polygon geometry），并且可以与游戏中的实体发生碰撞，我们以后将在功能和美学上将其细化为更具体的对象。

正如阻挡墙是我们在游戏中制作新关卡的开始一样，我们可以从存根开始制作任何新对象或角色，并为其建立与其他对象之间应有的联系。对于一扇钢门，一开始可能是一个灰箱；对于一棵树，开始的样子可以是一个巨大的绿色球体插在一个细的棕色圆柱体上面。游戏中的角色可能一开始是以胶囊状物体的形式出现，尽管它们最终可能看起来像獾或蛇怪。

电子游戏中的其他类型实体也可以以存根形式放入游戏。某对象的文本描述可以先用"lorem ipsum"等临时文字代替。在顽皮狗工作室，有一个短视频，我们将其用作预渲染过场动画的临时替代品，它被作为游戏流程中的临时资源连接到尚未制作完成的过场动画中。这让我们能够更早地了解加载时间，从而在以后能方便地放入完成的过场动画。对于游戏界面，可以使用临时美术资源和简化的交互进行存根的制作，这样就可以访问菜单并选择选项了，但界面尚未进行任何美化。

当游戏接近其 alpha 里程碑时，玩家角色、游戏中的关键角色、对象和关卡等重要实体可能已经完成了良好的润色。但随着 alpha 里程碑的临近，我们必须考虑将被放入游戏的所有其他实体：开关和门、桌椅、金币和密信等。我们不必在达到 alpha 里程碑时让所有这些不同的实体都处于完成状态——这些可以在稍后完成，等达到 beta 里程碑的时候，即游戏内容完成时。对于 alpha 里程碑，我们必须让游戏拥有该有的所有特性——必须具备完整的特性，而存根可以帮助我们实现这一点。

存根对象制作过程示例

让我们以门为例进行学习。门为我们提供了一个很好的视角来观察游戏开发的许多方面。此对象看起来很简单，但实际上在游戏中，门的设计非常复杂。Liz England 是一位游戏设计师，以在《日落过载》（Sunset Overdrive）和 *Scribblenauts* 等游戏中从事的工作而闻名。在她富有洞察力和搞笑的文章 *The Door Problem* 中，Liz 使用门的游戏设计复杂性来说明游戏设计师必须处理的各种问题。她提出了以下问题：

- 门可以上锁和解锁吗？

- 是什么告诉玩家一扇门是锁着的并且能够打开，而不是一扇永远打不开的门？

- 玩家是否知道如何打开门？需要找到钥匙？破解控制系统？解决一个谜题？等到情节发展到某一特定时点？

- 是否有可以打开但玩家永远无法进入的门？

- 敌人从何而来？他们是从门跑进来的吗？这些门之后会被锁上吗？

强烈建议你阅读这篇文章。对于开发团队的每个成员来说，有很多关于门的问题需要回答。我们可以通过为门建立一个存根来回答这些问题。

但愿我们至少能在 alpha 阶段制作完成一扇看起来完整的门，它具有完善的美术、动画、音频和触觉（通过手柄的振动实现）效果。假设我们需要一种特殊类型的门来作为游戏中的特殊入口——可能是城堡中的闸门或一种用很酷、很复杂的方式打开的宇宙飞船门。如果这扇门足够复杂以至于值得被视为一个独特的功能，我们应该在 alpha 里程碑之前做好它。但是，如果美术设计师忙于为 alpha 里程碑制作其他重要美术资源怎么办？这是制作存根的好时机。

制作存根时首先要考虑的是：这个对象占用多大空间？存根对对象的大小和形状的定义越多越好。如果我们要制作一扇门来填充一定尺寸和形状的门口，并且门口的尺寸和形状是已知的，那么让门与门口完全吻合，高度和宽度正好合适。还要仔细考虑门的厚度——它是薄而脆弱的，还是厚而坚固的？

对于存根门的下一个考虑因素是它的动画效果（见图 29.2）。它是向内打开还是向外打开？它是向上滑入天花板还是向两侧滑入墙壁？它是单门还是双门？它是机械虹膜门吗？

图 29.2　电子游戏中的门有许多不同的形状、大小和行为。

当你考虑门的动画时，应该避免让门撞到它周围的可见几何图形。这个术语——崩溃，来自计算机图形（CG）动画领域。据说 CG 对象在明显相互渗透时会崩溃，以在现实的物理世界中不可能的方式相互堆叠（见图 29.3）。破坏人们从 CG 中获得真实感的最快方法之一，就是"穿模"（即物体间因为碰撞体积设定失误等原因导致相互穿透、叠加）。人们对此非常敏感，如果 CG 角色的手部稍微位于它正在拾取的 CG 对象的内部，即使只是进入一点点，观众往往会马上看出来。

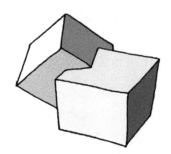

图 29.3　看起来坚固的物体"碰撞"（相互"渗透"）并迅速打破物体坚固和真实的感觉。

图片来源：Mattie Rosen 和 Richard Lemarchand。

为了防止制作的存根门（以及它将变成的成品门）撞到周围的物体上，请仔细考虑它的动画效果。如果你具备一定 3D 建模能力，可以学习制作一个简单的动画。通过思考铰链在现实生活中的门上的位置来选择门的旋转点，并使门围绕不会让其侵入周围几何图形内的点旋转。在图 29.4 中可以看到一个示例。如果在一开始设计游戏中的门时就做出这个设计决定，那么所有制作美术和动画效果的人都会受益。

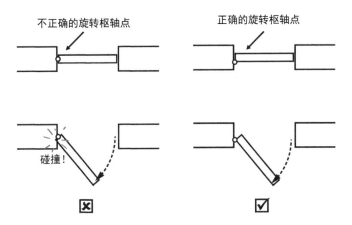

图 29.4　仔细考虑存根门的旋转枢轴点，以避免出现碰撞问题。

　　深思熟虑的存根创作可以算是一种艺术形式。每个存根就像游戏中一个最终对象的幼苗，并且包含着交流重要设计决策的机会。在工作时，建议在对象中添加一个简短的"自述文件"，说明一下哪些设计决策很重要，应该保留在完成的对象中。我们越早做出各个关键的设计决策，游戏制作过程就会进行得越顺利和高效。而且，让你的同事知道何时可以发挥创造性、灵活性和自由度也很有好处。

　　当你为存根对象命名时，请记住，就像维基百科存根或存根函数一样，每个存根都不是替身，它们就是对象本身。对对象的引用将保留到完成的游戏中，以后你不会替换整个对象，只会替换对象的内容。永远不要将存入游戏的对象命名为"tempBigDoor"，这还不如将其命名为"bigDoor"。

存根的特性

　　一个存根应该具有多少特性，这里总是存在问题。对于这个问题，一个合适的答案是：尽可能多，只要你能够管理，但不能超出你可以快速创建的东西这一范围。如果存根就像对象的草图，那么它们也可以具有一些草图功能。

　　关卡设计师在制作阻挡墙时经常采用颜色约定。为存根对象采用颜色约定有助于传达它们的形式和功能，即使存根对象还没有完成什么工作。一扇牢不可破的钢门可能是浅灰色的，而一扇可以被砸碎的石门可能是深灰色的，当玩家角色穿过时会沙沙作响的低矮灌木丛可能用绿色球体簇表示，并且暂时没有出现碰撞现象。最终具有精细造型和闪烁灯光的控制面板，在存根中可能只是一个红色的方框。

　　简单的编码可以让你获得近似的交互。一扇可砸碎的石门最终会分解成精细的物理模拟碎石块，但现在可以通过编码使其在受到攻击时消失。

　　如果你可以制作一些简单的动画，甚至两帧动画，用于对象的打开/关闭或开/关状态，这样可以为代码提供一些能够连接的内容。存根有助于及早建立游戏中的开关、门与其他对象之间的逻辑关系。尝试以模块化方式设计你的内容和代码，以便在继续处理对象及其功能时可以轻松地进行添加和更改。

放入存根 vs 同心开发

　　正如之前提到的，使用实体资源的存根能够使游戏的功能在 alpha 阶段开发完成，这意味着远离同心开发。打磨游戏的每个部分使之完善，然后进行下一步骤，这种方法已不再使用。我们现在会使用临时资源快速将对象放入游戏中。这会带来什么样的风险和好处呢？

　　同心开发在项目的早期阶段很有帮助。请记住，同心开发主要用于奠定游戏的基础。同心开发使我们能够清楚地了解游戏中最基本、最重要和独特的部分。现在，在制作游戏的过程中，我们知道了完成其余部分所需的大部分事情，并且对后续工作更有信心了。

　　随着游戏制作进程的推进，随着项目中的未知因素的减少，以及通过努力达到了 alpha 里程碑，我们在一段时间内逐渐远离同心开发是很自然的。当游戏制作完成时，我们将朝着 beta 里程碑努力，回到同心开发。当你尝试在游戏中添加需要的存根对象，并更多地了解什么是优秀的存根时，你将在应用技巧方面积累更多经验并获得信心。

30. 让游戏吸引受众

alpha 里程碑是我们对一直在做的工作进行检查的好时机,我们也由此可以让游戏与受众建立联系。当我们考虑游戏的潜在受众时,我们从想法入手。建议对游戏名称、关键艺术效果和标志设计进行焦点测试(本书的第 14 章和第 24 章提及了相关内容),以此来继续考虑你的受众。在第 28 章中,我们谈到了最终确定游戏的名称,以及建立与游戏相关的社交媒体账户的内容。

围绕 alpha 里程碑,我们应该采取更多措施,看看是否真的能找到受众并与他们交谈,希望他们愿意玩我们的游戏。从历史上看,游戏行业通过营销工作来做到这一点,在杂志、电视和互联网上为游戏发布广告。现在,社交媒体为我们提供了接触受众的新机会。

我们需要制订一个具体的计划来为游戏受众创建和培育一个社区,然后将该计划付诸行动。在制订计划的早期,我们将考虑如何发布游戏。通常,我们在 alpha 和 beta 里程碑之间的某个时间发布游戏,在发布游戏视频预告片的同时发布公告,但实际上对此没有硬性规定。到完成 beta 版时,我们将展示大量原创的与游戏玩法和游戏内容相关的信息、确定要使用的游戏名称、游戏的标志,以及展现游戏关键艺术效果的海报。

关于从发布游戏到玩家可以正式开始玩(无论是演示版还是最终版)之间的时间应该多长,存在很多争论。从历史上看,有的游戏开展了长达一年甚至更长时间的营销活动。如今,人们常常迫不及待地想在听说游戏后尽快上手。正如营销顾问和南加州大学游戏教授 Jim Huntley 所建议的那样:"你只能维持消费者的兴趣这么久。"

因此,如果还没有准备好在完成 beta 版时发布游戏,可以推迟到准备好为止。游戏的营销活动可以很快展开:Respawn Entertainment 的《Apex 英雄》(Apex Legends)是秘密开发的,仅在游戏发布当天公开相关消息。它后来取得了巨人成功,并饱受好评。

你必须考虑清楚游戏的营销活动进行多久合适:何时发布,以及如何在发布过程中与受众互动。正确的答案取决于游戏的具体情况和你所设想的受众。这里有一些建议,可以帮助你与那些喜欢你的游戏的人建立联系。

制订营销计划

要进行有效的营销活动，你需要一个营销计划。在 *Video Game Marketing: A Student Textbook* 一书中，作者 Peter Zackariasson 和 Mikolaj Dymek 建议从考虑游戏的"营销组合"开始：将游戏视为产品，计划以什么价格销售？计划在什么平台销售？开展什么样的促销活动？针对营销组合中的每个元素考虑"是什么""为什么""何时""如何""多少""和谁"等问题，这样你就可以为 Peter 和 Mikolaj 所说的"世界上最短的营销计划"奠定基础。

想想游戏的个性和基调，这可能会影响你的游戏对谁有吸引力，并会告知你如何开展营销工作。你的游戏是严肃的还是搞笑的？是有趣的还是激烈的？请再次参考在第 7 章中设定的体验目标，随着时间的推移你可能已经完善了它。在 *A Practical Guide to Indie Game Marketing* 一书中，Joel Dreskin 建议你问自己："我的游戏如何脱颖而出？"他在书中说道："通过从一开始就找出你的游戏的独特之处及引人注目的特征，可以使游戏的营销过程变得相当容易。找出可能的吸引人的地方，例如以前从未出现过的有趣的新玩法，能够展示新硬件性能或功能的突破性机制，吸引玩家的高度风格化的视觉效果，有趣的中心人物、故事情节和设置。"

制订一个好的营销计划还有很多事情要做。参考上面提到的书籍、上网搜索更详细的相关建议，有助于制订适合你游戏的营销计划。

为游戏制作网站和新闻工具包，并联系媒体

你的游戏将受益于在网络上拥有一个永久的网站，人们可以去那里了解更多关于游戏的信息。网站主页应突出显示游戏的宣传片，以便访问者可以立即看到游戏的情况。主页应该突出显示游戏名称、开发团队、适用平台，以及可以在哪里购买或下载。你辛苦制作的关键艺术效果和标志设计将在你制作网站时派上用场。在网页上添加有关游戏的其他重要信息，例如发布日期和指向有关社交媒体的链接，但不要用太多信息压倒你的访问者，酌情将内容分解到网站的不同子部分。

专业团队还应该为游戏制作一个新闻工具包，这是一个便于记者创作关于你和你的游戏的引人入胜的故事的材料展示网站，其中包括你的游戏和团队的相关信息，你的地址、发展历史

和业务联系方式，以及游戏的宣传图片和视频、关键艺术效果、标志设计和开发团队的新闻级照片。presskit()是一款免费工具，由游戏开发者 Rami Ismail 和一群合作者创建，旨在帮助游戏团队创建新闻工具包网站。

当你制作了网站和新闻工具包后，就可以开始接触媒体来宣传你的游戏了。与媒体合作属于公关（公共关系）的范畴。你可以在电子表格中建立和扩展联系人列表，并在其中记录你联系过的人和回信给你的人。制作简明、友好的信息，你的联系人会很好地接受。在 Joel Dreskin 编写的图书 A Practical Guide to Indie Game Marketing 中，有关公关的章节中，Emily Morganti 提到，"与人沟通要保持专注和重点突出，但也要像在和其他人交谈一样说话。尝试用你的正式语言，使用大量流行语或表现得太可爱以试图吸引某人的注意力是很容易被人忽略的方法。"（Emily 分享的内容中包含有关与媒体合作以获得游戏报道的极好建议。）

通过宣传材料、重大公告或预览副本等，与你的联系人联系并跟进。开展公关工作需要坚持，与媒体的关系会随着时间的推移而不断发展。努力表达对你的媒体联系人的尊重并赢得他们的信任，关于你的游戏的好消息就会传播开来。

为游戏开展社交媒体活动

仅仅在社交媒体上为你的游戏大喊大叫是不够的：你必须有话要说。你可以通过社交媒体来讲述故事，这些故事会吸引那些会成为游戏玩家（也可能是付费玩家）的人的兴趣。

当我向 Jim Huntley 询问有关开展社交媒体活动以及更广泛的营销活动的建议时，他告诉我："内容为王——与你的产品或品牌相关的内容越多越好。有内容，营销很容易，没有内容就很难，所以要保存好你的设计材料。" 特别是图像、视频、文档、音乐和音频，这些将成为你的社交媒体活动资产。

讲故事需要主人公。对于游戏情节中的故事，主人公是游戏中的虚构人物。对于游戏制作过程中的故事，我们有一个选择：主人公可以是开发人员、社区经理、在游戏中扮演角色的演员，或者任何对游戏有兴趣的人，让他们讲述游戏的玩法，或者制作游戏需要什么。

Jim Huntley 告诉我，对孩子讲述有关游戏的故事会有很好的效果。他说，年长的人也会对故事感兴趣，特别是对引人入胜的游戏玩法描述和游戏制作故事感兴趣。他提到，将有关游戏本身的内容放在有关游戏制作等内容之前很重要。Jim 认为漫威电影宇宙（marvel cinematic universe）在营销方面做得很好——先向你展示一些新内容，紧接着让你了解创作者的思维过程。

正如 Jim Huntley 告诉我的，"不要开始得太早，除非你确定自己能够维持对话。我见过有人起步晚，但这是可以拯救的行为。与你的受众互动——尤其是那些早期参与的受众。给他们分享的内容，或独家的信息。像朋友一样与你的粉丝互动。只要你对他们诚实，并向他们展示让他们兴奋的内容，就会有好结果。永远，永远不要把受众对你的关注视为理所当然。"

与社交媒体达人合作

社交媒体达人（也称内容创作者、主播）可以在你为游戏寻找受众时发挥重要作用。社交媒体达人如果直播自己玩游戏，可以帮助游戏以一种可能比当今世界上任何其他方式更有效的方式找到它的受众。

如果你能联系到社交媒体达人或相关机构，看看他们是否对你的游戏感兴趣，他们最终可能会向观众展示游戏，并可能会说好话。因为他们通常拥有庞大的受众群体——规模从数千人到数百万人不等——接触他们可能事关重要。也许你的电子邮件或私信会引起他们的注意，或者你的消息会被淹没在他们收到的大量信息中。使用你的公关技巧来提高收到反馈信息的机会。

保持你的社交媒体充满娱乐性内容和丰富的信息，在你的沟通中保持尊重、专业和友好，你将为社交媒体达人创造一个好的初始环境，以便他们能关注你的游戏。

游戏开发与专业营销相结合

如果你有机会与专业营销人员合作，无论他们是你的发行商营销团队还是你聘请来帮助你的创意营销公司，请尽早并经常交流。如果可以，请在确定项目目标后立即开始讨论，然后在整个开发过程中保持联系。向他们展示游戏并告诉他们你认为的游戏的发展方向，征求他们的意见，邀请他们参与你的创作过程。他们会有很棒的想法，而一个小想法可能会彻底改变你的游戏所拥有的成功机会。

正如 Jim Huntley 告诉我的那样，"我喜欢开发人员在木已成舟之前询问我的意见，他们将我带入制作过程以获得我的意见并考虑我的想法。作为营销人员，我喜欢成为创意过程的一部分，希望我的意见受到重视。"请记住，在你所做的每一件事中，如果你尊重你的合作者并与他们建立信任关系，好事就会随之而来。

本章只是对一个庞大而重要的主题进行了非常简短的概述。你可以在 Peter Zackariasson 和 Mikolaj Dymek 的 *Video Game Marketing: A Student Textbook* 以及 Joel Dreskin 的 *A Practical Guide to Indie Game Marketing* 中了解更多信息。根据你拥有的资源的丰富程度，尽可能地寻求营销和公关专业人士的帮助。本书的第 35 章将再次讨论相关主题。

我很早就意识到，游戏开发者和游戏营销专业人士必须找到良好合作的方法。双方都是同一个创意产业的一部分，都在致力于制作出色的游戏并将它们交到喜欢它们的玩家手中。Amy Hennig 曾经向我指出，游戏总监对打造玩家游戏体验的责任应该从玩家第一次注意到游戏的那一刻开始，这通常是在玩家看到宣传海报、读到有关游戏促销活动的报道，或看到相关宣传视频时。这使得游戏团队及其营销和销售方面的合作伙伴密切有效地合作变得更加重要。

无论你如何努力推广游戏，请始终专注于你有机会为人们的生活带来真正的价值和真正的联系这一想法，确保你发送的信息表达清晰而且引人入胜，在与人沟通时表现出尊重，并努力赢得人们的信任。无论你制作的是什么类型的游戏，商业游戏、艺术游戏、严肃游戏还是学术项目，世界上可能都有数以百万计的人会喜欢并欣赏它。创造性地思考如何联系他们，然后做进一步的工作。

31. beta 里程碑

在我们的制作流程中，beta 里程碑标志着游戏项目的 beta 阶段和全面制作阶段的结束（见图 31.1）。

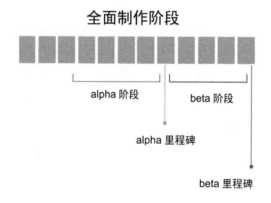

图 31.1　beta 里程碑标志着 beta 阶段和全面制作阶段的结束。

图片来源：Gabriela Purri R. Gomes、Mattie Rosen 和 Richard Lemarchand。

beta 通常是一个具有挑战性的里程碑。在 beta 的准备阶段，我们必须就游戏包含的内容做出最后一轮潜在的艰难决定：保留哪些内容、删减哪些内容。不过，达到 beta 里程碑是一项非常令人满意的成就，因为我们终于可以看到游戏处于完成状态，尽管还有一些不足之处。

达到 beta 里程碑需要什么条件

在 alpha 阶段，我们已经让游戏"功能完整"和"游戏序列完整"。为了达到 beta 里程碑，还必须让游戏"内容完整"。这使得 beta 成为比 alpha 更容易描述的里程碑，因为对于 beta 里程碑，游戏基本上已经完成，特性和内容都很完整。我们有机会在达到最终的发布候选里程碑之前，对游戏进行打磨，调整其平衡性，并修复其缺陷。游戏中该有什么内容，都应该在 beta 版本中出现。

因此，在 beta 里程碑时，游戏中的所有特性和内容，包括所有美工、动画、音频效果、音乐、视觉效果和触觉效果（例如手柄的振动），全部应该到位，并至少达到第一次质检合格的完善水准。虽然你希望能够再花一些时间让它们变得更好，但是，一切都应该是完成的，只要有必要，就可以马上发布。这个概念很重要，因为在 beta 里程碑阶段，我们往往会以最快的速度和最高的效率将内容放入游戏中，以达到里程碑。请记住，除非有很长的后制作时间，否则，通常情况下，beta 版中的内容越粗糙，最终的游戏就会越粗糙。一般来说，最好在 beta 版之前精简所要做的，并让自己有更多的时间来打磨放入游戏的所有内容。

在 beta 阶段，关卡布局、关卡和交互界面的最终美工应该都已经完成，我们应该可以毫无问题地通关游戏。游戏的新手引导设计应该是完整的，能够有效教会新玩家如何玩游戏。游戏的结局（如果游戏有结局）应该能够正常出现，而且与预想的效果一致。如果游戏是开放式的，比如模拟游戏或沙盒游戏，玩家应该可以无限期地玩下去，而不会出现任何重大问题。

在 beta 阶段，应该创建完成游戏的可执行文件或 App 的图标，按需要制作成不同的尺寸，并且与图标配套的文本应该是最终确定的。如果游戏在运行时需要使用游戏启动器，则启动器的相关文本和设置应在 beta 里程碑时最终确定，并且启动器所需的任何启动画面图像也应制作完成。如果游戏将通过在线商店分发，则在线商店所需的游戏图片和介绍资料也应在 beta 阶段创建。如果游戏要使用成就系统，无论是游戏内的成就系统，还是连接到游戏发行商或平台持有者提供的成就系统，相关系统和内容必须在 beta 阶段完成。

如果要在游戏中放置彩蛋（对玩家来说是隐藏的惊喜），那么，它们必须在 beta 版中出现，并且应该将彩蛋的存在通知团队的领导和 QA（quality assurance，质量保证）部门。惊喜和秘密对玩家来说是件好事，但不要在没有让每个负责人都同意的情况下在游戏中暗藏东西，以避免出现版权、内容导向问题或其他麻烦。

如果游戏需要完成认证流程以便在索尼、微软或任天堂等公司生产的游戏机上发布，或者在苹果生态系统的移动平台上发布，那么，开发人员应该在 beta 里程碑之前满足尽可能多的认证要求。你可以在第 34 章中了解更多相关信息。

要完成的工作量很大，对吧？你可能会惊讶于其中一些事情必须这么早完成。现在你可以看到，为什么达到 beta 里程碑会是一个艰巨的挑战。本章的其余部分将提供一些关于实现这一重要里程碑的建议。

完整性和 beta 里程碑

在《游戏设计梦工厂》中，Tracy Fullerton 谈到了通过试玩测试来确保游戏的功能性、完整性和平衡性。Tracy 讨论了需要检查游戏在玩法和行动空间方面是否"内部完整"，还谈到了如何寻找并修复漏洞，以及有关"死胡同"的话题。当然，这是我们在整个开发过程中应该做的事情，但是，当 beta 里程碑临近时，我们更应该用好"内部完整性检查"这个好用的"透镜"。

利用游戏漏洞（loophole）有时也被称为"作弊"（exploit），指玩家可以通过更容易的方式获取某些利益。例如，在与关卡 boss 战斗时有一个随机位置可以站立，并且由于布局或机制的某些漏洞，导致 boss 无法对你造成任何伤害，但你可以对其造成伤害，从而毫不费力或没有任何风险地击败它，这就是一种作弊行为。

有时，漏洞可以为游戏增添一些好处，而且，当漏洞需要一定技能才能利用时，它对游戏设计的危害较小。利用碰撞故障来走捷径通关，受到很多速跑类电子游戏玩家的喜爱。电子竞技游戏中的意外可能性，乍一看似乎是一种漏洞利用，但是，它可能会被玩家社区作为游戏的合法特性而接受。也许你在做一个实验性的艺术游戏，或者一个让玩家寻找漏洞的游戏，这时候，游戏中的漏洞是故意设置的。然而，对于大多数类型的游戏，尤其是那些 PVP、PVE 游戏，漏洞是游戏设计中需要查找并消除的东西。围绕此类问题做出判断，是游戏设计师担负的职责之一。

"死胡同"是游戏中出现的一种情况，指玩家无法继续玩下去，可能是因为他们做了什么游戏设计师没有考虑到的事。假设一个游戏中有一把钥匙，玩家可以在任何地方拿起和放下这把钥匙；游戏中有一扇锁着的门，这扇门可以用那把钥匙解锁；游戏中还有一口因为太深或太窄导致玩家无法爬入的井。玩家可以在附近的某个地方找到钥匙，并且需要用钥匙解锁那扇门才能进行到游戏的下一个部分。这时候，如果玩家捡起钥匙并把它扔进井里怎么办？然后玩家被卡住了，他无法开门，无法拿到钥匙，也无法继续玩下去。这时，需要以某种方式重置游戏，以便钥匙回到初始位置。

也许角色死亡和重新启动游戏能实现这一目的，但是，如果类似钥匙这样的游戏对象在每个存档点都保存了位置呢？也许用以前的存档加载游戏会使钥匙回到原来的位置，但如果游戏只保留一个存档，并且游戏在钥匙落入井后立即自动保存了，该怎么办呢？玩家真的被卡住了，尽管他们甚至可能没有意识到这一点。玩家可能会继续寻找另一把钥匙，变得越来越无聊和沮丧。如果玩家意识到发生了什么并且想继续玩游戏，那么将不得不重新开始整个游戏。更有可能的是，玩家会退出，然后去玩别的游戏了。

这种情况可能听起来很古怪，但许多游戏在发行时都埋藏着这种问题，等待着不幸的玩家。对于具有大量系统驱动型玩法（systemic gameplay）、涌现式玩法（emergent gameplay）和程序化生成玩法（procedurally generated gameplay）的游戏来说，"死胡同"对设计者提出了一个特殊的问题，尽管可以通过一些方法将它们设计为一种不存在的现象。

"死胡同"也可以作为游戏玩法的有效组成部分，尤其是当玩家清楚他们已经陷入"死胡同"时。随着《洞穴冒险》（Spelunky）、《以撒的结合》（The Binding of Isaac）和《FTL：超越光速》（FTL: Faster Than Light）等将 Roguelike 类型与其他风格混合在一起的游戏的到来，这一领域的创造前景变得更加广阔。[①]

如果你无法在 beta 版中捕获到所有的缺陷和"死胡同"，请不要担心：这些问题通常就隐藏在显而易见的地方，有时它们真的很擅长隐藏。事实上，我们必须找出一些棘手的、隐藏的问题，这也是游戏需要有一个后制作阶段的原因。

beta 阶段、同心开发和游戏健康

在 alpha 阶段，我们已经花时间在游戏中放入了很多东西的存根。在 beta 阶段，是我们将注意力重新回到本书第 13 章中描述的同心开发的好时机，但这个阶段也可能是实践同心开发的一个困难时期。我们经常在接近 beta 里程碑时，以最快速度将内容放入游戏中，而不一定按照同心开发建议的方式关注细节，这是一个不幸的游戏开发传统。同心开发的体系及准则能够在重要时刻为创造力的发挥提供自由空间。我们不必在最后为四处救火而苦苦挣扎，将有更多的时间和心智带宽（mental bandwidth）来打磨品质。如果过快地添加内容，我们最终可能会得到一个游戏感觉很差的 beta 版本，这个版本要么太难，要么太容易，或者有一堆缺陷。我努力遵循古老的谚语，"忙而不乱"（festina lente）。

在 beta 里程碑，我们必须再次检查游戏的健康状况，就像我们在 alpha 里程碑所做的那样。

---

① Roguelike（或 Rogue-like）是角色扮演游戏的一个子类型，其主要特点是：玩家在随机生成的关卡地图中探索，游戏人物一旦死亡就无法复活，通常为回合制玩法。

现在至关重要的是，我们要密切关注游戏的技术性能。如果游戏的帧速率很差，如果游戏的加载时间很长，如果画面的渲染出现故障……那么，这时候就必须开始采取行动解决问题。同样，如果游戏有任何严重的设计问题或特别讨厌的错误，那么我们必须立即开始修复它们。你不必在 beta 里程碑到来时处理所有的游戏健康问题，但至少应该有一个妥善的计划来解决这些问题，并且必须在达到 beta 里程碑后立即开始。存在缺陷或低帧速率问题的游戏是不可能获得成功的。

制作人员名单和所有权

如果你听从了我在第 5 章中给出的建议，那么你应该一直在记录在游戏中使用的第三方资产的所有权情况，以及参与游戏制作的人员名单与承担的工作。当需要制作游戏制作人员名单和游戏资源所有权说明时，你应该能够快速且轻松地完成任务。如果你没有一直记录这些内容，那么随着 beta 版的临近，你可能需要做一些痛苦的工作，因为你需要重新过一遍游戏里的内容，建立一个制作人员名单。有些购买的资源包不需要被记入列表，因此请仔细检查取得授权时附带的许可信息。

记录第三方资产的所有权需要多详细，是否应该列出使用的每一个单独的资产，还是只列出使用其作品的各个创作者的姓名，这是一个悬而未决的问题。如果某项资产的授权声明规定了需要在某处列出所有人的相关信息，那么你必须严格遵守这些规定。

你应该在制作人员名单中记录所有为游戏制作做出贡献的人，因此，请仔细考虑谁参与了游戏制作，尤其是在开发的早期阶段。游戏开发者的简历和作品集对他们的职业生涯非常重要，因此，被游戏制作人员名单遗漏可能会给他们带来麻烦。

达到 beta 里程碑的挑战

要达到 beta 里程碑，游戏设计师通常需要做出一些艰难的决定。当我们对游戏的规模及其内容做最终决定时，可能会变得特别困难，因为我们"只见树木，不见森林"。接受一些外部指导来帮助我们确定优先级通常非常有价值，稍后将讨论在 beta 阶段进行的里程碑评审。

我必须对你说实话：尽管 beta 里程碑很容易定义——游戏已经完成了！但是，beta 和 alpha 一样，有时是一个模糊的里程碑。就像游戏开发者在 alpha 阶段可能会采取的回避伎俩（利用在第 28 章中讨论的特性和内容之间的模糊界限），我们可能会在 beta 阶段尝试通过一些回避伎俩以赶紧达到里程碑，因为我们试图以某种方式让游戏内容完整，以满足团队领导的要求。常用的回避伎俩是将缺失的内容写入缺陷数据库中，并记录为 A 类缺陷。

如果我说我没有使用过这个小伎俩，那我就是个骗子——我使用过，尽管是在团队领导层明确许可的情况下，而且在那时，缺失的内容已被记录在缺陷数据库中，在我们的观测范围内，并被后续处理了。有时，并非所有在 beta 阶段之后的添加的内容都是平等的，我们需要按照优先级对内容进行"分诊"，以便达到必须达到的 beta 里程碑。这时，适当回避是有必要的。大多数回避都是有风险的，但有些情况比其他的更安全。如果你最终遇到多个实际上缺少内容的 A 类缺陷，那么项目可能会在后制作阶段遇到麻烦。在达到 beta 里程碑之后，必须立即添加内容，以修复这些缺陷。

在达到 beta 里程碑之后，游戏开发者有时会对内容进行重大更改，可能会添加新内容。这是有风险的，风险来自于在游戏后期添加一些东西，新产生的问题可能会比这个操作要解决的问题还多。每次添加新内容时，都会有产生引入缺陷、内容问题和游戏设计问题的风险。后制作阶段越长，主要内容被更改导致的风险就越小，特别是如果更改操作是在后制作的早期进行的话。

添加或更改与游戏的系统或交互部分相关的内容，比添加或更改静态资产（如标题屏幕背景）或线性资产（如预渲染的过场动画视频文件）风险更大。为最终的完成版本替换临时的过场视频并非没有风险——比如，新的视频文件可能更大，并且可能会出现与内存相关的错误。但是，用一个静态或线性内容替换另一个静态或线性内容，对比乱动游戏的系统和交互部分，前者的风险要小得多，因为后者更容易导致重大问题。

beta 里程碑小结

总之，在 beta 里程碑，下面描述的这些都应该实现：

- 游戏的所有特性和内容至少应以第一次质检合格的可发布形态呈现。

- 所有前端、菜单和界面元素都应至少以第一次质检合格的可发布形态呈现，可能包括但不限于以下内容。

  ○ 开发团队和/或游戏工作室的标志图片或标志视频。

○ 发行商或学校（学生团队出品）的标志图片或标志视频。

○ 标题屏幕（在核心游戏体验开始之前充当决策中心枢纽的界面元素）。

○ 游戏制作人员名单屏幕或序列。

○ 第三方资产的所有权信息。

○ "游戏结束"屏幕，宣布一轮游戏结束（如果适用）。

○ 一个或多个选项屏幕，允许玩家自定义游戏选项（如果适用）。

- App 或可执行文件的各种分辨率的图标图像以及配套标题文本。

- 对于使用游戏启动器的游戏，需要制作启动画面。

- 游戏在线商店展示所需的各种图片和文字。

- 成就系统和相关内容，无论是用于游戏中的成就系统还是其他平台的成就系统（如果适用）。

- 计划在游戏中放入的彩蛋（对玩家来说是隐藏的惊喜）。

- 如果游戏必须通过认证流程才能发布，开发者应尽可能满足认证要求（相关内容将在第 34 章中讨论）。

此外，在 beta 里程碑阶段，必须制订可行的计划来解决以下问题，并开始实施。

- 任何突出的设计问题。

- 任何性能问题。

- 突出的缺陷。

在 beta 阶段进行的里程碑评审

当一款游戏达到 beta 里程碑，并且已经实现了特性完备和内容完整时，便为我们提供了一个很好的机会——对于短期项目来说也许是最后的机会——召开里程碑评审会议，并从团队内外的人员那里获得一些反馈，指导我们完成后制作工作。

就像 alpha 阶段的评审一样，大型专业游戏的 beta 里程碑评审可能需要一些时间，而较小的游戏的 beta 里程碑评审则可以更快地进行。确保有效地利用团队的时间，但不要错过从值得信赖的同行和导师那里获得最后一轮坦诚的、高质量的反馈并真正深入了解你的游戏的机会。在 beta 阶段，通常有大量的小问题需要识别和讨论，游戏团队可能很难决定哪些问题是重要的。正如我之前提到的，当我们因为被细节淹没而无法看到大局时，外部输入是一种非常有效的补救措施。

在里程碑评审会议的简短介绍性演示中，开发团队应该准备好陈述：

- 谁是游戏的受众。团队的定位声明（参见第 7 章）现在应该非常完善。

- 项目在 beta 阶段处于什么位置。例如：

  ○ beta 里程碑版表现强劲，完全做到了内容完整，游戏没有缺陷且游戏玩法平衡。（第 32 章将讨论游戏平衡。）

  ○ 刚好达到了 beta 里程碑，正好符合 beta 里程碑的要求，内容完整。有一些内容需要打磨，有一些缺陷需要修复，游戏平衡需要调整。

  ○ 达到了 beta 里程碑，但很多内容需要打磨，有很多缺陷需要修复，游戏玩法需要进行大量平衡调整。

  ○ 还没有达到 beta 里程碑，此时应说明缺少什么而无法达到 beta 里程碑。

- 项目是否存在任何已知问题。

- 从里程碑评审小组收到什么样的反馈会有用。

在 beta 里程碑，评审组成员现在应该非常小心地给出合乎时宜的点评，正如我们在第 20 章的"建设性和合乎时宜的批评"节中讨论的那样。游戏现在已经完成，所以问题的解决方案必须基于（在大多数情况下）对游戏进行微小的改动。虽然有些人可能会认为解决问题而不进行重大更改是一项不可能完成的任务，但高效的设计师明白，即使在最严格的限制条件下，也总是有回旋的余地，他们会乐于接受挑战，为手头的问题寻找聪明、高效和低风险的解决方案。

团队还应该在 beta 阶段进行内部评审，让专业职能小组和跨专业职能小组聚在一起，讨论针对 beta 版本以及在后制作过程中需要做什么。（可以在第 20 章看到更多关于内部评审的内容。）这些内部评审小组还应注意保持他们的点评合乎时宜，并应就他们制订的行动计划会带来的风险进行讨论。

    beta 版本的质量和健康状况可以告诉我们很多关于成品游戏可能的结果，尤其是在后制作阶段很短的情况下。如果游戏在 beta 里程碑时没有很好地融合在一起，那么这对团队来说可能是一个艰难的时刻。他们可能需要来自社区、领导层和彼此的一些情感支持。

    但是，即使在 beta 里程碑时情况很糟糕，你仍然有很多机会在后制作中以良好的姿态达到最终的发布候选里程碑。在 beta 里程碑时锁定你的游戏内容并进入后制作，让你自己有时间微调游戏，直到它真正完美。

第 4 阶段
后制作——修补和打磨

32. 后制作阶段

对于一款现代电子游戏来说，在游戏达到 beta 里程碑、内容完整之后，并且被认为是成品——达到最终发布候选里程碑之前，依然还有很多工作要做。后制作阶段就是做所有这些需要做的工作的时候了。

这个阶段的名称，是对影视制作的后期制作过程的一种致敬。但要注意，游戏的后制作与影视的后期制作有很大的不同。在电影和电视中，后期制作是指在拍摄电影或视频素材后进行的工作。电影和电视是在后期制作中有效完成的，是通过后期的剪辑、声音处理、视觉效果制作和调色的过程，对拍摄的原始视频素材进行雕琢而成的。

与影视制作不同，一款游戏在项目的全面制作阶段已经制作并完成。游戏的后制作就相当于影视后期制作的最后阶段，"影片定剪"已经完成，所有的声音设计和视觉效果工作都已经完成。然后将进行最终的混音，并对任何其他需要调整的元素进行微调。游戏在后制作阶段需要进行混音和调色，以及其他特定于游戏的处理。

在制作《神秘海域 2：纵横四海》时，我们意识到需要正式的游戏项目后制作阶段。《神秘海域 2：纵横四海》这个项目，对顽皮狗来说是一个巨大的成功，但也带来了很多挑战。其中一个挑战是，我们没有在 beta 里程碑和发布候选里程碑之间留出足够的时间，来完成需要做的所有事情，包括调好交互式音乐和音效的音量，微调各关卡的场景亮度，精细调色，以及微调其他后处理图像的效果。所有这些工作，都堆积在我们在项目结束时必须要做的游戏平衡和缺陷修复工作之上。

我们刚刚完成了《神秘海域 2：纵横四海》的所有工作，但只是勉强满足我们自己设定的高标准，这意味着团队在最后时刻要做很多有压力的工作。因此，在《神秘海域 3：德雷克的诡计》中，我们确保在最后给自己一个真正的后制作阶段，即游戏的内容在前面的 beta 里程碑时被妥善锁定，让我们有更多的时间去打磨好它。

后制作需要多长时间

这个问题没有一个适合每个项目的答案，但我们可以借助同行的智慧寻求答案。Tale of Tales 是一家电子游戏开发工作室，由当代艺术家 Auriea Harvey 和 Michaël Samyn 于 2003 年创立。在他们于 2013 年发表的出色且鼓舞人心的文章 *The Beautiful Art Program* 中，Auriea 和 Michaël 建议："项目完成后，我们应该花费同样长的时间让它变得更好。"

我认为这个乍一看似乎自相矛盾的建议非常好。游戏制作完成后，我们花在改进它们上的时间会让游戏受益匪浅。我从来没有花费过与制作游戏同样长的时间来打磨游戏，但我认为可以投入后制作的时间越长越好。我建议至少将项目总时间的 20% 用于后制作。

业界和学术界的许多项目都有严格的时间限制，在很长一段时间之前就计划好了最终发布候选版本的确切日期。为了给自己足够的时间进行后制作，我们必须从这个完成日期开始反向推导，计划我们的 beta 里程碑日期。对于那些没有限制时间的项目，我们也许可以依据项目的需要或者按照我们的意愿，给自己尽可能多的后制作时间。这样做可能会有所帮助，但要小心。你必须在恰当地完成游戏和无限期地继续修改游戏之间找到自己的平衡点。

有些项目可能会将其最终发布候选版本的里程碑推到更远的以后，以便为在后制作中有很多工作要做的项目留出更多时间。对于许多项目，一旦开展了后制作，最终期限就无法调整，原因很简单，因为它离最后期限太近了，而且所有支持商业游戏发行的机制已经启动了。因此，我们必须弄清楚如何最好地利用可用的后制作时间。

让我们来看看在后制作期间对电子游戏所做的具体操作。大多数类型的项目都有三种后制作活动：缺陷修复、润色和平衡游戏。

缺陷修复

在第 23 章中，我们讨论了查找缺陷并跟踪它们被修复的过程。当游戏达到 beta 里程碑时，我们通常会列出一长串需要修复的缺陷，即使我们已经在重大缺陷出现时就对其进行了处理。每次在游戏中添加东西时都会出现新的缺陷，这是正常的。在伴随着 beta 里程碑的一系列活动中，我们的缺陷列表通常会快速增长。在 beta 里程碑之后，团队的大部分工作可能都集中在缺陷修复上。这个时期 QA 在开发过程中比以往任何时候都更加重要，因为缺陷数据库的内容基本代表了团队距离完成游戏制作还要进行哪些工作。

　　个别缺陷需要检查和讨论，这种讨论有时会强烈甚至激烈，但始终能在互相尊重和信任的气氛中进行。这是一个关键的时刻，每个团队成员都必须牢记，我们在共同努力，以实现伟大的游戏。我们可能会因为有着不同的专业职能或身处不同部门而重视不同的事物，从而陷入冲突。对某一个团队成员来说可能微不足道的缺陷，对其他人来说则可能是一件大事。我们应该超越短期目标，始终思考什么对游戏和我们的玩家受众最有利。通过合作，我们可以在剩下的时间内最合适地处理每个问题。

　　当我们致力于修复某个特定缺陷时，所做的工作很容易将其他问题引入游戏中。某些修复操作比其他操作风险更大：任何给游戏的运行方式带来全局改变的缺陷修复都具有更高的风险，而仅影响游戏一小部分的修复通常会更安全。当然，测试应该揭示任何引入的新问题，但我们越接近发布，新问题就越有可能不被发现。

　　在数字发行时代，我们可以发布更新来解决游戏附带的任何问题，但在后制作过程中我们仍然应该非常小心。由于我们所做的更改而出现悄然混入的未被发现的问题，可能给游戏带来大问题。如果发送给社交媒体达人或测评师的游戏版本，或发布版本中存在令人讨厌的缺陷怎么办？如果人们对游戏产生负面印象，或者根本无法玩它，我们可能会错过一个事业成功的机会。含有极其糟糕的缺陷的视频如果呈病毒式传播，很容易让玩家对游戏失去兴趣。

　　我并不提倡在后制作阶段修复缺陷时完全偏执——经验丰富的游戏设计师懂得判断某个缺陷修复的风险有多大。我们应该谨慎行事，尤其是在后制作结束时。越接近最终发布候选版本里程碑越，修复操作就必须越安全——我们已经没有时间来查找和修复被引入的任何新问题。因此，在后制作过程中，你要以"医疗紧急情况下的分诊态度"处理你的缺陷修复。对于那些涉及面更大、风险更高的修复，你需要提高其优先级，并首先解决它们。

润色

　　游戏达到 beta 里程碑后，你可以通过一些小改动来润色一些内容，以改善游戏的外观、声音和感觉。在上一章中，我们讨论了如何让内容达到第一次质检合格的润色水准，即如果有必要，可以发布该内容，即使我们希望有一些时间来改进它。希望我们的第一次质检合格的作品具有相当高的润色水平——就像任何一种手工艺一样，我们变得越有经验，我们的第一次质检合格的作品就会越精细。

　　后制作的整体时间越长、缺陷越少，我们可以用来润色内容的时间就越多。相反，如果没有太多的后制作时间，并且有很多缺陷需要修复，那么润色内容的时间就不会太多。缺陷修复通常优先于内容润色：没有人想发布一款看起来和听起来都不好的游戏，但有缺陷的游戏更不可能成功。

就像修复缺陷一样，我们在后制作期间为润色游戏内容所做的任何工作都是有风险的，因为可能会在游戏中引入新的缺陷和设计问题。与修复缺陷一样，润色内容所需的更改越大，风险就越高。主要的润色——尤其是任何改变游戏全局的润色——应该在后制作过程中尽早进行。所有的润色工作，都应该在后制作阶段的前半段完成，这样我们就有时间去发现并解决被引入的问题。

平衡

Brenda Romero 和 Ian Schreiber 在他们撰写的 *Challenges for Game Designers: Non-Digital Exercises for Video Game Designers* 一书中，针对游戏平衡给出了下面的定义。

> 平衡：描述游戏系统状态的术语，常用评价为"平衡"或"不平衡"。当说某个游戏不平衡时，通常是因为玩起来太容易、太困难，或仅对某些玩家群体来说是最佳的。当游戏平衡时，表示所有目标受众面对的挑战是基本一致的。对于多人对战类游戏，平衡还包括这样的含义：没有一种策略天生就比其他策略更好，并且不应存在可以绕过游戏挑战的漏洞。我们有时也称各个游戏元素彼此"平衡"，这意味着获得这些元素的代价与其能发挥的作用成正比，就像 CCG 中的卡牌或 FPS/RPG 中的武器一样。

大多数游戏设计师在整个预制作和全面制作的过程中努力平衡游戏设计，设置各种机制、调整多种参数以创造有趣、愉快的体验，并试图创造一个既不太容易也不太困难的游戏。但是，在 beta 里程碑之前很难完全做到平衡。项目的后制作阶段为我们提供了微调游戏平衡的最后机会。

Ian Schreiber 在他的博客 *Game Balance Concepts* 上说：

> 虽然可能过于简单化了，但可以说游戏平衡主要是确定在游戏中使用哪些参数。

> 这提出了一个问题，如果游戏不涉及任何参数或算法怎么办？例如，游乐场游戏"鬼抓人"（tag）没有参数。这是否意味着"游戏平衡"的概念对于这个游戏毫无意义？

> 答案是"鬼抓人"实际上有参数：每个玩家可以跑多快、多长时间，玩家之间的

距离有多远，游戏区域的尺寸，玩家可以当"鬼"多长时间……我们并没有真正追踪任何这些统计数据，因为"鬼抓人"不是一项职业运动 ……但如果这是一项职业运动，就会出现集换卡和相关网站，上面会有各种各样的参数！

因此，每个游戏实际上都有参数（有可能是隐藏的或隐含的），而这些参数的作用是描述游戏状态。（相关内容见 Ian Schreiber 的文章 *Level 1: Intro to Game Balance*。）

一旦我们达到 alpha 里程碑，游戏的所有机制都已到位——特性完备。经过 beta 里程碑，当我们进入后制作阶段时，通过添加或更改机制来平衡游戏的机会早已不复存在。游戏中的所有参数都已到位，希望它们已被设为使游戏平衡的值。我们在后制作过程中所做的任何平衡工作，都将通过调整这些参数的值来完成，这是缓慢而谨慎的工作。

当然，在游戏的最后阶段，有些值是不能更改的。正如我们在第 13 章中所讨论的，如果你将玩家角色的跳跃高度值降低了一点点，那么该角色可能无法到达他们在游戏中必须跳到的物体边缘上，并且整个游戏可能会中断。

但是某些值，则可以以有利于游戏的方式进行更改。例如，在动作游戏中，对控制角色移动和战斗力的参数进行微小的更改，可以让游戏变得更容易或更困难，从而调整游戏的难度。在策略游戏中，资源积累速度的微小变化，可能会对游戏的节奏产生根本性的影响。在叙事游戏中，对文本出现的速度稍加改动，可能会帮助玩家浏览整个故事，并有助于强化情节的发展。希望你在整个开发过程中一直在调试这些参数。如果必须进行重大更改，请在后制作的早期进行，让自己有时间发现任何不良后果。

在进行游戏平衡时，你应该一次只进行一项更改，然后彻底测试游戏。如果你调整了两个值，然后看到不喜欢的游戏变化，你将无法确定变化来自哪个调整。这是一种良好的游戏设计实践，只进行一项更改，然后测试游戏。在全面制作期间构建游戏时，并非总是可以始终如一地做到这一点，但我们越深入后制作，只进行一项更改然后进行测试就变得越重要。

在进行游戏平衡的过程中，我们很容易迷失在细节里，最终陷入死循环——做出微小的改变，然后撤销改变。如果你发现自己遇到这个问题，请获取一些外部输入以帮助自己保持正常。你可能永远无法让游戏达到完美的平衡状态，但如果你在后制作中为游戏平衡留出一些时间来，将增大接近完美的机会。如果你想了解更多关于这个主题的信息，Jesse Schell 在《全景探秘游戏设计艺术》（The Art of Game Design: A Book of Lenses）中提供了很多关于游戏平衡的优秀建议。

后制作的特点

当我们进入后制作时，已经接近马拉松的尾声了。我们可能会筋疲力尽，一瘸一拐地走向终点线，并急于完成征程。如果采用了健康的工作实践，很好地确定了项目范围，并且在整个开发过程中调整了工作节奏，那么，我们可能会感到疲倦，但仍然有一些精力。重要的是，我们要竭尽所能，让自己的"电池"中能剩余一些"电量"。因为，如果想让游戏获得成功，我们需要在项目的最后阶段做出正确的决定。

我们在后制作期间所做的工作至关重要。我喜欢把后制作想象成这样一个情景：我们已经建立了一个纸牌屋，现在小心翼翼地将最后两张牌放在最上面。一个小错误可能会导致一切崩溃。如果我们做出的设计更改看起来很小，但会对游戏体验产生重大的负面影响——并且我们在发布游戏之前没有注意到负面影响——那么我们可能会遇到大麻烦。

图 32.1　在纸牌屋上放最后两张牌。

即使是平常小心谨慎、有条不紊的人，在筋疲力尽时也会犯错误。这就是为什么在游戏项目的整个过程中照顾好自己如此重要，保证充足的睡眠、锻炼和社交时间，健康饮食，以及做我们需要做的任何其他事情，来让我们茁壮成长。因此，在整个项目进程中保持健康的生活方式本身，就是游戏设计工作的一部分，因为这为我们能够以高效的方式制作出色的游戏创造了条件。

视角的流动性

视角的流动性（mobility of viewpoint）是文学理论家和哲学家使用的概念，作为游戏设计师，我觉得它很有帮助。这个概念会以多种方式应用，但本质上，它是为了能够在不同视角之间切换，例如观众或艺术家、玩家或设计师。不同的视角伴随着不同的模式、优先事项、价值观和思维方式。

作为游戏设计师考虑视角的流动性时，我会考虑：

- 玩家对游戏的看法。

- 设计师对整个游戏或部分游戏的宏观看法。

- 设计师对游戏某些细节的微观观察。

- 玩家角色对游戏所处的虚构世界的看法（或玩家角色们的看法，如果有多个玩家角色的话）。

- 游戏中其他角色对游戏世界的看法。

- 开发团队的特定专业职能对游戏的看法。例如，程序员或美术设计师看待游戏的方式。

- 其他将会从事与当前游戏有关的工作的专业人士对游戏的看法。例如，负责游戏的营销人员和社区经理。

我们可以将这个列表一直扩展下去，研究世界上许多不同的人看待游戏的方式，以及游戏中的虚构角色看待所在的世界、他们自己、他们的目标、他们的价值观和他们的行为的方式。根据我的经验，具有良好视角流动性的游戏开发者，能够在游戏的不同视角之间快速切换，往往能够在非常高的水平上做出创造性贡献、解决问题和协作。对于任何复杂的、创造性的、技术性的艺术形式来说，跨学科合作都必不可少；而对于这种合作来说，视角的流动性非常重要。

对于游戏总监来说，视角的流动性尤其重要。他们必须不断地在宏观游戏视角和微观游戏视角之间进行放大和缩小的切换；他们必须从许多不同专业的角度来看待游戏，必须以虚构人物的眼光看待游戏世界，并且必须始终关注玩家的体验。如果游戏总监是你的职业发展目标之一，请采取措施，通过实践和讨论来提升你的视角流动性。

在某种程度上，思想开明与视角的流动性是同义词，因此，要努力培养一种对不同的、甚至相互矛盾的观点持开放态度的心态。我发现，我越累，就越不接受新想法，有时是出于情感上的原因。"我很累，我只想完成我的工作！你为什么要我考虑一种不同的做事方式？"——这是我的一种反应，我经常不得不从这种反应中冷静下来。这给了我们另一个理由，在整个项目过程中健康地工作，避免工作到筋疲力尽。

在后制作阶段，我们经常需要在游戏的不同视角之间快速切换。当我们修复和回归缺陷时，可能必须从十几个不同的角度看待游戏：玩家、制造缺陷的人、将缺陷传递给我们的人、我们需要的能帮忙修复缺陷的人、需要我们的帮助以解决他认为更重要的其他缺陷的人、首席制作人、游戏总监、产品经理、营销团队，等等。我们为润色和平衡游戏所做的工作也是如此。

视角的流动性将帮助你找到问题的最佳解决方案，促进团队成员之间的良好协作，并促进游戏在世界范围内取得成功。

后制作的波次

后制作的一个有趣方面是我们停止制作游戏的方式。在一个庞大的团队中，不同的专业职能会在不同的时间完成项目的工作，分阶段或分波次逐步完成游戏。当然，如果团队中的每个人都将游戏制作进行到最后，那么很有可能有人会在发布游戏之前引入一个未被发现的问题。我们必须一波接一波地让人们离开这个项目，逐渐把工作交给越来越少的人。

根据我在大型团队中工作的经验，这个过程是这样进行的。首先，在后制作的"结束之初"设定一个里程碑。此时，必须修复所有与内容相关的缺陷。在那个里程碑上，几乎所有的美术设计师、动画师、音频设计师和视觉效果设计师，都必须修复或关闭所有的相关缺陷，停止开发游戏。最后几个棘手的缺陷将传递给这些专业职能的负责人，由他们尽快修复。

不久之后，就为游戏设计师设定一个里程碑，他们必须完成与事件脚本、不可见的"触发器体积"（trigger volume）、相机样条（camera spline）或任何与游戏风格相关的缺陷的修复。同样，游戏设计师必须在下一个里程碑之前修复或关闭相关缺陷，停止对游戏的工作。任何艰难的最后修复都将由首席游戏设计师解决。

QA 人员将在这段时间内继续工作，对声称已修复的缺陷进行回归，并提防新缺陷的出现。最后的里程碑留给程序员，由他们修复或关闭最后一个缺陷。最终，首席程序员将修复最后一个缺陷，小心翼翼地完成游戏的纸牌屋。现在游戏已成为发布候选版本，并已准备好在发售前进行最后一轮广泛的测试。

在每一波工作结束时，等待从项目中退出的人往往会经历一场思想斗争：我们处于困境，等待另一只鞋掉下来，渴望游戏完成，但现在无法直接为其完成做出贡献。想一想你生命中的某个时刻，你对一件事情投入甚多，对事情的结果翘首以待，比如等待考试结果或等待孩子出生。这种等待，带来强烈的"已经完成但尚未完成"的感觉，让许多人感到焦虑，感到悬而未决。

对于这种令人不安的感觉，也许我们没有太多的办法，只能忍受。请记住：无论结果如何，我们已经尽了最大的努力。这是一个很好的时机，我们可以通过正确的饮食、锻炼，以及进行其他自我保健措施，来加倍关注自己的身心健康。这也是我们从工作转向朋友和家人的好时机。

☎　　　　❀　　　　☎

在整个游戏开发进程中，保持良好的精神状态很重要。在后制作过程中，健康尤其重要，对于处于领导地位的人来说更是如此。后制作对整个团队来说，可能困难重重、"压力山大"，但是还有复杂的工作要做，如果心情不好或陷入争论则会让工作变得更加困难。

这并不意味着当感到焦虑或烦恼时，我们必须假装出僵硬的笑容。这确实意味着，我们必须时刻注意自己的情绪对他人的影响。我们应该找到合适的时间和地点，来宣泄正在努力克服的任何困难情绪——也许可以通过与游戏团队之外的朋友或家人交谈。尽管后制作可能非常困难，因为我们努力完成游戏并使其达到想要的出色程度，如果我们都努力保持积极的态度，工作就会容易一些。

在接下来的几章中，我们将讨论最后的里程碑——发布候选里程碑，我们还将讨论发布候选版本在与"证书"相关的过程中会发生什么。我们会看看在后制作过程中可能需要注意的其他一些事情，还会看看当我们最终完成工作时我们和我们的游戏会发生什么。

33. 发布候选里程碑

当我们最终获得可以发布的游戏版本时，发布候选里程碑就达到了。我们已经修复了我们认为需要修复的所有缺陷，已经完成了在时间允许范围内能做的所有润色，并且已经竭尽所能调整了游戏平衡。我们对游戏进行了彻底的测试，没有发现重大问题。我们现在已准备好对游戏进行最后一轮测试，然后就能上市发行了。达到发布候选里程碑有时被称为"达成白银标准"——白银是黄金之前的阶段。

在本书中，我一直在说发布候选里程碑是数字游戏项目的最后一个里程碑。其实这并不完全正确。发布软件是一个复杂的过程，就像后制作阶段的工作要分阶段进行一样，项目的最后隐藏着另一个里程碑。一旦我们彻底测试了发布候选版本，就可以通过"炼金术"把游戏从白银版本变为黄金版本。黄金版本（gold master build，简称 GM）状态的软件，也被称为稳定版本，或生产商发布版本（release to manufacturing build，简称 RTM）。

黄金版本得名于 20 世纪 90 年代初使用的可刻录 CD 光盘，其中一些是金色的，因为此类光盘需要使用一种特殊的、金色的表面材料来支持刻录。游戏工作室或发行商会制作一张实物黄金母盘，然后送到制造厂，制造厂将光盘内容复制到卡带、软盘或 CD 上，在游戏商店出售。今天，我们只需点击几下鼠标，就可以通过网络发送这些内容，并且，我们可以在线分发软件。

换句话说，在达到发布候选里程碑时，项目的程序员、总监和制作人愿意离开并说："好吧，我认为游戏现在已经完成了。再测试一下，确保情况确实如此。然后就有黄金版本可以发布了。"

发布候选版本的必要条件

对于游戏团队中的工匠而言，游戏的发布候选版本具有如下特点：

- 在特性和内容方面都是完整的。

- 对特性和内容都进行了一些润色。

- 已经花了一些时间进行游戏平衡。

- 已经进行了足够长时间的测试，有理由相信已经发现了所有重大缺陷。

- 已修复了导致游戏无法发布的所有缺陷并进行了回归（检查它们是否确实已被修复）。

- 已关闭决定不修复的缺陷。

对于许多读者来说，最后一点可能看起来很奇怪甚至可怕。怎么能发布一个已知存在缺陷的游戏？我自己也在很长一段时间中反对这种做法。作为一个关心自己的作品是否达到高水准的游戏设计师，我认为发布一款带有已知缺陷的游戏是一件令人厌恶的事情。

但最终我不得不接受：这是软件开发的现实。这里谈论的那种缺陷并不是肯定会导致玩家体验问题的缺陷——那样的缺陷应该被修复。我们应该只关闭那些存在性模糊的缺陷，这类缺陷的存在与否，更多地是各人对游戏体验的主观判断。如果一个缺陷不影响游戏玩法，并且很多玩家不会注意到它，那么我们可以考虑关闭它，尤其是在没有时间修复它并且还有更严重的缺陷需要修复的情况下。

我们还需要做其他事情来准备发布候选版本。请注意，在后制作的早期可能需要进行以下工作，并且可能是在 beta 里程碑阶段。

- 我们创建的调试菜单和任何快捷键组合都应该从此版本中删除。例如，开发人员通常会制作调试菜单和快捷方式，以便自己能够在游戏中快捷穿梭，或使控制的角色无敌，或拥有无限资源，从而便于对游戏进行技术分析。

- 应从此版本中删除所有调试参数的屏幕显示（例如，显示的帧速率）。

- 制作游戏认证流程所需的所有特性和功能，如果尚未制作，现在必须完成。我们将在第 34 章中更详细地讨论这一点。

准备好发布候选版本后，我们就可以对其进行更多测试了。

从发布候选版本到黄金版本

在将游戏项目推向黄金版本的过程中，对发布候选版本进行的测试是很严格的。这个测试需要一个复杂而全面的计划，需要一大批熟练的质量保证（QA）人员，需要一些软件工程师、制作人和团队领导层的其他成员，有时还需要美术设计师、动画设计师、音频设计师和游戏设计师。

就像侦探处理棘手案件一样，QA 团队必须用敏锐的眼光仔细检查此版本游戏，寻找缺陷。他们关注的是那些很少会出现，或仅当玩家在游戏中进行了不同寻常、意想不到的操作时才会发生的令人讨厌的隐藏缺陷。当然，所有这些都是常规 QA 实践的一部分，但在 QA 测试的最后阶段，这些变得更加重要。

QA 人员将执行"浸泡测试"（soak test），让游戏运行着，但连续几天闲置，以确保它不会崩溃。他们将最后一次检查游戏可能性空间的每个部分，以确保所有内容都存在且正确。他们将确保游戏满足发行商或平台发布的认证要求（相关内容将在下一章中讨论）。

如果发现任何问题，团队的领导将开会讨论这些问题，并查看问题是否严重到值得冒险对发布候选版本进行更改。正如我们在前几章中讨论的那样，每次对游戏进行更改时，都可能存在无意中引入新问题的风险。每对代码进行一次更改，一些 QA 部门就会重新进行对发布候选版本的测试。

就这样，我们朝着黄金版本迈出了艰难的步伐。当然，资源有限的小团队会发现项目的这个阶段非常具有挑战性。测试工作可以外包给游戏 QA 工作室，但没有预算的团队将不得不自己做测试。

对于专业团队，应该选择适合团队资源和资金的方式，完成从发布候选版本到黄金版本的过程。对于学术环境中的游戏项目，是否应该一直进行到黄金版本，或者在发布候选阶段就考虑结束，这是一个悬而未决的问题。在我看来，为期短至一学期的学术游戏项目，可以考虑在发布候选里程碑时结束；为期一年的论文项目或毕业设计项目，应该进行到黄金版本阶段，因为最后阶段的工作对学习是很有价值的，能使学生变得专业化。当然，有一些学生团队会把在商业平台上发布作品作为课程作业的一部分。对于这样的学生团队，都会把项目进行到黄金版本，并且可能要经历一个认证过程。

发布游戏

当我们认为游戏的发布候选版本合格了，即已经达到了黄金版本里程碑，就可以进入下一阶段了。如果计划在自己的网站上发布游戏，或者通过完全由自己控制的其他方式发布游戏，可以通过提供下载的方式来发布游戏。

如果计划在 Steam 或 Google Play 商店等平台上发布游戏，需要经过一个申请和批准流程，并且可能需要支付费用。平台持有者将检查我们的游戏，之后，要么批准分发，要么拒绝将我们的应用程序托管在他们的平台上。

即使不将游戏发布到主机上，发布游戏也不是仅仅将其发布到网上那么简单。如果希望人们能发现它，需要推广游戏。我们将在第 35 章进一步讨论这个问题。

34. 认证流程

如果我们正在为索尼、微软或任天堂等公司所属平台的游戏硬件制作游戏，或者准备在苹果生态系统的移动平台上发布游戏，游戏在发布前需要通过一个认证流程。这也称为提交流程、合规性测试或证书审核。

在第 7 章中，我们谈到了如何成为此类硬件平台的开发人员。当我们被平台所有者批准成为他们的开发者后，将会收到一份在平台上发布游戏必须满足的要求列表。其包括如下内容：

- 技术要求指明游戏如何使用平台的硬件和软件库，包括对屏幕分辨率和刷新率、磁盘或驱动器访问速度及如何调用处理器。

- 质量控制要求游戏必须是零缺陷且具有良好界面可用性。

- 安全性指防止游戏被复制和保护用户隐私的机制。

- 限定是否允许某些图像、声音和主题，以及游戏如何处理多语言。

- 成就等游戏玩法系统的实现，必须符合特定标准和惯例。

- 如何使用品牌标明和修改公司与游戏的标志，包括与游戏控制器相关的图像。

- 在平台所有者的在线商店中销售游戏所需的资产，如文本、图像、视频短片和图标。

- 内容分级，我们将在本章末尾讨论。

- 本地化要求，取决于游戏将在世界的哪个地方发布。

- 定价指游戏出售时的价格。

游戏在发布前必须满足认证要求，其文件通常包含数百个详细要求。每家公司都有不同的认证要求和相应的命名规范。在索尼 PlayStation 平台上，认证系统被称为 TRC，即"技术要求清单"。对于微软的 Xbox，它被称为 TCR，即"技术认证要求"。任天堂的认证系统被称为 LotCheck 流程。各家公司的认证系统大致上是相似的，但在细节上存在很大差异——例如，在对玩家数据、多人游戏和成就等方面事情的处理上。如果你同时面向多个平台进行开发，则必须详细研究认证要求，并根据这些差异来缔造你的游戏。

需要注意的是，对于大多数公司而言，实际上存在两个并行的流程：一个是专注于游戏开发的技术流程，另一个是专注于将游戏推向市场的发行流程。正如 Tracy Fullerton 提醒我的那样："它们有着完全不同的路数，发生在两个不同的时间轴上。发行、营销开始得较早，之后进行游戏的技术开发。但到最后，发行部门又会回来接管游戏发布前的宣发工作，接着才是真正的游戏发售。"因此请记住，你可能需要与平台所有者公司的两个不同部门打交道，一个负责开发，一个负责发行。

认证流程时间表

当游戏工作室获准成为开发者时，会收到认证要求列表。为了通过第一次认证流程——实际上每次认证都要通过——他们在整个游戏开发的全程都必须研究这些要求，而且越早开始越好。开发者应该从项目一开始，也就是从预制作阶段开始，就需要对认证要求有一个全面的了解。完整的制作阶段是开始详细研究认证要求的好时机，到 alpha 阶段应该已经对其有了非常清晰的理解。

当开发人员确信候选发布版本已经通过全面测试，不存在任何妨碍其通过认证流程的问题时，他们会完成一些文件的填写并将其提交给平台所有者。然后平台所有者将游戏纳入测试和评估过程，以确保其真的符合认证要求。

大约就在将游戏提交给技术认证的同时，开发商还会与平台所有者的发行部门合作，让游戏入驻其数字发行商店。必须仔细规划在平台上线的时间节点，并将其纳入游戏的发布计划。通过采用营销手段与社交媒体，在平台上线反过来又会影响游戏潜在受众参与游戏的时间节点。例如，只有在游戏通过认证后，才能向媒体和评论家赠送优惠码，为游戏制造口碑热度。

通过的认证和失败的认证

认证流程的最佳结果是，平台所有者没有发现任何阻碍游戏通过认证的问题。游戏从而被判断为符合认证要求，已真正达到"黄金母盘标准"。它可以通往发布的流程了。

平台所有者只要发现一个大问题（或几个小问题），就会宣告游戏认证失败。平台所有者将停止测试游戏，并将其从认证流程中剔除，连通问题描述一起发送给开发人员。如果游戏开发商想继续尝试在平台上发布，必须先解决问题，还可能要支付（可能很大一笔）费用让游戏通过再次认证的流程，然后才能重新提交。如果一款游戏有好几个大问题，并且在第一个大问题刚暴露时就被剔除出认证流程，而开发者在重新提交之前并没有发现其他那些大问题，那么游戏可能会陷入困境。

开发人员应尽其所能避免认证失败。认证需要时间：通常至少需要一周的时间进行严格的测试和评估。这意味着，如果我们必须尝试两三次后才能通过认证，预计的发布日期就会被延后一个月，在强调媒体消费和受众注意力的当今时代，几乎等同于无限期延后。

通过认证后的游戏更新

游戏开发者通常需要给游戏打补丁。补丁是对游戏当前版本某些局部乃至整个游戏的替换和更新。给游戏打补丁是为了解决问题，有时也会为了添加内容和功能而进行更新。实时运营游戏——作为一项持续的服务而非一次性销售的产品——必须不断打补丁和进行更新。

对于大多数平台所有者来说，并不是每次打补丁都需要单独通过其认证。通常有一个独立（但类似）于第一次或主要认证流程的流程，一旦通过该流程，开发者就可以在一定程度上自由地给游戏打补丁。

内容分级

虽然发布地区不同，但游戏有可能需要在发布前完成内容评级。内容分级用来标明该游戏适合的特定年龄群体，由各个地区的分级委员会发布。如果你拥有数字游戏的实物版本，经常会在盒子上看到其内容分级：它们由加拿大、墨西哥和美国的 ESRB，欧洲的 PEGI 及世界各地的许多其他组织发布。然而，为了降低成本和复杂性，大多数主机平台所有者现在都改为使用国际年龄分级联盟。

接受内容分级的过程与认证流程是分开的，但有些相似。游戏会提交给发行地区的分级委员会，有时需要交费。（分级委员会通常隶属于该地区的政府和数字游戏贸易协会。）然后有人会对游戏进行评价和打分。分级可能包含年龄类别和一些说明游戏内容所属类型的描述。如果开发者和/或发行商没有获得他们想要的内容分级，可以对游戏进行修改并重新提交，或者对分级结果提起上诉。

在世界上的许多地区，内容分级是可选项，并不是每一款线上发布的游戏都需要获得官方的内容分级。但是，大多数在游戏主机上发布的游戏，都需要按照平台所有者的认证要求接受内容分级，并且必须在进入认证流程之前完成。游戏在发行过程中可能会遇到许多不同的内容分级体系和认证流程，由其引发的一系列问题非常难以处理，而这正是游戏发行商可以为游戏开发者提供大力帮助的领域之一。

一些认证要求的示例

Jesse Vigil 是一名作家、游戏设计师、电影制作人、企业家和教育家，他在南加州大学游戏项目中任教。他开发了一套以游戏行业使用的认证要求为模板的示例。我们的学生在课堂上制作游戏时也遵循了这些要求，这样就可以提前在专业环境下体验达到"黄金母盘标准"的严苛。

Jesse 的认证要求是每个游戏开发者在学习如何完成游戏时的宝贵工具，在他的许可之下，我在图 34.1 中对其进行了复制。由于其中一些要求与 beta 里程碑有关，因此最迟要在 alpha 阶段前将这些要求提供给开发团队。Jesse 和我希望你觉得它们是有用的。

EXAMPLE VIDEOGAME CERTIFICATION REQUIREMENTS
by Jesse Vigil, USC Games

1.1 Playable on Consumer Hardware

REQUIREMENT: Game can be installed and run on any device that meets the developer's stated minimum specification and target OS.

EXPLANATION:

Games that only run on the developer's personal hardware are not acceptable. Packaged executables, web builds, or mobile packages must install on test/deployment devices indicated by the publisher (instructors) prior to submission. Must comply with 1.2.

1.2 Third-Party Plugins and Drivers

REQUIREMENT: Third-party plugins must be integrated in to the executable or declared to the publisher prior to the beta milestone.

EXPLANATION:

The use of third-party plugins (for controller support, networking shortcuts, etc.) is permitted so long as no special installer or additional permissions are required for installation and playing the game on consumer hardware. Plugins that require the end user to have install permissions (including special hardware drivers) must be declared and approved by the publisher (instructors) no later than the beta milestone.

1.3 Minimum Front-End Requirements

REQUIREMENT: All games must contain the minimum front-end features and content.

EXPLANATION:

Minimum front-end features and content:

- Splash screen/logo display for your publisher or game program
- If a collaboration with another company, institution, or division is involved, appropriate splash screen/logo display
- Title screen/menu screen
- In-game credits

(a)

图 34.1　电子游戏认证要求示例。

1.4 No Broken User Interface Loops

REQUIREMENT: Users can appropriately navigate between screens/modes without need for reset.

EXPLANATION:

If a menu navigation option leads to a credit screen/instruction screen/supplemental screen, the user must be able to return to the main menu screen via in-game navigation. If gameplay ends, the game must return players to the main menu screen. Accessing or re-accessing any screen in the game should not require closing and re-opening the application.

1.5 Gameplay Input Also Operates Menus

REQUIREMENT: Input method used for gameplay is also functional for menu navigation.

EXPLANATION:

If a gamepad is/can be used in gameplay, the gamepad must also be capable of navigating the menus

1.6 All Debug Functions Removed at Final Cert

REQUIREMENT: Any cheat keys, shortcuts, or other debug functions and tools are disabled/removed/not accessible from the front end by final submission.

EXPLANATION:

No onscreen debug text is visible to the end user. Developer shortcut keys are not findable and cannot be triggered accidentally by end users.

2.1 Standardized Gamepad Requirement

REQUIREMENT: A gamepad-enabled game is compatible with a standard Windows gamepad

EXPLANATION:

Other gamepads can be supported, but gamepad -enabled games MUST support the standard Windows gamepad (an Xbox controller). This device's drivers are part of the standard device drivers inside Windows and do not require administrator permissions to install, therefore making 1.1 easier to comply with.

(b)

图 34.1　电子游戏认证要求示例。（续图）

ꙮ　　　　ꙮ　　　　ꙮ

　　因为通过认证是一项非常注重细节的工作，所以负责这项工作的游戏开发人员需要保持敏锐和精确，能够就流程的各个方面进行清晰的沟通。一些开发团队和发行商还会聘请认证专家，这些专家对流程非常熟悉，曾帮助或指导许多游戏通过认证流程，如果需要也能找到提供相关服务的公司。通过认证是每个游戏开发者的必经之路，虽然具有挑战性，但可以带来许多学习机会。祝你好运！

　　即使通过了认证，我们还没有完成全部工作。在项目的最后阶段，通常会有一些额外的工作在等着游戏设计师来做，你将在下一章中看到。

35. 预期之外的游戏设计工作

游戏设计师的创意之旅充满了惊喜，有些令人欣慰，比如游戏玩法元素之间意想不到的协同效应，有些则不尽如人意，比如难以修复的缺陷。在项目的整个过程中，乃至最后，我们不断在对游戏、玩家、流程和任务进行探索。在后期制作期间和发布候选里程碑之后，游戏设计师会接手一些意料之外的工作：它们总是突如其来，又让人无法逃避。项目已经结束，预期外的职责突然降临，常常让人措不及防，本章旨在帮助你避免这样的窘境。

当我们已准备好让一手创造的游戏面世时，所面临的任务也会因诸多因素而大不相同，比如游戏类型、制作环境（商业、艺术、学术或其他）、发布方式及潜在玩家群体的规模和特征，等等。对于你可能需要做的工作，我将指出一些常见类别，但你必须对周围的世界保持警惕。游戏周遭的文化、商业和媒体环境在不断变化，而且日新月异。为了自己，也为了你的游戏，不要掉以轻心。

几种预期外的游戏设计工作

许多让游戏设计师颇感意外的工作都与游戏的发布和推广有关。我们希望人们下载、购买或以其他方式体验我们的游戏，而这需要我们和合作伙伴共同付出努力。

我们已经在第 30 章讨论过这个问题，对于自己所做的东西，希望你已经有了计划，能找到那些可能想要玩的人并与之交流。而你这个游戏设计师或游戏开发者，很可能是游戏发布和推广的门外汉，突然被卷入这类工作难免会措手不及。这类工作可能包括：

- **帮助制作游戏预告片**。你可能需要提供游戏玩法和基于故事内容的原始镜头及关键的美术素材。你甚至可能必须亲自制作预告片，而要制作出好的游戏预告片是颇费时日的。

- **帮助提交游戏以应付内容分级。**即使这个过程由第三方完成，游戏开发者通常也需要为提交做好准备工作。

- **制作并测试游戏的演示版本。**交付演示版本与交付完整游戏一样具有挑战性，一样耗时。如果游戏需要通过认证和完成内容分级，那么演示版本可能也不能幸免。

- **制作游戏网站。**与制作预告片一样，你可能必须为网站提供素材和信息，甚至必须亲自制作游戏网站。

- **打理宣传事宜。**与媒体和外界就游戏进行沟通和协调，是一个打理起来很费时间的过程。专业的公关人员可以承担这项工作，但如果没有足够的预算请人来做，就只能亲自联系媒体和有影响力的人，或组织公开活动来宣传游戏。

- **打理社交媒体账户。**为游戏专用的社交媒体账号输出高质量内容出奇地耗时。在社交媒体上与受众互动，需制订短期和长期计划，同样要留出时间。

- **接受游戏媒体采访。**如果你能够吸引媒体的关注，那么他们对你的采访可以有效增加游戏的受众。这些采访可以通过电子邮件或私信进行，也可以录音或录像。无论如何，都需要时间才能做好。

- **为媒体准备演示文稿。**除了要花时间接受书面或录制采访，还要花时间准备谈话要点，否则很难有好的观点输出。你还需要配合采访准备屏幕截图、视频和重要的美术作品。

- **帮助制作游戏攻略。**在许多游戏尤其是商业游戏中，游戏攻略通过帮助玩家理解游戏玩法成为重要的补充内容。它以纸质或电子版形式出售，或在网上免费提供。制作它需要花时间，通常还需要游戏设计师和开发者贡献大量内容。如果你将参与制作，请确保在日程安排中留出时间与攻略作者沟通，并注意其中的细节。

- **为短片和游戏内部奖励制作"开发"纪录片。**早在十多年前，游戏便内嵌了可解锁的"开发记录"奖励短片，而关于游戏制作的纪录短片也开始受到欢迎。准备和录制这些纪录片中的开发者访谈需要时间，而计划、拍摄、剪辑和完善影片主题则需要更多时间。

- **在展会上亮相并接受媒体参观。**公开游戏展会是独立开发者和大公司推广游戏的重要场所。准备、出差及在会上展示游戏费钱又耗时，因此必须提前做好计划。如果你是一名开发者，而且开发的游戏预算充足，可能会被派去参加新闻发布会，与记者交谈并最终出现在媒体上，其间你要一直扩散游戏的信息。

- **参加游戏节**。任何类型的游戏都能对应找到精彩的游戏节。除了在游戏节上亮相带来的兴奋和荣耀，游戏节还可以帮助游戏与潜在受众建立联系，而参加游戏节的光荣经历会被记录在网站上，从而吸引更多玩家关注游戏。想要参加的游戏节有提交游戏的截止日期，在这之前你不仅要努力将游戏"定版"，还要忙着将大多数游戏节对提交游戏要求的大量内容整合在一起。

向会议提交游戏相关的论文和主题演讲。无论是在业界还是在学术界，发表演讲和提交论文都更适合用来分享制作游戏过程所获知识，而不是推广游戏。然而，就像游戏节，会议也有提交截止时间，而就在你认为自己已经如期完成时，可能会发现手头上又多出一些意想不到的工作。你可能认为我在这里描述的并非游戏设计，而是营销或公关。严格来说，这可能是对的，但正如你从我对这项工作的描述中看到的那样，公关和营销方面的合作者在执行这些重要的推广任务时，离不开来自开发团队的信息。在预算有限的小型开发团队中，很可能需要团队自己来完成这项工作。

在第 30 章中，我提到了 Amy Hennig 的信念（也是我的），即玩家的游戏体验从第一次对游戏产生意识那一刻开始。玩家的体验是由他们从宣传材料或新闻中获得的信息和情感共鸣所塑造的。所以，这些预期外的工作实际上也是游戏设计的一个方面——和游戏本身一样是设计体验的一部分。同样地，它也得益于充满激情创造游戏的开发者的才华，以及他们与营销和公关方面的专家同事的紧密合作。

在项目结束时，可能还有其他意想不到的游戏设计工作等着你去完成。也许你将有机会与非营利组织合作，对社会产生积极影响。也许你会受邀在政府大会上就你的游戏发表演讲。在娱乐、艺术和商业的世界里，一切皆有可能。只要在游戏设计实践、个人的性格和价值观上勤加修炼，就能在面对各种情况时把握好方向。

&❦   ❀   &❦

在第 2 章中，谈到了"列表的力量"。手握列表并保持更新的游戏设计师拥有某种超能力，当预期外的游戏设计工作出现时，这种超能力就会被激活。对于预期之外的工作，不必花费数十小时来搜集信息，或许只需亮出你的列表就能交差。

现在我们有了一个发布版本，也已经通过了认证流程，并且处理了一些预期外的游戏设计工作，我们几乎完成了制作流程。现在我们已经有了一个候选版本，也通过了认证，并处理了一些意想不到的游戏设计，可以说我们即将完成这个妙趣横生的游戏制作过程。下一章将讨论之后该做什么，包括发布游戏并为其提供支持，以及开启未来的项目。

36. 游戏完成后

有时，当游戏完成后，游戏的开发者可以放松一下，至少可以放松一会儿。大多数情况下，当游戏完成并发布后，它会立即要求创作者付出更多努力。无论如何，新项目都有可能开始。本章将介绍游戏完成后要做什么。

发布游戏

在专业游戏设计的最初几十年里，团队中的每个人都可以在游戏发布时休息一下。如果开发者沿袭前人的加班文化，完成游戏后就能和配偶、父母相聚餐桌了，年假也派上了用场。对于那些长期加班的人来说，休息可能更像是筋疲力尽后的大病一场。

当然，一款向公众发布的游戏需要大量的商业支持。无论是盒装产品、供下载的数字版还是在线服务，都是如此。在大公司，游戏发布相关工作通常不会落在游戏开发者的头上（第35章提到的"预期外的游戏设计工作"除外）。营销、销售、运营和发行方面的同事将负责这项工作。在小公司，游戏开发者可能会自己处理发布事宜。

随着可下载内容（DLC）这种重要方式的出现，延长了游戏在市场上的生命周期，以及"在线运营"使游戏即服务的重要性日益增加，现在游戏创作者在游戏发售后还要继续致力于相关工作。你可以想象这对于那些在发布游戏过程中遇到困难的人来说有多么糟糕。如果你跌跌撞撞地冲过终点线，早已精疲力竭，却又不得不继续跑下去——好吧，这当然会导致严重的身心健康问题。很明显，在游戏的整个生命周期中保持健康的工作习惯至关重要，避免加班让我们可以保持健康，在游戏发布后仍然可以致力于相关工作。

项目回顾

项目回顾是项目完成后要做的最重要的事情之一。这通常需要开一次会，或者更有可能是开一系列会，开发人员在会上讨论项目，寻找可以从中吸取的教训。在一个小团队中，每个人很自然地都会参与项目回顾。在一个更大的团队中，会开很多次会，以确保各部门的每个人都有发言权。会议期间的大量笔记以后会合并成一份书面报告。有人被指定收集和记录所有出现的信息和观点，以便随后向团队、工作室和利益干系人展示。

这种做法在游戏和技术领域很常见，通常被称为项目复盘。项目复盘是游戏开发者大会的热门话题，因此要寻找并观看你最喜欢的游戏的项目复盘，以了解这些游戏是如何制作的。

项目回顾通常关注两件事：项目中进展顺利的部分，以及项目中进展不顺利的部分。其相关记录可以应用于游戏的各个方面：机制和叙事、开发过程和工具、生产和项目管理方法、沟通、协作、冲突解决和团队领导……在项目回顾中可以讨论任何内容，只要保持尊重并富有同情心和建设性。

特别是当开发人员正在寻找未来改进的方法时，应用 SWOT 分析，寻找游戏中的优势、劣势、机会、威胁或游戏的制作方式，可能会很有用。这可以促使开发人员讨论自己擅长的领域，以及未来的自我拓展计划（参见第 7 章的相关内容）。在我的专业团队中和课堂上，始终确保每个项目结束时都进行项目回顾，而从反思过程中获得知识是提升游戏设计师和开发者的最佳方式之一。

在项目结束时休息

如果能做到，在项目之间留出一些休整时间是很有价值的。一些工作室在大项目结束时会用假期来奖励员工，很多员工也已经攒够了带薪休假天数。旅行、与家人和朋友一起闲逛、阅读、看电影、玩游戏、制作音乐都可以，项目之间的一段"闲暇时间"有助于充电和恢复那些让你感到有创造力和动力的东西。

一些工作室或团队可能会在项目结束时匆忙地将下一个项目上线或为当前的游戏提供支持，这让他们几乎没有喘息之机。他们可能为了养活自己和家人不得不继续工作。如果你的支持可以让他人在项目结束时休息一下，请这样做。停机阶段与生产力旺盛时期都是创作过程的一部分。

在做白日梦和没有固定方向的时候，我们的想法是有价值的。这些想法可以逗我们开心，重新激发我们对所做事情的热情。它们可能会以我们需要的方式带来反思和成长。它们可能为创造历史级别的游戏带来灵感源泉。因此，当游戏开发者获得经验并想知道在大型项目结束时需要做什么来充电时，要了解自己。

项目后忧郁症

在项目结束时休息往往没那么简单。假期是开始了，但有些人会感到不安和焦虑，甚至是空虚和沮丧。突然之间，那些将生活填满、令人兴奋、富有创造力、需要注意力、带来情感回报的工作，就这样消失了。大型项目结束后，我有时会觉得自己就像《乐一通》（Looney Tunes）动画片中的威利狼（Wile E. Coyote）——刚刚跑出悬崖边缘，现在悬停在半空中，透过屏幕看着观众，然后才低头看到下面的深渊。

项目后忧郁症的严重程度因人而异。有的很轻微，有的则可能导致严重的生活问题。处理起来对任何人来说都是一个挑战，而它与加班的关系尤其密切。如果一个人的生活完全在被工作消耗，生活中所有的意义和情感联系都来自工作，那么当一个项目结束时，这些意义和联系的突然消失就会带来问题。药物或酒精成瘾问题与加班和项目后忧郁症可能会形成恶性循环，因为人们总是倾向于以不健康的方式来填补未被满足的情感需求。

我不是心理健康方面的专业人士，如果你面临心理健康问题的挑战，希望你能寻求帮助，最好是从专业人士那里寻求帮助。我个人在心理治疗和咨询方面有过许多美妙的经历，而且总是为自己能寻求帮助而感到高兴。但不得不承认，获得心理治疗通常与特权和财富有关，比如在你居住的地方可能无法获得心理治疗。集体治疗和互助小组可以提供成本相对较低的心理治疗。我十多年来一直是一个互助治疗小组的成员，这对我的生活和幸福感产生了巨大的积极影响。

如果你有项目后忧郁症，请告诉朋友。与心理健康做斗争常常让我们感到羞耻，但是隐藏在黑暗中的问题只会不断恶化和变大。在友谊和同情之光的照耀之下，你主动提出的问题将会开始得到解决。

如果我们在一个项目的全程都能保持健康，就像妙趣横生的制作流程所倡导的那样，那么我们到最后仍然会精神饱满，并且不太容易得项目后忧郁症，至少我希望是这样的。记下你在项目结束时的感受，并竭尽所能通过做健康的事情来练习自我保健。

下一个项目

一旦休息了一段时间后满血复活，已经能够制作另一款游戏，那么可能是时候开始下一个项目了。有一种方法是，翻到本书的第一页，在构思阶段再次开始妙趣横生的制作流程，进行天马行空的想象、研究和原型设计。

在许多团队，尤其是大型团队中，当我们开始着手需要管理的下一个项目时，团队内部作用力就会起效。团队中的不同职能是分批撤离上一个项目的。这意味着，一些人——可能是很多人——将先于团队领导做好开始下一个项目的准备。项目之间的间歇期可能会带来问题，因为导演、制作人、主管和设计师刚刚度假回来，并没有任何准备，而已经蓄势待发的人则希望立即从他们那里得到下一个项目的方向。一个团队缺乏领导力就会出现问题，除非我们采取某种策略来将潜在的劣势变成优势。

研发探索

在顽皮狗工作期间，我们建设性地将项目之间的间歇期设定为研发探索时间。团队成员有一段时间是在自我指导下开展工作的，这将帮助他们以正常的方式为下一个项目做准备。

也许他们会评估一种可能对下一个项目有帮助且在商业上可行的新工具。也许他们会亲自制作一个工具，或者做一些能改进工具管线的工作。（工具管线是用于制作游戏局部内容的工具和流程的混合体，通过在工具之间切换来推进工作，并将所有内容集成到可玩的版本中。）

在这个研发探索时间里，团队成员可能会制作基于功能或特定内容的原型，来研究那些狂野的、创造性的、实验性的想法。有些人可能会参加培训计划以提高自己在特定领域的技能，或者花时间通过阅读和观看视频来深造。他们可以任意研究，从新的游戏技术到新的美术、动画和音频形式。他们可能会学习游戏设计的前沿理论和实践，或与项目管理和团队文化建设相关的最佳实践。

每个工作室都理应增设研发探索时间，以避免发展停滞，并保持与时俱进，而项目之间的间歇期是实现这个目的的天赐良机。研发探索工作可能需要团队领导做出一些指导，但如果团队成员能自我驱动，就可以独立开展有效的工作。毕竟，团队中的工匠比任何人都更了解自己的工具和流程，并且不缺对如何改进的好想法。

从某个方向开始

下一个项目的游戏制作人（或多个制作人）将在确定方向方面发挥重要作用，可以带领整个团队确定下一个游戏是什么样子。大多数游戏总监都有一个持续更新的项目创意清单，包含他们想做或尝试的事情，他们认为从艺术或商业角度来看可行的事情，以及他们认为团队也会喜欢的事情。

下一个项目的制作人最好尽早确定方向，但方向不必非常明确。它可能就像我们在第 7 章中讨论的项目目标的一个非常早期的草稿——可能只是几句话，关于体验类型或项目面临的实际约束（如游戏风格和硬件平台）。

完全没有方向会让人感到迷失和失去动力。哪怕只有一点眉目，团队成员就会有动力为项目做出贡献，因为他们已大致知道自己的方向。在项目的一开始，就方向而言，少即是多，因为人们需要更大的探索自由。指明方向之所以能让团队士气旺盛，是因为它有助于表明你关心他们并重视他们的工作。在给出早期指导时，游戏总监也应该明确表示自己希望倾听其他人的想法。在构思阶段，听取团队中每个人的意见是很重要的。

成为战略思考者并提前制订计划是游戏总监的职责——所以在团队中不要忽视这一点。最迟在上一个项目的 alpha 里程碑开始考虑下一个项目，并准备好为新项目提供方向，以使其有一个良好的开端。

何时离开团队

制作优秀的游戏非常困难，并且取决于团队文化——团队的工作实践、共享知识和共同价值观。团队文化是一种微妙的东西，通常只有随着时间推移缓慢而刻意地培养，才能蓬勃发展并持续下去。某些特殊团队成员的突然离开和到来，可能会导致团队文化发生巨大变化，这反过来又会影响团队正在制作的游戏。

特别是，如果有人在游戏完成之前离开项目，这会让事情变得更加棘手。如果有人想要离开团队，我认为最好在项目结束时离开，也就是游戏完成时，而不是之前。生活就是这样，并不是每次都可以有计划地过渡，但要尽你所能看到自己所承诺的项目完工。游戏行业的圈子非常小，通过在项目上信奉有始有终来赢得"终结者"的名声，终归是件好事。

这样说并不意味着应该容忍充斥着虐待、恶意或不健康的工作环境。尽管我认为有始有终是一种职业操守，但我更看重从糟糕的环境中摆脱出来的权力。我知道对于很多人来说，能够随时离开当前的工作是一种奢侈，但每个人都应该以适合自己的方式来应对恶毒的工作环境。每个人都应该努力营造没有恶意和虐待的工作环境，而掌权者更有义务这样做。

回到起点

就像神话中吞下自己尾巴的衔尾蛇一样，游戏项目的结束和开始密不可分。我曾经听游戏设计师 Eric Zimmerman 说过，除了我们所创造的独特游戏，还有一个更伟大的游戏设计项目，那就是我们将一直致力于其中的游戏创作生涯。这个游戏项目完整覆盖我们所有的游戏设计实践，从我们制作第一款游戏开始，到我们制作的最后一款游戏的最后一名玩家离开结束。

我认为自己能够成为一名游戏设计师是非常幸运的。游戏设计是一种非常有益的实践，它像生命之河一样永远在流动。我们所拥有的每一种体验和每一段关系，我们所学到的一切，以及我们所钟爱的一切，都可以成为游戏设计的一部分。回到梦开始的地方，在那里我们神清气爽、心潮澎湃。专注于尊重、信任和认同。追随自己的兴趣，改进自己的手艺，随着时间的推移，你会找到一种自己所独有的方式，健康、高效、有趣地制作出一流的游戏。

结语

游戏设计和开发非常有趣——我的朋友和同事 Peter Brinson，一位艺术家和游戏设计师，找到了制作游戏和玩游戏的相似之处。他在南加州大学游戏设计学院的课程中指出，当我们创造游戏时，必须学习新技能并用它们来解决问题，就像我们在玩游戏时所做的那样。随着项目的推进，问题变得越来越难，我们必须获得更多技能。我们最终会进入"心流通道"，此刻我们的技能会随着任务难度的增加而水涨船高，进入心流状态能让我们全身心投入，拥有所有的美好感觉、高度集中的注意力，以及 Csikszentmihalyi 所描述的时间膨胀效应。

但这也意味着制作游戏是一项艰苦的工作，必须做出无数影响深远的决定。而且，因为处于心流状态，我们已沉迷于正在做的事情。我们往往会忘记时间，迷失在杂草中，随时有可能迷迷糊糊地把精力倾注在无关紧要的事情上。如果继续这样工作下去，而且完全不受控制，我们最终必将精疲力尽。我们制作的游戏可能会在质量、交付时间以及其他方面受到影响。当我们完成一款游戏的制作后，将很难维持同样的状态来制作另一款游戏，我们的游戏制作实践也将成为不可持续的代名词。

尽管创造力的不可预测性使我们的工作难以计划，但我们可以通过采用本书中描述的结构化流程——或者任何适合的它的变体——来开始控制我们的工作。这个过程一定能帮助我们管理有限的可用时间和资源，又不会过于僵化和官僚主义。这样就可以将项目的范围置于我们的控制之下，同时保持足够的灵活性，以适应前进过程中所取得的发现。

培养敏捷态度，以及将变化视为机遇而非危机，是值得提倡的。游戏会在制作过程中逐渐呈现全貌。这有赖于你将自我放在一边，倾听项目，了解项目的终极目标，并与它同行。这就是创造力的美妙之处，它使每一次开发体验都成为独特的旅程，也可以用来学习有关设计流程的新知识。

在整个制作过程中，甚至在后期制作过程中，我们始终都能够灵活地塑造和完善游戏设计。在 2013 年的一次采访中，电影导演 Ava Duvernay 说："在剪辑室里，我可以重新制作一个完整的故事。剧本真的是一个指南，通过它我收集了所有的场景和文字，一旦完成收集，我就可以把它变成任何我想要的东西。"Ava 可以塑造电影的故事和意义，直至创作过程结束。鉴于数字媒体的可塑性，以及我们对技术的不断探索，游戏在这方面如出一辙，甚至更胜一筹。

我们还要学会何时做决策。我长期在和拖延症做斗争。我是一个思考者，这意味着我经常会考虑过头，而且当我试图从多方面而不是只从正反两方面来看待事物时，总是自我怀疑。深思熟虑是有价值的，但它也会成为障阻，阻止我们做出在创作时必须做出的决定。

通过不断学习，最终我能意识到，什么时候我已经考虑得足够充分，可以采取行动了。这不是容易学习的一课：有些人是思考者，有些人是实干家，而我们中的大多数人都介于两者之间，纠结于考虑得是否充分，是否到了采取行动的时候。但是，你最终一定会变得更好，知道何时该做出决定。

如果你喜欢在本书中读到的内容，那么请考虑成为一名游戏制作人。下面是一些可以用来了解更多关于游戏制作知识的书，从新到旧列出。

- Clinton Keith 的《游戏项目管理与敏捷方法》（第 2 版）。

- Clinton Keith 和 Grant Shonkwiler 的 *Creative Agility Tools: 100+ Tools for Creative Innovation and Teamwork*。

- Heather Maxwell Chandler 的 *The Game Production Toolbox*。

- John Hight 和 Jeannie Novak 的 *Game Development Essentials:Game Project Management*。

- Dan Irish 的《游戏制作人生存手册》。

那些了解创作过程、愿意帮助组织协调、对时间和金钱负责、能够与各色人等进行良好沟通的人，游戏行业总是能从他们身上受益。Robin Hnicke 曾经告诉我，她认为制作人的角色就是帮助团队中的其他人尽其所能地完成工作。我们习惯于将制作人视为老板，而不是促进者和合作者。制作人必须聪明且知识渊博：不论是大局还是小节，他们要了解团队和游戏正在发生的事情。他们还需要有高情商和健全的价值观，以便进行良好的沟通和解决出现的困难。

制作人总是需要着眼于未来并为之计划，但同时也必须找到与人合作的方法，以便团队中的每个人都能倾听和被倾听。他们必须保持乐观和积极，在困难时期帮助团队保持团结。至关重要的是，优秀的制作人能为团队中的伙伴和同事创造成长空间，并能不断改进团队的文化和流程，最终帮助团队不断创造出更好的游戏。

☍ ✻ ☍

在过去的几年里，各种各样的设计师和艺术家已经意识到自己工作的机会和义务。应用设计原则来影响社会变革被称为社会设计，它对于从事影响游戏、教育游戏和健康游戏的游戏设计师来说非常重要。

其实，我认为社会设计与每个游戏团队都息息相关。正如在本书中讨论的那样，尽管我们在过去几年中取得了很大的进步，但游戏行业仍在努力摆脱困境。对游戏设计过程进行的设计，本身就是一个元级别的游戏设计过程，它值得我们思考，就像我们对游戏的机制和故事一样。我们应该对游戏开发中的社会设计进行长期而认真的研究，以确保我们对团队成员和玩家做出的是支持而不是伤害。

改进游戏制作流程非常重要，只有这样才能欢迎和支持来自各行各业的各种人。《纽约时报》的设计评论家 Alice Rawsthorn 在她的 *Design as an Attitude* 一书中谈到了平面设计、排版和建筑缺乏多样性的历史问题。她说：“如果你认为设计在组织我们的生活，以及对物品、图像、技术和用来填充这些元素的空间做出定义等方面发挥着重要作用，那么我们就有理由需要最高水平的设计师。但是，除非他们来自社会的各个领域，否则我们找不到这样的人。”

让我感到鼓舞的是，现在世界各地的游戏制作社区中有许多人相信，游戏的多样性——只有真正来自游戏制作社区的多样性——能通过引入新的游戏设计理念、不同的态度和更大范围的观众参与，从整体上对游戏做出强化。我们应该让游戏和团队构成的社区平易近人、敞开怀抱，而这也是合乎道德的。

归根结底，尊重、信任和认同是最佳游戏开发实践的关键。这三个要素构成了所有良好的沟通、协作、领导和冲突解决的基础。当然，我们需要游戏设计和开发方面的技能。但是，如果设计师和玩家之间、团队成员之间缺乏尊重、信任和认同，所有的游戏设计能力都可能会化为乌有。这可以延伸到创建公正平等的团队文化，每个人都应受到尊重并拥有机会，无论他们的身份或背景如何。如果我们能够做到这一点，便有机会创造出一个更有技术含量、更具创造性、本质上更为优秀的游戏开发社区。

我们凭借电子游戏这一充满活力的新艺术形式走在文化的前沿。我们赢得一个绝佳的机会，可以向正在与复杂性和不受控制的过度工作做斗争的各类艺术家和设计师展示，通过采用有意识的、富有同情心的、妙趣横生的制作过程，完全有可能使艺术变得更具可持续性。

制作游戏不存在唯一正确的方法。某些流程和工具，只是正好适合我们和我们的游戏。学习如何制作游戏的最佳方法就是去制作它们，不断制作并让它们变得更好。这本书为找到更好的游戏制作方法提供了一个起点，我已经看到它在游戏教育和游戏行业的各种项目中大放异彩。请接受它并带着它奔跑，无论它会将你带至何处——再然后，就可以来谈谈你的过程。

附录 A：制作过程的四个阶段、里程碑和交付物

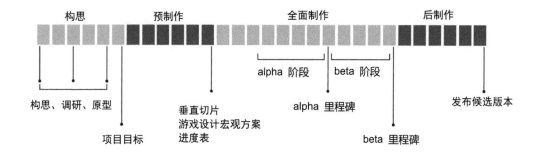

附录 B：图 7.1 的转录

什么是《神秘海域：德雷克船长的宝藏》？

1. 动作多、节奏快。

我们从不会为了钻研过于复杂的谜题或烦琐的游戏机制而将动作放慢太多……我们总是让游戏保持快节奏和有趣。

2.《神秘海域》不会自命清高。

我们结合了悬疑、神秘和戏剧元素，但牢记有趣的"低俗动作"才是主基调。用随机的机智小玩笑和有趣的窘境来打破紧张局势，是《神秘海域》与众不同之处。

3. 德雷克是个容易犯错的普通人。

德雷克不是詹姆斯·邦德。他从来没有完全掌控局面，总是通过即兴发挥或不择手段来跌跌撞撞地扳回一阵。他没有被"强化"或成为超人，只是不断在自己能力范围的边缘试探。

4. 发现失落和神秘的地方。

我们希望大部分冒险都是在探索"未知"的地方，哪里人迹罕至，已被时间遗忘。德雷克像是一个侦探，试图将线索拼凑起来。

我们希望冒险的大部分时间都花在探索"未知"的地方，远离人迹，被时间遗忘。德雷克是某种意义上的侦探，他试图把线索拼凑起来。

5. 世上存在超自然元素是可信的。

游戏中有一些看似超自然的神秘元素，但德雷克对此持怀疑态度。就超自然力量而言，《神秘海域》与《木乃伊》和《捉鬼敢死队》不同，更像是《X 档案》和《惊变 28 天》。

6. 熟悉的环境设定与陌生的事物。

从故事到环境，一切都应该有一定的历史真实感和视觉可信度。一旦具备可信度的根基，各个层次的"奇幻"元素就会产生更大的影响。

附录 C：《神秘海域 2：纵横四海》游戏设计宏观方案（细节），来自图 18.2

UNCHARTED 2 Macro Design

LEVELS	LOOK DESCRIPTION	TIME OF DAY/MOOD	ALLY-NPC	ENEMY MODELS	MACRO GAMEPLAY	MACRO FLOW	Free Climb/Dyno	Wall Jump	Free Ropes	Pendulum	Monkey Bars	Monkey Swing	Balance Beams	Carry Objects Heavy	Carry Objects Light	Traversal Gameplay v.1	Forced Melee	Puzzle	Stealth	Swim	Moving Objects	Push Objects	Binoculars
Train Wreck																							
Train-wreck-1	Train Wreckage, Dangling cars	Snowy, Transitioning to White out	Bloodied Warm-weather Drake		Stay alive - injured	Highly scripted moments of injured Drake traversing injured through wreckage	X																
Museum																							
Museum-1	Istanbul, Turkey Museum	Night	Drake-1 Flynn-1 Chloe-1 (cut Only)	Museum Guards	Infiltrate - Stealth - Co-op	Co-op w/Flynn to infiltrate the museum. Helping him steal/decipher an artifact there	X			X	X	X	X			X	X		X		X		
Museum-2	Roman Sewers Below the Museum	Night	Flynn-1	Museum Guards	Escape	Flynn dicks you over, Run from the authorities through an ancient sewer network. Flynn prevents you from escaping - BUSTED!	X									X	X		X	X	X		
Dig																							
Dig-1	Lush, Wet Jungle/Swamp Lazaravic's dig & campsite structures	Dawn - misty (rainy)	Chloe-2 Sully	Laz Diggers Laz Army HOT Lazaravic Flynn-2	Sabotage - Infiltrate - Fight	Enter Laz dig sight w/Chloe & Sully on radio. Start causing trouble for guards & workers	X			X	X	X	X			X	X		X	X		X	X
Dig-2	Lush, Wet Jungle/Swamp Lazaravic's dig & campsite structures	Dawn - misty (rainy)	Chloe-2 Sully	Laz Diggers Laz Army HOT Lazaravic Flynn-2	Sabotage - Infiltrate - Fight	Explosions - Chaos distracts pulls Laz away from "treasure" - Gives Drake clue to find Dagger	X			X	X	X	X		X	X	X		X	X	X		
Dig-3	Follow a stream up a mountainside	Dawn - misty (rainy)	Chloe-2 Sully	Laz Diggers Laz Army HOT Lazaravic-1 Flynn-2 MP's Dead Crew	Sabotage - Infiltrate - Fight	Get to higher ground after scoping Laz's tent - towards mountain in wide world. Stumble onto a temple	X									X	X		X	X	X		

(a)

GAMEPLAY THEME (FOCUS)	WEAPONS																				ENEMIES											NON-PLAYABLE VEHICLES	CINEMATIC GAMEPLAY SEQUENCES	Vistas
	Trang-gun	Pistol-semi-a	Pistol-semi-b	Pistol-full-a	Pistol-revolver-a	Pistol-revolver-b	SMG-a	SMG-b	Assault-Rifle-a	Assault-Rifle-b	Shotgun 1	Shotgun 2	Sniper-Rifle	Crossbow	Grenades	RPG	Rocket Launcher	Turret 1	Pillbox Turret	Mobile Turret	Museum Guards	Light	Medium	Armored	Shotgunner	Sniper	Shield	RPG	Heavy	SLA Easy	SLA Hard			
Highly scripted - traversal L1 + R1 Lock sequence																																	Exploding Tanker - Washing machine sequence	X
Train Traversal L1 + R1 Tranquilizer guns Intro Stealth Attacks Cover as Stealth	X																				X													X
	X																				X													
Train Traversal Train Shooting Introduce Stealth Attacks Cover as Stealth Forced Melee	X	X																				X												X
		X																				X												X
Forced Melee Basic Gunplay Intro Traversal Gameplay Grenades									X						X							X												
									X						X							X												

致谢

向我的父母 Wyn 和 Derek，以及我的弟弟 Jeremy，致以无尽的爱和衷心的感谢。也将挚爱和深情献给一直以来激励和支持我的 Nova Jiang。向 Liz、Shiran、Mia，Sarah 和她的家人，向 Ros、Peter、Phil、Helen、Paul 和他们的孩子，向 Sheila 阿姨、Duncan、Teresa、Michael 和 Emma，向 David 叔叔致以最诚挚的问候。

我想特别感谢极具开创性的游戏设计师和教育家 Tracy Fullerton，她鼓舞人心的工作改变了世界和我的生活。Tracy，你对本书慷慨而细致的帮助是不可或缺的，我向你致以最深切的感谢。你的友谊让我备受鼓舞。

衷心感谢无与伦比的 Mark Cerny，他的仔细阅读和建设性意见对于完成这个项目至关重要，就像他对其他许多项目的帮助一样。Mark，感谢你对本书中价值观的肯定，并花时间提供帮助。你一直是我的指路明灯。

非常感谢 Evan Wells 对本书的帮助，以及给我的这么多好机会。将满腔的感谢和爱戴献给 Amy Hennig，她带我踏上游戏设计和故事叙述的冒险之旅，而最后的宝藏就是弥足珍贵的友谊。

怀着深切的钦佩向 Mary McCoy 致以谢意，她的博学启发和鼓舞了我，她用写作建议为我提供了支持。特别感谢 Dan Tarshish 在我写作期间陪我散步、与我交谈，否则本书难以成形。非常感谢我的专家顾问兼理想读者 Alan Dang、Egan Hirvela、Jeff Watson、Owen Harris 和 Timothy Lee。格外感谢 Mattie Rosen，她意想不到的出手相助，成为本书完成的关键部分。非常感谢在本书创作过程中给予帮助和鼓励的所有人：Adam Sulzdorf-Liszkiewicz、Dennis Wixon、Elizabeth Blythe、Gordon Calleja、Jack Epps 和 Jeremy Gibson Bond。感谢 Loren Chodosh 的法律援助，感谢 Max 和 Nick Folkman，他们的 Script Lock 播客激发了我的灵感。非常感谢麻省理工学院出版社资深策划编辑 Doug Sery 的指导和信任，同样感谢编辑 Noah J. Springer，他的专业建议让我步入正轨，也要感谢匿名审稿人的宝贵意见。特别感谢制作编辑 Helen Wheeler 和同样出色的文字编辑 Lunaea Weatherstone，感谢他们的辛勤工作和睿智建议。

感谢在我写这本书时给予我创作灵感和实际帮助的所有人：Aniko Imre、Anna Anthropy、Auriea Harvey、Bo Ruberg、Cara Ellison、Chad Toprak、Colleen Macklin、Eric Zimmerman、Frank Lantz、Geoffrey Long、Grant Shonkwiler、Irving Belateche、Jesper Juul、John Sharp、Kris Ligman、Mary Flanagan、Mary Sweeney、Michael John、Miguel Sicart、Naomi Clark、Nathalie Pozzi、Raph Koster、Sam Gosling、Samantha Kalman、Sharon Greene、Steve Gaynor、Tara McPherson、Tobias Kopka、William Huber，以及所有在我写作时给我建议并为我加油的人（不胜枚举）。感谢所有尚未提及但对文字和数据做出贡献的人：Gabriela Purri R. Gomes、George Kokoris、Jesse Vigil、Jim Huntley 和 Marc Wilhelm。感谢那些允许我使用其作品相关图片的人：Aaron Cheney、Chao Chen、Christoph Rosenthal、George Li、Jenny Jiao Hsia、Julian Ceipek 和 Michael Barclay。特别感谢 Arne Meyer、Bryan Pardilla 和索尼互动娱乐公司。非常感谢在 MicroProse、晶体动力、顽皮狗工作室和南加州大学游戏创新实验室与我共事的每一个人。我从你们身上学到了很多，我们一起制作游戏的经历非常有趣。虽然限于篇幅不能一一感谢。但我们的合作的确给我的生活带来极大的快乐，并帮我理清楚了本书的思路。我要特别感谢 Robin Hunicke、Hirokazu Yasuhara、Celia Pearce、Sam Roberts、Heather Kelly、Connie Booth、Andy Gavin、Grady Hunt、Sam Thompson、Andrew Bennett、Rosaura Sandoval、Paul Reiche III、John Spinale、Stuart Whyte、Andy Hieke 和 Pete Moreland，与你们同行收获了颇多指导和友谊。

非常感谢我过去和如今在南加州大学游戏项目中的所有同事，我从他们身上学到了很多东西，他们的支持让我受益匪浅。特别感谢 Peter Brinson，他让我学会了如何教学；Danny Bilson，他的热情和慷慨激励了我；Martzi Campos，他重新启动了我的创作实践；Jeremy Gibson Bond 和 Margaret Moser，他们教我编程和很多其他技能；Andy Nealen，让我对极简主义和系统动力学有了全新的认识；Jane Pinckard，她是我一直努力进步的榜样；还有 Andreas Kratky、Gordon Bellamy、Kiki Benzon、Laird Malamed 和 Marientina Gotsis 的智慧和友谊。非常感谢院长 Elizabeth M. Daley、Akira Mizuta Lippit、Michael Renov 和南加州大学电影艺术学院的所有同事，他们如此热情地欢迎我。特别感谢参与我南加州大学游戏项目和其他项目的所有学生，你们的勤奋、创造力和幽默感让我记忆深刻。特别要感谢 CTIN-532 和 CTIN-484/489 的校友，本书的所有章节最初都是为他们而写的，他们向我提供了珍贵的笔记。无论过去还是现在，做你们的老师都是一种荣幸——也感谢你们教给我的一切。

向腾讯游戏副总裁、腾讯游戏学堂院长夏琳，以及腾讯互动娱乐事业群人力资源总经理马冰冰致以崇高的敬意和诚挚的感谢。我们在合作中结下深厚的友谊，这有助于巩固本书中的思想。感谢李旻、沈黎、刘吉磊、王艳玲、王娱、Yin Wu，以及在"腾讯—南加州大学游戏研讨会"期间并肩工作的所有人。

我想对我有幸参与的会议、活动和峰会的主办社区表示深深的感谢，特别是游戏开发者大会和 IndieCade 的主办社区。我在 HEVGA、格拉斯哥卡利多尼安大学及广阔而精彩的游戏学术界有很多朋友，向他们致以谢意。感谢我过去和现在的所有老师，是他们让我的世界不断变大。向我在游戏、艺术和教学领域结交的所有朋友，以及来自纽恩特和牛津的老朋友献上我的挚爱。你们在我艰困的时候给予我关怀，在我春风得意的时候和我一起庆祝，给我带来巨大的快乐。对 Octavia E. Butler 的工作，我深表感谢和敬意。

怀念教会我如何思考的 Kate Clarke 夫人；Mike Brunton，他让我踏上征程；我的祖父母、终身游戏玩家 Doreen 和 Holden（他们分别热衷于桥牌和国际象棋），还有我的外祖母 Joyce，她赐予我自信勇气；还有我的朋友和同事 Jeff Watson 博士，他激励周围的每个人深入思考并始终保持友善。对本书的完成而言，Jeff 的反馈和支持是无价的。